环境微生物作用与技术研究

姜华 著

中国水利水电出版社
www.waterpub.com.cn

内 容 提 要

本书内容包括绪论、微生物在环境物质循环中的作用、微生物对环境的污染与危害探析、微生物对污染物的降解与转化、微生物在环境污染治理中的作用、环境污染的微生物修复技术、环境污染的微生物监测技术、环境微生物新技术及其应用研究和资源微生物，系统地探讨了环境微生物的作用以及环境微生物技术的应用。

本书结构严谨、清晰。内容上深入浅出、图文并茂、简明易懂，便于读者理解。

图书在版编目（ＣＩＰ）数据

环境微生物作用与技术研究 / 姜华著. -- 北京：
中国水利水电出版社，2014.9（2022.9重印）
ISBN 978-7-5170-2565-8

Ⅰ．①环… Ⅱ．①姜… Ⅲ．①环境微生物学 Ⅳ．
①X172

中国版本图书馆CIP数据核字(2014)第220822号

策划编辑：杨庆川　责任编辑：陈　洁　封面设计：崔　蕾

书　　名	环境微生物作用与技术研究
作　　者	姜　华　著
出版发行	中国水利水电出版社
	（北京市海淀区玉渊潭南路 1 号 D 座 100038）
	网址：www. waterpub. com. cn
	E-mail：mchannel@263. net（万水）
	sales@mwr. gov. cn
	电话：(010)68545888（营销中心）、82562819（万水）
经　　售	北京科水图书销售有限公司
	电话：(010)63202643、68545874
	全国各地新华书店和相关出版物销售网点
排　　版	北京鑫海胜蓝数码科技有限公司
印　　刷	天津光之彩印刷有限公司
规　　格	170mm×240mm　16 开本　17.75 印张　318 千字
版　　次	2015年6月第1版　2022年9月第2次印刷
印　　数	3001-4001册
定　　价	54.00 元

凡购买我社图书，如有缺页、倒页、脱页的，本社发行部负责调换

前　言

　　微生物是自然生态系统中的基本组成之一,它们与自然界的物质循环和能量流动紧密相联,许多微生物应用技术渗透到环境保护工作中,为改善人类的生存环境和消除环境污染起到了重要作用。微生物通过分解环境中的各种有机物,在维持自身生长繁殖的同时,也维持了自然生态系统地相对平衡,帮助人类"清洁"环境。但是仅靠微生物的自然分布往往不能达到高效处理污染物的目的,还需要运用工程设施来强化微生物的作用,以充分发挥其降解、转化污染物的巨大潜力,从而使污染的环境得以净化,甚至使污染物资源化。

　　全书共9章,第1章为绪论部分,介绍了微生物与环境的关系以及环境微生物这门学科的研究对象和任务。第2章重点讨论了微生物在碳循环、氮循环、硫循环、磷循环等循环中的作用。第3章讨论了微生物对环境的污染与危害。第4章探讨了微生物对污染物的降解与转化。第5章重点介绍了微生物在环境污染治理中的作用。第6、7章介绍了目前广泛使用的环境污染的微生物修复技术和环境污染的微生物监测技术。第8章讨论了环境微生物新技术及其应用。第9章介绍了一些资源微生物。

　　我们坚决贯彻"更新、精简、实用"的原则:吸取环境微生物研究的一些理论新认识,力求准确反映环境微生物学的革命性变化。全书内容全面、深入浅出、简明易懂,有一定的深度和广度,在介绍基本微生物学知识作为入门基础的同时,着重瞄准微生物在工程实践中的应用,特别注重将基本知识和实践应用相结合,讲述其在实践中的作用。书中内容既可以满足初学者要求,也可以作为有一定微生物学知识的非工程技术人员学习用。本书适宜作为环境工程、环境监测和环境科学等专业人员,以及从事环境保护的科技人员参考资料。

　　本书在撰写过程中,参考了大量环境(工程)微生物学书籍、专著和论文。由于作者水平和时间有限,书中疏漏之处在所难免,敬请读者批评、指正。

作者

2014 年 3 月

目　　录

第1章 绪论

环境微生物学是由微生物学发展起来的一门新兴学科,是环境科学和环境工程的一门基础学科。注重研究微生物与环境的关系以及相互作用。并将其运用到环境监测、污染控制和治理中。本章详细讨论了环境问题与微生物作用,环境微生物学研究的对象和任务以及环境微生物学的发展趋势三方面的内容。

1.1 环境问题与微生物的作用

1.1.1 环境问题

人类是环境发展到一定阶段的产物,环境是人类生存的物质基础。因此,人类的生活、生产和一切活动都和环境分不开,与生态系统的结构和功能状况密切相关。蔚蓝的天空、清新的空气、绿色的田野、葱郁的山峦、茂密的森林、清澈的河流、明净的湖泊、湛蓝的海洋,是地球固有的风貌,人类生息的摇篮。但是,伴随着近代工业文明的兴起与发展,人类在索取自然财富,提高物质文化生活,建立现代文明的过程中,由于肆无忌惮地掠取自然资源,无所顾忌地丢弃各种废物,无视生态环境的发展规律,从而导致了人类生存环境的破坏。例如,即使是在严冬酷暑时节,人们仍然可以在温暖如春的办公室里自由自在地工作。然而,人们舒适、富裕的生活是建立在消耗资源和能源,同时排出大量废弃物的基础上的。

目前对人类生存和发展产生严重威胁的环境问题,一类是因人类活动所排放的废弃物而引起的环境污染,如温室效应与气候变暖、臭氧层破坏、酸雨、有毒有害物质污染等;另一类是生态环境的破坏。环境污染产生的原因主要是资源的不合理使用,造成有用的资源过多地变为废物进入到环境中引起危害。生态破坏则是由于人类对自然资源的不合理开发利用而引起的生态系统破坏,造成生态平衡失调,生物多样性锐减和生产量下降,如植被破坏、水土流失、土壤侵蚀、土地荒漠化等。两类环境问题不是相互孤立的,而常常是相互作用、相互影响。

人类环境的破坏既来自于自然力,如雷电、地震、火山爆发、洪水等,也来自于人类活动。环境的破坏自古就有,大规模毁林垦荒,造成严重的水土流失,致使良田逐渐沦为贫瘠之地。但是人类对环境大规模的破坏还主要在产业革命、机械广泛使用之后。社会生产力的迅速发展为人类创造了大量财富,提高了人类的生活质量,同时也排出大量的废物造成了环境污染,严重危害人类的生存和发展。工业生产过程中排放的废水、废气和废渣,在环境中难以降解和转化造成了严重的环境污染。与大工业相伴而来的都市化、交通运输以及农业的发展,使人类生存的环境进一步恶化。从 1930 年代比利时马斯河谷的大气污染事件开始,震惊世界的环境公害不断发生,大气、水体、土壤及农药、噪声和核辐射等环境污染对人类生存安全构成了严重威胁。19 世纪下半叶英国工业大发展造成了其工业中心之一的伦敦多次发生严重的烟雾事件:①1873 年、1880 年、1892 年英国伦敦由燃煤造成的毒雾事件,先后夺去 1800 余人的生命;②1952 年 12 月伦敦的毒雾又使 4000 余人丧生。20 世纪五六十年代,马斯河谷烟雾事件、多诺拉烟雾事件、洛杉矶光化学烟雾事件、日本的骨痛病和水俣病事件等接连发生,使人类遭受重大损失。二次世界大战后农药的大量生产和使用,使人类获得了较大的农业利益,但农药在自然环境中的积累也造成了土壤毒化、部分生物死亡、人体健康受害,有的难降解农药如 DDT、六六六等甚至通过大气和水流迁移扩散到了地球两极,造成全球性公害。1972 年在瑞典的斯德哥尔摩召开了联合国的一次人类环境会议,通过了人类环境宣言,这本书对推动各国政府和人民为维护和改善人类环境,造福全体人民和后代而共同努力发挥了重要作用。

众所周知,水是生命之源,是整个人类赖以生存发展的命脉。然而,随着近年来工业现代化的迅速发展,人工合成的有机化学品日益激增,这些有机物在造福人类社会的同时也悄然地污染和破坏着人类宝贵的生存环境。致使水再也不是取之不竭、用之不尽的资源,世界很多地区出现水荒。每年有数百万公顷土地沙漠化,数万种动植物从地球上消失,水资源的匮乏加之水体污染日益严重而困扰和威胁着人类的生存命脉,成为当今世界面临的最大问题之一。

大量的二氧化硫等排放到空气中,使遭受酸雨袭击过的地区遍及亚洲、欧洲和美洲。随着化工及石油行业迅速发展的同时,出现了众多的环境污染问题,含氮废水对水体的污染就是其中之一。当大量含氮废水排入自然水体时,藻类和水生植物大量生长,严重破坏了水体生态平衡,造成水体富营养化。因此,开展含氮废水的处理研究成为当代环境工作者的重要任务之一。

土壤是人类赖以生存的主要自然资源。然而,由于生活污水排放、污水灌溉、大气沉降、采矿冶炼、农药化肥的大量施用等原因,加上土壤对于污染物的累积富集作用。土壤污染,尤其是重金属污染状况日益严重。土壤一旦受到污染,治理和恢复的难度比大气、水体要大得多。而且土壤污染可经水、植物等介质最终影响人体健康。

全球每年排入环境的数十亿吨的固体废物,近万亿吨的工业废水和数亿吨的碳氧化物已经造成了人类可利用水源的严重短缺和气候的恶化,也造成了许多种动植物的灭绝。这些都对人类的生存和发展造成了无法弥补的损失。人类活动所造成的大气、水、土壤和生物的污染和破坏说明:自然界的生态平衡已受到日益严重的干扰,自然资源受到大规模破坏,人类生存的环境功能正在退化,人类的生存和发展也受到危害。

目前,我国每年产生固体废物 6 亿多吨,其中危险废物约占 5%～7%。这些废物只是简单的堆放,导致地表水和地下水污染,危害附近居民的身体健康,人员伤亡及环境污染事件屡有发生。一些地区将分散的危险废物收集后经简单、原始的处理后集中排放,导致更大的环境污染危险。因此,加强我国危险废物的管理工作刻不容缓。

综上可看出,环境问题的实质是由于人类活动超出了环境的承受能力,对其生存所依赖的自然生态系统的结构和功能产生了破坏作用,导致人类与其生存环境的不协调。

1.1.2　微生物的特点

微生物是众多肉眼不可见、个体微小的低等生物的总称。较之高等生物,微生物有很多特点。

1. 个体微小,比表面积大

微生物的个体非常小,必须借助于光学显微镜,甚至电子显微镜才能观察到。测量微生物用微尺,如细菌用微米为计量单位;病毒以纳米为单位度量其大小。任何固定体积的物体,如对其进行切割,则切割的次数越多,其所产生的颗粒数就越多,每个颗粒的体积也就越小。如果把所有小颗粒的面积相加,其总数将及其可观。物体的表面积和体积之比称为比表面积[①]。微生物的比表面积非常大,如乳酸乳杆菌的比表面积为 12 万,鸡蛋为 1.5,而 90kg 重的人只有 0.3。

由于微生物个体微小,比表面积大,而且微生物的每个细胞都可以与环境直接物质交换,因此,它们具有不同于其他生物的特性。

---

① 苏锡男.环境微生物学.北京:中国环境科学出版社,2006.

2. 吸收多，转化快

微生物由于其比表面积大得惊人，所以与外界环境必然有一个巨大的营养物质吸收面、代谢废物的排泄面和环境信息的交换面，这非常有利于微生物的生长代谢。在适宜条件下，微生物 24h 所合成的细胞物质相当于原来细胞重量的 30～40 倍；而一头体重 500kg 的乳牛，一昼夜只能合成蛋白质 0.5kg。

利用微生物的这个特性，可以使大量有机质在短时间内转化为有用的化工、医疗产品或食品，使有害转化为无害，将不能利用的变为可利用的。

3. 分布广，种类多

微生物因其体积小，重量轻和数量多等原因，可以到处传播以致达到"无孔不入"的地步，只要条件合适，它们就可很好的生长发育。不论在动、植物体内外，还是空气、土壤、江河、湖泊、海洋中都有数量不等、种类不一的微生物存在。地球上除了火山的中心区域等少数地方外，从土壤圈、水圈、大气圈至岩石圈，到处都有它们的踪迹。因此，微生物被认为是生物圈上下限的开拓者和各项生存记录的保持者。

微生物的种类多主要体现在以下几个方面：

（1）物种的多样性

虽然已被人类培养并利用的微生物种类达数万，但它们仅是地球微生物种类中的一小部分。迄今为止，人类已描述过的生物总数约 200 万种，据估计，微生物的总数在 50 万～600 万种。例如，Bull 等 1992 年报道，已发现真菌 69000 种，仅占其总数 5％；细菌 4760 种，占总数 12％；病毒 5000 种，占 4％。这些数字还在急剧增长，如在微生物中较易培养和观察的真菌，至今每年还可发现约 1500 个新种。

（2）生理代谢类型的多样性

微生物的生理代谢类型之多，是动、植物所不及的。它们可分解利用地球上的各种天然有机物，甚至有毒物质。另外，微生物有着最多样的产能方式。例如，就能量而言，有的利用太阳光能，另一些则可利用化学能；就营养而言，有的微生物能同化有机物，另一些能同化无机物；就呼吸而言，有的必须在有氧条件下生活，而另一些则能在无氧条件下生活，甚至氧气的存在会对之产生毒害等。

（3）遗传基因的多样性

从基因水平看微生物的多样性，内容更为丰富，这是近年来分子微生物学家正在积极探索的热点领域。在全球性的"人类基因组计划"（HGP）的有力推动下，微生物基因组测序工作正在迅速开展，并取得了巨大的成就。

（4）生态类型的多样性

微生物分布极广，凡有生命的地方皆有微生物存在。分布于地球表层的生物圈（包括土壤圈、水圈、大气圈、岩石圈和冰雪圈）。即使是不利于一般生物生存的极端恶劣环境，如干旱沙漠、冰川极地、深海底、热泉口、火山口、盐湖以及酸性矿水等不良环境中也可发现微生物的踪影。此外，微生物与微生物或与其他生物间还存在着众多的相互依存关系，如互生、共生、寄生、抗生和捕食等，如此众多的生态系统类型就会产生出各种相应生态型的微生物。

（5）代谢产物的多样性

微生物究竟能产生多少种代谢产物，1980 年末曾有人统计为 7890 种，1992 年又有人报道仅微生物产生的次生代谢产物就有 16500 种，且每年还在以 500 种新化合物的数目增长着。

4．生长繁殖快

由于微生物个体微小，相应的比表面积很大，有利于细胞内外的物质交换，细胞内的代谢反应也很快，能迅速地从环境中吸取营养物质，排除大量代谢产物，加之多数微生物以简单的分裂方式进行繁殖。因此，微生物具有极高的生长繁殖速度，当条件适宜时，几十分钟或几小时就可繁殖一代，最快的十几分钟即可分裂一次。例如，大肠杆菌在合适的生长条件下，细胞分裂 1 次仅需 $12.5 \sim 20 min$。若按平均 20min 分裂 1 次计，则 1h 可分裂 3 次，每昼夜可分裂 72 次，这时，原初的一个细菌已产生了 4.7×10^{21} 个后代。

事实上，由于营养、空间和代谢产物等条件的限制，微生物的几何级数分裂速度只能维持数小时而已。因而在液体培养中，细菌细胞的浓度一般仅达 $10^8 \sim 10^9$ 个/ml。微生物的这一特性在发酵工业中具有重要的实践意义[1]，主要体现在它的生产效率高、发酵周期短上。例如，用作发面剂的酿酒酵母其繁殖速率虽为 2h 分裂 1 次，但在单罐发酵时，仍可为 12h"收获"1 次，每年可"收获"数百次，这是其他任何农作物所不可能达到的。

5．适应性强，易变异

微生物具有极其灵活的适应性和代谢调节机制，不同种类的微生物具有不同的代谢方式，使之能在不同的环境中生活；而有的同种微生物在不同的环境中却具有不同的代谢方式，如酵母菌等兼性厌氧菌，既能在有氧环境下生活，又能在缺氧环境下生活，并且在不同环境中对营养物质的利用方式和代谢产物也不相同，这是任何高等动、植物所无法比拟的。这使得微生物

---

[1]　苏锡男．环境微生物学．北京：中国环境科学出版社，2006.

具有适应环境变化的能力,对环境条件尤其是地球上那些恶劣的"极端环境"。例如:对高温、高酸、高盐、高辐射、高压、低温、高碱、高毒等具有惊人的适应力,堪称生物界之最。

微生物的个体一般都是单细胞,简单多细胞甚至是非细胞的,它们通常都是单倍体,加之繁殖迅速,数量多以及与外界环境直接接触等特点,较之高等生物容易发生变异。因此,即使其变异频率十分低(一般 $10^{-5} \sim 10^{-10}$),也可在短时间内产生出大量变异的后代。最熟知的例子是,由于滥用抗菌素,原来对该抗菌素敏感的病原菌变成了抗药性、渐而变成耐药性菌株甚至变成了赖药性菌株。有益的变异可为人类创造巨大的经济和社会效益,如产青霉素的菌种产黄青霉,1943 年时每毫升发酵液仅分泌约 20 单位的青霉素,至今早已超过 5 万单位。对环境中的有毒有害物,微生物先是适应,继而发生变异,它可能产生相应的酶类去转化或降解那些环境污染物,从而减少环境的污染。

1.1.3 微生物在自然环境中存在的基本状况与活动规律

其主要内容包括:研究自然环境中的微生物群落、结构、功能与动态;研究微生物在不同生态系统中的物质转化和能量流动过程中的作用与机理;研究遗传特性及其遗传变异;研究微生物的生长与环境条件的关系。它们是不同环境的微生物学本底,可为环境质量综合评价提供微生物学参数。同时,通过研究可以发现长期埋藏在特定环境中的微生物新种。它们是宝贵的生物资源,既丰富了全球生物多样性宝库,又可将其中有益的微生物菌种开发利用,为保护和开发有益微生物和控制有害微生物提供科学资料,使微生物在生态系统中发挥更好的作用。为人类认识自然、保护自然,防止生态系统失调与破坏,提供微生物学的资料与依据。

例如,正因为在高温环境中分离得到某嗜热细菌,人们开发利用其所独具的耐高温 DNA 聚合酶,使 DNA 体外扩增技术得到突破,1983 年发明的 PCR 技术推动了微生物乃至整个生命科学的突破性发展。

1.1.4 污染环境中的微生物生态学研究

在污染日益严重的情况下,环境微生物学者着重研究污染环境下的微生物,通过研究微生物—污染物—环境三者关系,了解各种污染环境对于微生物活动的影响,以及由此而带来的微生物活动对于环境质量变化的影响,研究微生物对环境污染物的降解与转化的机理,提高微生物对污染净化的效率。随着现代工业的发展,排出的大量工业废液废物严重污染了环境。由于微生物代谢类型的多样性,对于污染物质能较快适应,故可使各有机污

染物得到降解转化。在废水、废气、废渣的处理方法中,生物处理法占重要
地位,而微生物是废物生物处理的主体。因此,环境微生物要不断地分离筛
选一些对污染物具有高效降解能力的菌株,研究菌株的代谢途径,找到合适
的微生物,并给予适当条件。同时,研究开发一些利用微生物降解污染物的
应用技术,以便是有机化污染物更好的被微生物降解以彻底转化成无机物,
从而处理各种污染物。

1.1.5　微生物的作用

1. 微生物在生态环境中的作用

生态系统是地球上生物与环境、生物与生物长期共同进化的结果。非
生物环境、生产者、消费者和分解者四部分共同组成了生态系统[①],它是由
生产者、消费者和分解者三个亚系统的生物成员与非生物环境成分间通过
能流和物流而形成的高层次生物组织,是一个物种间、生物与环境间协调共
生,能维持持续生存和相对稳定的系统(见图 1-1)。

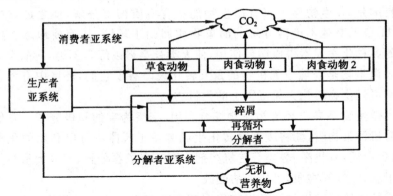

图 1-1　生态系统结构的一般性模型

微生物是生态系统中的重要成员。广泛存在于自然界的异养微生物不
仅是生态系统中的消费者,更为重要的是它们是自然界有机物质的积极分
解者。在各种微生物的联合作用下,环境中存在的形形色色有机物可被逐
步降解与转化,最终形成简单的无机物,如 CO_2、H_2O、NH_3、SO_4^{2-}、PO_4^{3-} 等
而归还于环境,从而完成自然界生态系统中的物质循环。

当污染物大量进入自然环境后,必然引起自然界微生物群落的变动,一
些不适应污染环境的微生物种类从环境中消失,原有自然环境中的微生物
种群将被新的适应污染环境的微生物种群所取代,种群的组成、数量和结构

---

① 苏锡男. 环境微生物学. 北京:中国环境科学出版社,2006.

随之发生变化。同时,进入环境的污染物可以诱导微生物发生变异,从而产生对污染物具有更强的耐受能力和分解能力的微生物新物种或变异菌株。因此,微生物在环境保护和环境治理中,在保持生态平衡等方面,起着举足轻重的作用。

2. 微生物对人类生存环境的影响

1992年在巴西里约热内卢召开的第一次联合国环境与发展大会,首次将环境保护与可持续发展联系起来,可视作是一个里程碑。广泛存在于人类环境中的微生物,是一群看不见摸不着但却实实在在积极活跃在人们身边的成员。它们的活动,必会对人类生存环境带来不可忽视的影响。其简括影响要点于下:

①微生物菌种是人类宝贵的自然资源,是地球生物多样性中的重要成员。

②微生物是环境中有机物的主要分解者。有了它们,环境中各种有机污染物可得到生物降解,动植物残体不会堆积如山,减少了对环境危害。更为独特的是,在生物界中只有微生物能将有机质彻底分解,使之最终生成CO_2、H_2O及其他不可再分解的简单物质回归于环境,从而使地球上生命所需的各种化学元素得以循环使用,使人类社会得以绵延不绝,向前发展。

③微生物是环境中无机物的重要转化者。有了它们,环境中有毒有害无机物可经生物转化为无毒害态的无机物。

④微生物是参与环境污染物综合利用、变废为宝的积极分子。它们在分解有机污染物时,能将废弃物转化生成有益于人体或可以利用的化学物质,如蛋白质,有机酸,醇类等有机溶剂。同时有机物分解,释放大量热能或产生甲烷、氢气等物质,可作清洁能源。

⑤某些致病微生物及微生物代谢产生的有毒有害化学物质,可通过水体、空气、土壤、食品等环境媒介广为传播,污染环境、危害人体健康。

⑥在特定环境中(如水田、沼泽地),微生物可产生大量的CO_2、CH_4、N_2O等温室气体,有可能助长大气温室效应。

1.1.6　微生物对人类的影响

微生物在提高人类健康和造福人类方面起着重要的作用。人们通过对微生物生长规律和活动方式的认识,人为地采取一些相应措施,增加微生物的益处,减少其危害。在这方面现已取得了巨大的成功。

1. 微生物作为疾病媒介

在20世纪开始时期,引起人口死亡的主要原因是传染性疾病,随着人们对疾病过程的认识、环境卫生条件的改进以及抗微生物制剂的发现和使用，使得许多传染性疾病得以控制。然而对获得性免疫缺陷综合症的患者，对抗癌药物处理而导致免疫系统破坏的癌症病人来说，微生物对人类的生存仍然构成主要威胁。今天虽然微生物疾病不再是死亡的主要原因，但每年仍然有成百万的人死于传染性疾病。

2. 微生物与农业

在许多重要方面，农业系统均依靠微生物的活动。例如，许多主要的农作物是豆科植物的成员，它们的生长与根瘤细菌紧密相连。根瘤细菌在豆科植物的根部形成根瘤结构，在根瘤内大气中的分子氮可转变为植物与生长能够用的氮化合物。反刍动物（如牛和羊）的消化过程离不开微生物，这类动物具有专一性消化器官——瘤胃，在瘤胃内微生物进行着消化作用。在植物营养方面，微生物的代谢活动可将碳、氮、磷、硫等营养元素转化成为植物易于利用的形式。

3. 微生物和食品工业

微生物在食品工业中起着重要的作用，首先我们注意到，每年由于食品的变质腐败，浪费了大量的资金。罐头、冷冻食品和干燥食品工业就是为了防止食品不受微生物的影响。但是，不是所有的微生物对食品都有害。奶制品的制造部分就是借助微生物的活动，包括乳酪、酸乳酪和黄油等。泡菜和腌制食品也归咎于微生物活动的存在。我们生活中普遍饮用的乙醇饮料，也是基于酵母菌的活动。加到许多软饮料中使之有强烈味道和口感的柠檬酸是利用真菌生产的。

4. 微生物与能源和环境

在推动工业社会发展上，微生物起着重要作用。作为重要燃料的天然气是细菌作用的产物，一些矿物质和能量也是微生物活动的结果。然而原油易受微生物的袭击，故原油的钻探、开采和贮存均要在尽可能减少微生物损害的条件下进行。

地球上的所有资源都是有限的，人类的活动将会导致可开采的矿物燃料完全消耗，因此，我们必须寻找新的途径来满足社会对能源的需求，将来，微生物也许会成为主要的代替能源。光合微生物能捕获光能进行生物量的生产，并在生命有机体内贮存能量。垃圾、谷物秆及动物排泄物等，通过微生物的作用可转变成生物燃料，如甲烷和乙醇。同时微生物庞大的多样性酿育着巨大的遗传潜力，可用来解决环境污染问题。目前在这个领域里进行着许多研究，生物技术的发展有助于从遗传学上改变野生型菌种，使之用来消除因人类活动造成的污染。

5. 微生物与未来

微生物学最令人振奋的新领域是生物技术。从广义上讲,使用微生物进行大规模工业化生产需要生物技术,但是,今天我们通常所指的生物技术是遗传过程的应用,即创造新型的微生物,使它能够合成具有高度价值的专一性产品。例如通过基因操作技术,在微生物中能生产出人类的胰岛素。因此,有太多理由促使我们认识微生物和它们的活动。

1.1.7 微生物对环境的有害影响及其防治

1. 病原微生物

人类在生产生活过程排出的废物中可带有大量病原微生物。它们在一定条件下会造成环境污染、随环境传播而致疾病流行。例如,在我国当前条件下,许多医院污水未经认真处理即排入江河湖泊,会造成"前门治病,后门放毒"的危害。又如,生活污水未经处理即行灌溉,加上不合理的灌溉方式(如高程喷淋)会产生含病菌的气溶胶,在大气环境中传播。

必须提及的是,20 世纪末以来,由于人口增多、环境污染,以及全球气候变暖等诸多自然与社会因素,使得某些本已绝迹的疾病,例如结核、霍乱、鼠疫等又卷土重来,旧病复发。更有一些新的致病微生物引发的疾病不时发生。例如军团杆菌与军团病、朊病毒与疯牛病、禽流感病毒与禽流病、大肠杆菌 O157 与小儿腹泻症、SARS 冠状病毒与严重急性呼吸道综合征等。它们都是通过水、空气及食物等环境媒介传播而导致人体患病甚至死亡,给人类生产生活带来极大不安与威胁。还有,在我国加入 WTO 的新形势下,因国门开放,随着大量产品如粮食、种子、食品、材料与用品等进口而有可能隐蔽地带入了包括致病菌在内的有害生物。对此,我们必须高度重视并严加防范。

环境微生物学应针对空气、土壤、水体、食品等环境,研究其中病原微生物类群和种类,它们在环境中的行为与活动规律,包括存活、繁殖、休眠和死亡的条件与动态规律;它们在环境中迁移及传播至人的条件、途径与媒介,对人体及人群可能引起的危害和不良影响,研究并提出有效可行的预防对策和措施。

2. 微生物代谢物

微生物在环境中活动,可因产生有害的代谢物而污染环境。一方面,微生物活动可产生常见、简兽的化学物质如 H_2S、氮氧化物、CH_4、强酸等,它们在特定条件下可能积累于环境中形成危害;另一方面,微生物活动可能产生某些特殊的化学物质,它们是毒性物质甚至是致癌、致畸、致突变物,积累于环境中严重威胁人体健康。例如,具有毒性的甲基汞化合物、致癌性的亚硝胺类化合物、可能致肝癌的黄曲霉毒素等的产生与积累,均与环境中的微生物代谢有关。必须深入研究并查明产生有害代谢物的微生物类群,研究它们的代谢条件、作用机制及在环境中积累的条件,以便提出控制其繁殖与活动及消除其危害的对策与措施。

3. 富营养化水体中的微生物

由于严重的污染使一些沿海港湾及内陆湖泊等水体成为富营养化水体,在特定条件下会发生赤潮或水华危害。近十余年来,富营养化有呈广泛发展且较常发生之势。例如,从未报道过水华的汉江,其武汉段江水在 20世纪 90 年代竟发生过 3 次严重的水华。赤潮与水华是由于某些蓝细菌或微小藻类暴发性增殖所致。当其发生时,不仅水体景观恶劣且会带来渔业、旅游业等重大经济损失,亦会因藻类产生毒素而危及人群健康。环境微生物学工作者应对富营养化水体的微生物学进行研究,研究富营养化水体微生物类群特征,特别是赤潮与水华发生时的优势微生物的基本情况与变化规律,查明引起其恶性增殖的生态条件及因其旺盛活动而带来的危害和影响,其中包括藻类毒素的产生条件、毒性及危害,探索预防对策。

1.1.8 微生物对化学污染物的防治及其他有利影响

微生物能很快适应并学着“对付”各种化学污染物,使之发生降解或转化成为无毒害化学物质。由于应用微生物法进行污染治理较之物理、化学处理法所需费用低、经济有效、无二次污染等,在“三废”治理中得到了广泛重视与应用。

1. 微生物对污染物降解转化的基础性研究

首先要查明微生物对特定污染物生物降解的可能性,确定降解污染物的微生物类群及种类[①],筛选优良降解菌或人工培育高效降解菌,进而掌握该菌的降解作用机制与原理、降解所需适宜条件、代谢途径与代谢产物;开展从群体、个体及分子 3 个不同水平对菌株进行细胞学、分类学、生理生化、遗传变异等多方面的研究。这些可为环境污染防治提供有指导意义的微生物学基础理论资料。

飞速发展的分子遗传学、分子生物学已逐步渗入并极大地促进了年轻的环境微生物学基础研究,如应用 DNA 技术快速、准确检测并鉴定环境中的特定微生物类群与种类,通过基因重组构建高效基因工程降解菌等。

---

① 王家玲. 环境微生物学. 北京:高等教育出版社,2004.

2. 微生物学在污染治理中的应用性研究

(1)"三废"的生物处理

自 20 世纪 20 年代国内外即开始应用活性污泥进行污水处理。几十年来,虽然生物处理法的工艺日新月异、名目繁多,但它们共同把握的关键均在于努力满足微生物的需要,充分调动微生物的积极性,最大限度地发掘其清除污染的巨大潜力。近十余年来,废水处理中微生物学原理与技术的应用更加广泛、更趋成熟、更见成效。

首先,在处理的对象上,已不限于生活污水及一般工业废水,而扩展到饮用水及各种化工废水等,所处理的污染物[①]已由天然的、易于生物分解利用的有机物而至人工合成的、难降解的甚至有毒有害污染物;所处理的浓度范围更加广泛,已由处理污染物浓度为每升几百至上千毫克的一般废水,到处理每升几千至几万毫克高浓度有机废水和处理每升几十毫克低浓度有机污染地面水。例如,不仅可利用厌氧菌及异养光合细菌处理味精废水与豆制品废水等高浓度有机废水,而且可应用生物膜法处理自来水厂源水,使其中的有机物及藻类等得以去除,从而减少了其所制成饮水中有机致突变物的生成量,提高了饮水质量。

废水生物脱氮除磷新工艺的建立与成功应用,微生物治理电镀废水,净化 Cr^{6+}、Cd^{3+} 及 Cu^{2+}、Zn^{2+}、Ni^{2+} 等污染,反映出生物处理已由有机污染而至处理无机污染,并且已由一般的生物营养性无机物而至处理非生物需要的金属甚至更难对付的重金属。

自 20 世纪末以来,环境微生物处理废水工程不断发展,新工艺、新方法层出不穷。众多确有成效的实例如厌氧-好氧联合(A/O 法),厌氧-缺氧-好氧联合(A/A/O 法),硝化-反硝化联合脱氮等工艺均生动说明,只有充分认识微生物及其作用原理,才能正确选择微生物类群与菌种,进而巧妙调节并选用不同工艺组合与条件,满足微生物生活需要并调动其积极性,使微生物为治理污染服务。

废水处理中生物膜法工艺的实质,是利用固着生长于载体上的天然微生物群处理废水,可看作是一种简单的固定化微生物处理法。为了防止细胞脱落、延长微生物使用期及提高处理效果,环境微生物学工作者针对性地筛选并繁殖高效菌群,开发固定化酶和固定化细胞的新技术与新方法。如80 年代初中科院微生物所首次于国内报道,用琼脂包埋微生物细胞连续处理含酚废水获得成功;后于 90 年代研究固定化细胞处理洗涤剂废水与印染

---

① 王家玲. 环境微生物学. 北京:高等教育出版社,2004.

废水,亦获良好效果。

生物处理中最为关键的是微生物菌种:近年来已不限于常规驯化的活性污泥和生物膜中的菌群,而补充以特定筛选并培育出的高效降解菌。在降解菌类群的选取上,除较多应用的细菌外已扩大至其他类群微生物。如真菌中选取酵母菌,可利用亚硫酸盐纸浆废液进行酒精发酵;白腐真菌侧孢霉具有广谱降解能力,能作用于多种复杂化合物,如木质素、农药 DDT、多环芳烃、聚乙烯塑料等,被视为降解性真菌中的"新秀"而备受重视,正试验用于造纸、制药、染料等废水处理中。

在新世纪里,环境微生物学应继续深入开展废水生物治理的应用研究;当前应特别重视高浓度有机废水、难生物降解废水、有毒有害废水及微污染饮用水的生物治理;除继续发挥土著生长的活性污泥菌群作用外,更要重视研究人工选育、甚至经过遗传改造、作用于持久性特殊污染物的高效降解菌及其投加法。

此外,将微生物用于废渣与废气的处理也卓有成效。废渣中应特别给予高度重视的是城市生活垃圾的处理。目前我国每年产生垃圾已超过 1.3 亿吨,历年来未加处理的堆存量高达 40 多亿吨。其污染已严重影响人们的生产与生活。微生物是实现城市生活垃圾无害化、资源化、减量化目标的直接而重要的参与者。环境微生物学在生活垃圾处理中,主要研究适宜的微生物种群及其作用原理与条件;对于垃圾高温堆肥处理过程中快速升温、充分杀死病菌等有害生物,缩短腐热期,提高垃圾堆肥肥效和堆肥产生的热能利用问题,对卫生填埋处理中沼气生物能的产生和利用及填埋场渗滤液的污染防治问题,提出微生物学处理措施与方法。

(2)污染环境生物修复

20 世纪 80 年代初,已见对大范围区域污染通过调节微生物活动使之修复的研究。1989 年一艘超级油轮触礁将 4.2 万 m^3 原油泄漏,严重污染了美国阿拉斯加长达 2100km 海岸线。经向污染区施加亲脂性氮和磷化物后,极大地促进了石油降解微生物活动,从而获得明显清除石油的原位修复效果。此后生物修复技术更加受到广泛重视,近十年来获得了巨大发展。

环境微生物学研究不同大面积污染环境如土壤、地下水、富营养化湖水等生物修复的可能性及可行性,选育可能施用的高效降解菌株,调节其所需通气、营养等生活条件,并在修复期间跟踪考察该污染区的微生物活动及污染物去除情况,及时解决出现的问题。

3. 环境微生物制剂的开发研究

(1)环保型微生物制剂

鉴于滥用化学品导致全球环境的污染与危害,国内外微生物学工作者先后开发了多种环保型微生物制剂,用以取代或补充化学品的使用。例如①,生物农药、生物肥料、生物降解剂(即降解菌)以及用以减少化学塑料"白色污染"的生物塑料等。除生物塑料外,其他品种多属直接将微生物菌体制成产品。人们大量繁殖有益微生物菌体,或使用单种微生物,或制成多功能型复合菌剂使用。这是一项新兴的具有强大生命力的生物工程技术与产业。它于 20 世纪崭露头角,至 21 世纪必将大显身手,为环保事业做出贡献。

环境微生物学工作者应致力于筛选并培育高效优良菌株。针对微生物制剂"活体"的特点,研究其大规模繁殖生产与保持活性的存贮条件,研究其不同于化学品的使用方法与要求。要特别着重研究该制剂施入环境后,能较好保持遗传稳定性以充分发挥人们所需要的有益生理活性。此外,要考查并保证菌剂对环境的安全性,特别对于通过分子遗传学手段构建的基因工程菌,更要严格慎重。必须确保其在环境中无不良行为与不利影响,确保生态安全后方可启用。

(2)废物资源化中的微生物学产品

"综合利用,变废为宝"是我国环保国策的重要内容。微生物对此大有作为,有无尽潜力可挖。某些微生物在降解或转化污染物后,可生成含丰富营养的菌体细胞及各种有益的代谢产物,这类菌体或化学物可以开发成产品。有的可作为人类或动物的食品或饲料,如酵母菌处理含糖废水生成大量单细胞蛋白;有的可开发利用为新能源,如厌氧微生物分解有机质生成大量沼气,就是一种清洁的生物能源;通常在厌氧生物处理后,会积累大量有机酸、醇类等有机物,经化学分离、提取浓缩后,可供人类生产生活之用。

1.1.9 环境监测中的微生物学技术与方法

在环境监测工作中,常将物理学、化学与生物学等多种技术与方法综合运用,以查明并评价环境污染与危害状况。由于微生物个体小、易培养、繁殖快,对环境变化反应灵敏等特点,因而是生物界中首选并广泛应用的检测材料。微生物学监测法快速、经济、灵敏、有效,是环境监测中的主要项目与重要支柱。

首先,环境微生物学要建立直接测定环境中致病微生物及产毒素微生物的方法。

其次,研究并应用微生物作为环境污染的指示菌。例如,细菌总数、霉

---

① 王家玲.环境微生物学.北京:高等教育出版社,2004.

菌和酵母菌总数可指示环境一般污染;大肠菌群与粪大肠菌群用以指示粪便污染,后者更以其准确性而于 21 世纪初被明确列入我国《生活饮用水卫生标准》中的必检项目。

20 世纪 70 年代以来,开发了多种利用微生物快速检测环境污染物的生物毒性及生物致突变性的方法。利用发光细菌速测污染物急性毒性已于 20 世纪末被列为国家标准方法。应用鼠伤寒沙门氏菌组氨酸[①]营养缺陷型菌株检测污染物致突变性,即通常被称为 Ames 致突变试验的方法,自 70 年代中期问世以来,以其快速、经济、简便与动物致癌试验的吻合率高等特点,已发展成为一项常规性监测与评价法。Ames 法作为致癌、致突变物的初筛手段而广泛用于空气、土壤、水体、饮用水、农药、化学品、农作物、蔬菜和食品等各种环境对象的监测中。

分子生物学技术的广泛应用极大地推动了环境微生物检测技术的发展。分子杂交、多聚酶链反应等方法不断涌现与发展,有助于快速准确鉴定环境致病微生物,深入了解环境中微生物类群及其在环境中迁移转归的动态规律。随着微生物基因组学的全面展开,将有更多更好的分子生物学技术与方法出现,必将更有利于环境监测与环境保护。

1. 环境微生物监测

环境监测是了解环境现状的重要手段,它包括化学分析、物理测定和生物监测三个部分。生物监测是利用生物对环境污染所发出的各种信息来判断环境污染状况的过程。生物长期生活于自然环境中,不仅能够对多种污染做出综合反映,还能反映污染历史。因此,生物监测取得的结果具有重要的参考价值。微生物监测是生物监测的重要组成部分,具有其独特的作用。

微生物具有生理类型多、世代周期短、适应性强、分布广等特性,因此非常适合作为环境监测指标生物。近年来除常规微生物监测技术外,在病原体指示生物和环境毒理学检测方面有了较大发展。

(1)病原体指示生物

多年来总大肠菌群数一直作为病原体的数量指标。但因为大肠菌群在对不利环境因素的抗性方面不如某些病原体,所以其应用价值受到限制。近年来有关科学家在寻找新的指示生物中发现细菌噬菌体与人、动物和植物病毒有着相似的特性,而且对操作人员安全无害。

---

① 王家玲. 环境微生物学. 北京:高等教育出版社,2004.

（2）微生物环境毒理监测

环境毒理监测①主要是滥剥有毒有害化合物、工业废水、固体废物和受污染环境的毒性，以及对生物群落功能和对人体的危害。一这方面多年来一直以高等动物，如鱼、鼠、兔、猫等为试验生物，试验周期长、费用大，易受环境和季节等因素影响，所以有关工作者将目光转向了微生物。

在三致（致癌、致畸、致突变）物质监测方面出现了一批微生物新方法，如 Ames 实验。在其他毒性试验方面也出现了一批微生物新方法，如发光细菌法、脱氢酶活性法、硝化细菌法、藻类和原生动物法、微生物分子生物学方法等。其中发光细菌法已成为标准方法。

环境微生物监测的主要内容包括常规微生物监测的原理和技术，以及监测结果在环境影响评价中的应用，同时介绍环境微生物监测新技术的研究动向。

2. 应用微生物进行环境监测与评价

细菌总数、大肠菌群、粪链球菌等粪便污染指示菌的检测，是水体污染程度监测的常用微生物学监测方法，后来又发展了多种利用微生物快速检测环境致突变物与致癌物的方法。因此，利用微生物技术不仅可以评价与人类活动有关的环境质量的优劣，也可以评价污染物的毒性和生物降解性。

1.2　环境微生物学的研究对象和任务

1.2.1　环境微生物学的研究对象

环境微生物学的研究对象是人类生存环境中的微生物。所指人类生存环境，主要包括大气、土壤、地面水、地下水、饮用水及食品等各种直接或间接影响人类生活和发展的自然环境因素。它着重研究微生物活动对人类环境所产生的有益与有害影响，并阐明微生物、污染物与环境三者间的相互关系与作用规律，研究防治环境污染、改善与提高环境质量的微生物学原理、途径、技术与方法，其最终为保护环境、造福人类服务。

1.2.2　环境微生物的任务

1. 微生物与环境污染

环境微生物既有有利的一面，也有不利的一面。对人和生物有害的微

---

① 王家玲．环境微生物学．北京：高等教育出版社，2004.

生物污染大气、水体、土壤和食品,可影响生物产量和质量,危害人类健康,这种污染称为微生物污染。按照被污染的对象,可分为大气微生物污染、水体微生物污染、土壤微生物污染、食品微生物污染等。根据危害方式,则可分为病原微生物污染、水体富营养化、微生物代谢物污染等。微生物病原体污染,是最重要的微生物污染,如水体常由于生活污水、医院污水、畜禽食品加工废水、皮革加工废水等而受到污染。微生物代谢产物的污染,主要包括微生物代谢产生的毒素的污染。微生物还会引起材料腐败和腐蚀,它们不仅侵害大多数有机物,而且还侵害金属、水泥、电子元件和玻璃等。

2. 微生物处理污染物的原理和方法研究

以活性污泥法为中心的各种污水生物处理工程,随着对微生物反应和净化机制的深入研究,在生产应用中不断改进和完善,相继出现了多种工艺流程,使其应用范围逐渐扩大,处理效果不断提高。

由于分子生物学、分子遗传学以及生态学的发展,推动了环境微生物技术的发展和应用。分离、筛选、培育高效的降解菌株来处理污染物,采用基因工程技术构建环境工程菌,将多种微生物的降解基因组装在一个细胞中,使该菌株集多种微生物的降解性能于一身。利用细胞融合技术获得多质粒"超级细菌",将多个细胞的优点集中到同一个细胞中,人们从利用微生物发展到改造微生物来为人类服务。

利用微生物实现废物资源化和能源化已经取得明显成就。例如利用废水产乙醇、产甲烷,利用高浓度有机废水生产单细胞蛋白,从而提高了资源的利用率,环境污染得到减轻。

3. 微生物对于环境的污染与破坏研究

人类在生活与生产过程排出的污水废物中可能带有病原微生物,在一定条件下可造成环境污染引起疾病流行。例如,不合理的灌溉会引起环境的污染与疾病的传播。有些微生物代谢过程①中会产生有毒有害物质,它们甚至是致癌、致畸、致突变物质,积累于环境中,严重威胁着人体健康。例如,黄曲霉产生的黄曲霉毒素有致癌作用。由于水体富营养化,某些藻类暴发性增殖造成沿海港湾及内陆湖泊发生赤潮和"水华",当其发生时,水色变异,水味腥臭,溶解氧低,许多鱼类不能生存。因此,研究引起环境质量下降的微生物类型,污染途径和作用规律,采用各种控制技术防止和消除危害也是环境微生物学研究的内容之一。

---

① 王家玲. 环境微生物学. 北京:高等教育出版社,2004.

1.3 环境微生物学的发展趋势

1.3.1 环境微生物学的兴起

环境微生物学科的建立既是环境科学理论和技术发展的结果,也是微生物学。可以说,环境微生物学是由环境科学与微生物学相结合孕育而成的一门新型交叉边缘学科。尤其是微生物生态学理论和技术发展的结果。20 世纪中叶,由于人口增长及人类生产生活迅速发展导致人类生存环境污染,提出了环境治理与保护的问题,从而促进了环境科学及其各分支学科的兴起与发展。作为一门独立学科的环境微生物学约于六七十年代在欧美各国兴起。30 年来,其研究内容和研究手段不断丰富完善,研究成果为环境保护事业做出重大贡献。

1914 年,废水生物处理方法(活性污泥法)在英国诞生以后,有关科学工作者逐渐认识到其中起主要作用的是包括细菌、原生动物在内的微生物。其处理效果的好坏直接与其中微生物的生活条件有关,由此也引起了对在一个生态系统中微生物组成和功能与环境因素关系的探索。以上探索促进了微生物监测理论和技术的发展。微生物擎的发展和微生物生态学理论和研究技术的进步,因而产生的巨大的环境效益、社会效益和经济效益,使越来越多的微生物工作者投入这一新领域,且成绩斐然。

1.3.2 我国环境微生物学的发展

我国环境微生物学科研起始于 20 世纪 70 年代。开始时研究最多的是水体污染及其防治。例如:

①我国环境微生物研究最先起步的中国科学院微生物研究所,早在 70 年代初即分离筛选有效微生物,成功地处理氯丁橡胶、腈纶、TNT 炸药等工业废水;华东师范大学在上海研究球衣菌处理生活污水及光合细菌处理豆制品废水;同济大学开展对废水生物处理中活性污泥膨胀的微生物学机理研究。

②我国在抗生素、氨基酸、有机酸、酿酒、酶制剂、食用菌、农药、菌肥的研究和生产方面已有相当的基础,特别是抗生素的产量,在全世界名列前茅。我国的微生物资源丰富,今后要在菌种筛选、良种培育、工艺改革方面进一步努力,使产品的品种增加,单位产量提高,从而使产品的生产达到国际先进水平。

③结合石油污染,80 年代初中国科学院林业土壤研究所,研究污染区

土壤微生物区系及其中石油降解微生物;中国科学院武汉病毒研究所,建立了分子生物学研究方法,并率先开展石油烃类的降解性质粒研究。

④针对农药污染,中国科学院南京土壤研究所于 70 年代末开展 666 等多种农药降解菌的基础研究;中国科学院水生生物研究所,在武汉建设并研究鸭儿湖氧化塘去除有机磷农药及水质净化机理。

⑤针对致突变及致癌物污染,武汉医学院于 70 年代末及时引进了国外新兴的 Ames 致突变试验,从此启动了"污染水源饮用水致突变性(物)生成及防治"的研究。

鉴于环境科学中微生物应用的理论和技术的快速发展,以及微生物生态学理论和技术的发展,在第十次国际微生物学会上成立了国际微生物生态学会。由于环境问题的日益严重和微生物在污染治理、环境净化和环境微生物监测中的重要作用,因而微生物日益受到人们的关注,大大促进了环境微生物的发展。

1.3.3　发展趋势

1. 污染物资源化

利用微生物进行污染物资源化,已有较成熟的研究成果。如酵母菌和光合细菌将高浓度有机废水中的有机污染物转化为可用作饲料和饵料的单细胞蛋白;产甲烷菌等微生物在厌氧处理时,将有机废物转化为燃料甲烷;纤维素降解菌将木材废弃物中所含的纤维素转化为燃料乙醇、半纤维素转化为木糖及木糖醇。

2. 清洁生产工艺和绿色环保产品的开发

①生物制浆[①]工艺是微生物用于清洁生产工艺的一个最新、最醒目的例证。该工艺的原理是:造纸原料中的木质素被生活微生物或其酶制剂降解,释放出纤维素和半纤维素用于造纸制浆。此工艺的生产应用在一些发达国家已获得突破。该工艺避免了传统的机械制浆工艺和化学制浆工艺的两个严重问题:大量的废水排放和大量木质素原料的流失浪费。

②生物脱蜡也是一项有广阔应用前景的清洁生产技术,中国四川骏马丝光棉床单厂应用这一技术已取得了明显的环境和经济效益。对棉花纤维的共生蜡、胶等,传统工艺用烧碱高温煮炼法去除,其工艺中添加了甲醛,所产生的废水对人体有害,现在利用生物酶处理工艺,仅加少量酸调节 pH,不添加其他化学物质,故废水成分简单且排放量少,生产出的纺织品吸水性

---

① 陈剑虹. 环境工程微生物学. 武汉:武汉理工大学出版社,2010.

能好、柔软、安全。

③用微生物技术生产的产品，一般都比较容易生物降解。如用微生物技术生产的聚羟基烷酸（PHA）塑料代替人工合成的难降解塑料，可以缓解"白色污染"；用微生物法生产丙烯酰胺絮凝剂来代替化学法合成有机和无机絮凝剂，产品除具有可生物降解性的特点外，其生产过程中废水的发生量仅为化学法的 1/20。

④过去，以小麦为原料，用盐酸水解法生产味精。现在，以薯粉为原料，用微生物发酵法生产味精，与过去相比节约了大量粮食（3t 薯粉与 30t 小麦所生产的味精产量相同），符合清洁生产的"降低物耗"原则，并且大大降低了生产成本。

3. 生物防治

微生物对其他生物的抑制、致病、致死作用，被用来进行生物防治工作。如通常所谓微生物农药，是指杀螟杆菌、苏云金杆菌、白僵菌、井岗霉素、春雷霉素、庆丰霉素等微生物体或其代谢产物，常被用来消灭大面积的农林害虫；噬藻体（藻类病毒）可以用于消除水体赤潮与水华；一些致病微生物可以用来控制鼠患等。这一类农药的优点是对害虫的选择性强，且害虫不易产生抗药性，对人、畜、多数益虫、农作物无害，不污染农、畜产品和环境；缺点①是起效较缓慢，效果易受气候条件影响，有些品种生产费用较高。微生物农药的开发、运用，可以大大减轻因使用化学农药带来的环境污染问题，将为绿色食品产业提供有力的保障。

① 陈剑虹. 环境工程微生物学. 武汉:武汉理工大学出版社,2010.

第2章 微生物在环境物质循环中的作用

碳、氢、氧、氮、硫等十多种元素是组成生物体的化学元素。生物必须不断地由环境中取得这些化学元素才能生长、发育和繁殖。可是,这些元素在自然界的贮量毕竟是有限的,而生命的延续和发展却是无尽的,二者之间的矛盾只有在自然界物质不断循环转化的条件下才能解决。只有解决了这种矛盾,生物界才能不断向前发展。

生物本身是生物地球化学循环的主要推动者,其主要途径可归为两个方面:①化学元素的有机质化,或称生物合成作用;②有机物质的无机质化,或称分解作用、矿化作用。

化学元素的有机质化过程主要是由绿色植物和自养型微生物(藻类、少数细菌)来完成,其中绿色植物作用最强;它们是有机物质的主要生产者。化学元素的无机质化过程由动物、植物及微生物参与;但无论就分解作用的规模、数量或者就分解作用的彻底性而言,当以微生物的作用为首。微生物是自然界有机质无机质化的主要推动者。人类环境中存在的各种有机物,简单的或复杂的,天然的或人工合成的,均能在多种微生物联合作用下被逐步分解为简单无机物回归自然界。地球上数量有限的化学物质就可周而复始地循环利用,自然界生态平衡得以保持,人类社会得以持续发展。

2.1 微生物与碳素循环

2.1.1 碳素生物循环

1. 自然界中的碳素循环

碳素是构成生物体的主要元素,是细胞结构的骨架物质,占生命物质总量的25%,植物和为生物细胞所含碳素约占细胞干重的40%~50%,没有碳就没有了生命。它的主要来源是大气中的CO_2,但大气中的CO_2含量处于一种永远供应不足的状态,只有通过生物推动碳循环,是不同形态的碳素相互转化,大气中的CO_2才不会被耗尽,生命才能继续。自然界的碳素循环主要包括空气中的CO_2经光合作用形成有机物,以及有机物被分解成

CO_2 回归到大气中。这是自然界最基本的物质循环,其基本过程如图 2-1 所示。

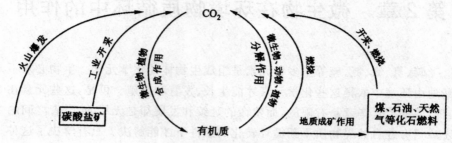

图 2-1　碳素循环示意图

在自然界中,含碳物质主要包括 CO_2、碳水化合物(糖、淀粉、纤维素等)、脂肪、蛋白质等。如图 2-1 所示,绿色植物和微生物通过光合作用固定自然界中的 CO_2 合成有机碳化物,同时把光能转化为化学能,进而转化为各种有机质。光合作用在地球表面已存在十亿年以上的历史,在这漫长的时间里合成了大量的有机物。其中有一小部分由于地质学的原因保留下来,形成了石油、天然气、煤炭、油页岩等宝贵的化石燃料,贮藏在地层中。植物和微生物进行呼吸作用获得能量,同时释放出 CO_2。动物以植物和微生物为食物,进行碳物质转换,并在呼吸作用中释放出 CO_2。当动物、植物和微生物尸体等有机碳化物被微生物分解时产生大量的 CO_2,当化石燃料被开采利用后,会生成大量 CO_2。地壳中的碳酸盐被工业开采,如烧制水泥、石灰时,也可产生 CO_2。此外,当火山爆发时亦可使地层中一部分碳释回大气中。而后,CO_2 再一次被植物利用进入循环,形成完整的碳素循环。

在水体中(图 2-2),沉入厌氧区的有机物,和由异养光合细菌所合成的有机物,通过厌氧微生物的发酵作用而产生有机酸、CH_4、H_2 和 CO_2。产甲烷菌在厌氧区可以将 CO_2 转化为 CH_4,甲烷氧化菌在好氧区将 CH_4 氧化成 CO_2。好氧区生活的藻类和绿色植物通过光合作用产生的有机物,被多种多样的细菌和真菌通过呼吸作用而分解,并释放出 CO_2。

总之,碳素的循环是以 CO_2 为中心的,包括大气中的 CO_2 和水中溶解的 CO_2,它们都是以 CO_2 的固定和 CO_2 的再生为主的物质循环。

环境中天然的有机物种类繁多。分子结构复杂的如纤维素、淀粉、脂质、木素等,也有分子结构比较简单的有机酸类、醇类、单糖、双糖等。这些物质都能被微生物分解利用,只是发生作用的菌种不同,条件各异,其中包括一系列复杂生化反应,有多种酶类参加。

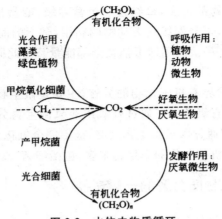

图 2-2 水体中物质循环

2. 微生物在碳素循环中的作用

光合作用是生态系统能量与有机物的重要来源。生产者通过光合作用捕获太阳能,并将二氧化碳固定在有机物质中。参与光合作用的微生物主要是藻类、蓝细菌和光合细菌,它们通过光合作用,将大气中和水体中的 CO_2 合成为有机碳化物。特别是在大多数水生环境中,主要的光合生物是微生物。在有氧区域以蓝细菌和藻类占优势,而在无氧区域则以光合细菌占优势。尽管它的光能利用率不高(见图 2-3),但满足了地球上生命活动的能量之需。就总体而论,陆地生态系统与水体生态系统的光合产物数量基本持平。其中,陆地上以植物为主,水体中以微生物占优。由于海洋覆盖了地球的大部分表面,微生物贡献着近一半的全球初级生产量。

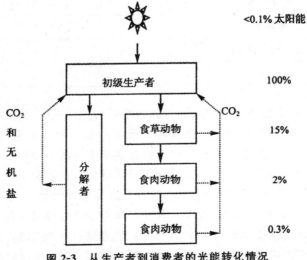

图 2-3 从生产者到消费者的光能转化情况

光合产物沿食物链传递，每经过 1 个营养级，能量损耗 90%。从生产者传递给食草动物，再经两级食肉动物的利用，剩下的能量只有 0.3%。若直接传递给分解者，一次利用即可消耗全部能量。与此同时，有机碳被转化为二氧化碳。

分解作用，自然界有机碳化物的分解，主要是微生物的作用：有机碳化物在陆地和水域的有氧条件中通过好氧或兼氧微生物分解，被彻底氧化为 CO_2；在无氧条件中通过厌氧微生物发酵；被不完全氧化成有机酸、CH_4、H_2 和 CO_2。能分解有机碳化物的微生物很多，包括细菌、真菌和放线菌。

2.1.2 有机物质分解的一般途径

1. 有机物质的好氧分解

植物是陆地上有机物质的主要来源。植物中最常见的成分是纤维素、半纤维素、木质素、脂肪、蛋白质和核酸（表 2-1）。在有氧条件下，好氧和兼性好氧微生物利用氧作为有机物质分解的最终电子受体，进行有氧呼吸。有机物质经一系列生物氧化反应形成最高氧化状态的产物 CO_2，同时产生 H_2O 和大量的 ATP，为微生物的生命活动提供能量。有机物质好氧分解的一般途径如图 2-4 所示。

表 2-1　植物的主要有机成分

植物成分	占植物干重(%)
纤维素	15～60
半纤维素	10～30
木质素	5～30
蛋白质和核酸	2～5
脂肪	0.5～2

例如，脂酶使脂肪分解为甘油与脂肪酸后被菌体吸收利用。

自然界的许多有机物质以多聚体的形态存在。对于复杂有机物质，微生物首先通过其分泌于细胞外的胞外酶类使基质分解成简单的可溶性有机物，而后吸入细胞内加以利用。在微生物的作用下，这些有机多聚体被水解为单体。例如，纤维素酶使纤维素水解为纤维二糖及葡萄糖，多糖类水解为单糖，脂肪水解为甘油和脂肪酸，蛋白质水解为氨基酸等等。各种单体再被微生物摄入体内继续降解。由于微生物种类及所处条件不同，进入体内后分解转化过程亦各不相同。最终通过三羧酸循环，最终被彻底分解成二氧化碳和水。

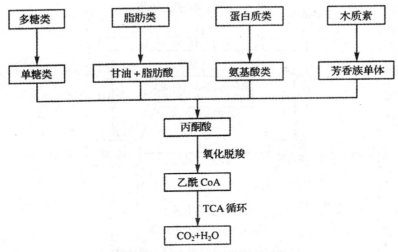

图 2-4　有机物质好氧分解的一般途径

在氧的供应很不充足时,兼性好氧微生物不能彻底氧化基质,而积累中间产物,甚至在氧的供应并不缺少时,由于氧化过程中个别反应的速度不一致时,亦可有某些中间产物暂时累积。例如,曲霉在利用蔗糖或葡萄糖时产生柠檬酸和草酸,根霉、毛霉等氧化己糖时累积延胡索酸,醋酸菌将醇类物质氧化成有机酸等,都是微生物不完全氧化作用的典型例子,且已被应用于工业生产。

2. 有机物质的厌氧分解

在无氧环境中,微生物可把氧化物(如硝酸盐和硫酸盐)用作有机物质分解的最终电子受体,通过厌氧呼吸,形成 CO_2;也可把代谢中间产物(如丙酮酸)用作有机物质分解的最终电子受体,通过发酵,形成 CO_2 和各种还原产物。发酵过程实际上是有机物质内部的氧化与还原过程,一部分有机物质被氧化成 CO_2,另一部分则因充当电子受体而被还原。

在厌氧环境中,通过多种微生物的协同代谢,可把发酵基质转化成最高氧化状态的产物 CO_2 和最低氧化状态的产物 CH_4。这一过程首先通过初级发酵者产生各种发酵产物,如一些分子结构简单的有机酸类、醇类、H_2 和 CO_2 等。然后 H_2 和 CO_2 可以立即被产甲烷菌、同型乙酸菌消耗产生甲烷、乙酸。另外,发酵生成的甲醇、甲酸和乙酸等也可以由一些产甲烷菌转化为甲烷。有机物质厌氧分解产生 CH_4 的过程见图 2-5。

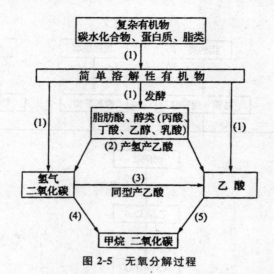

图 2-5　无氧分解过程

(1)发酵性细菌;(2)产氢产乙酸细菌;
(3)同型产乙酸细菌;(4)利用 H_2 和 CO_2 的产甲烷细菌;
(5)分解乙酸的产甲烷细菌

2.1.3　淀粉转化

淀粉广泛存在于植物种子、块根及块茎、干果之中,是植物细胞中贮藏性多糖物质。凡是以上述物质作原料的工业废水。例如淀粉厂、酒厂废水、印染废水、抗生素发酵废水及生活污水等均含有淀粉。

1. 淀粉的种类

淀粉可分直链淀粉和支链淀粉两类。直链淀粉由葡萄糖分子脱水缩合,以 α-D-1,4-葡萄糖苷键(简称 α-1,4-糖苷键)组成不分支的链状结构,含有 $300\sim400$ 个葡萄糖分子;支链淀粉中葡萄糖的结合方式,除 α-1,4-糖苷键外还有 α-1,6-糖苷键,所以支链淀粉具有很多分支。支链淀粉的分子较直链淀粉大,一般由 1200 个或更多葡萄糖分子所组成。

α-D-葡萄糖　　　α-D-葡萄糖　　　　　　　　　　α-1,4-糖苷键

脱水　　　H_2O

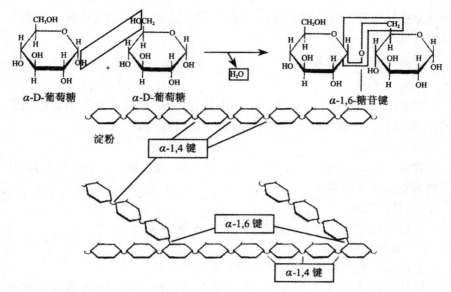

2. 淀粉的降解途径

淀粉是多糖,分子式为$(C_6H_{10}O_5)_n$,在微生物作用下的分解过程如下:

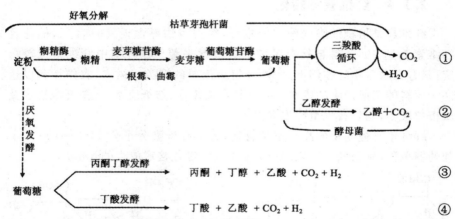

在好氧条件下,淀粉沿着①的途径水解成葡萄糖,进而酵解成丙酮酸,经三羧酸循环完全氧化为二氧化碳和水。在厌氧条件下,淀粉沿着②的途径转化,产生乙醇和二氧化碳。在专性厌氧菌作用下,沿③和④途径进行。

3. 降解淀粉的微生物

自然界中能分解淀粉的微生物很多,包括各种细菌、放线菌和真菌。途径①中,好氧菌有枯草芽孢杆菌和根霉、曲霉等。枯草杆菌可将淀粉彻底分为二氧化碳和水;途径②中,作为糖化菌的根霉和曲霉先将淀粉转化为葡萄糖,接着酵母菌可将葡萄糖发酵为乙醇和二氧化碳;途径③中,由丙酮丁醇梭状芽孢杆菌和丁醇梭状芽孢杆菌参与发酵;途径④中,由丁酸梭状芽孢杆菌参与发酵。

4. 参与降解淀粉的酶

(1)α-淀粉酶

它可以切断直链和支链中的 α-1,4-糖苷键,主要生成含多个葡萄糖分子的,因其作用使淀粉黏度下降,故也称液化型淀粉酶。

(2)β-淀粉酶

它从直链或支链的一端切断 α-1,4-糖苷键,每次切下两个葡萄糖分子,产物为麦芽糖及糊精。

(3)异淀粉酶

专门作用于直链和支链连接处的 α-1,6-糖苷键。

(4)葡萄糖生成酶

它可自淀粉的一端开始,依次切下葡萄糖分子。

此外,微生物分解淀粉还可在磷酸化酶的催化下,将淀粉中的葡萄糖分子一个一个分解下来。

2.1.4 纤维素的转化

纤维素是植物细胞壁的主要成分,约占植物界含碳量的 50%,棉花含纤维素高达 90%,是自然界最纯的纤维素来源。在环境中纤维素比较稳定;只有在微生物的作用下,才被分解为简单的糖类。树木、农作物和以这些为原料的工业产生的废水,如:棉纺印染废水、造纸废水、人造纤维废水及城市垃圾等,均含有大量纤维素。

纤维素是葡萄糖的高分子聚合物,每个纤维素分子含 $1400\sim10000$ 个葡萄糖单位,葡萄糖分子之间以 β-1,4-糖苷键连接形成直的长链。

β-D-葡萄糖　　β-D-葡萄糖　　β-1,4-糖苷键

纤维素（β-1,4 键）

1. 纤维素的分解途径

纤维素在微生物酶的催化下沿下列途径分解:

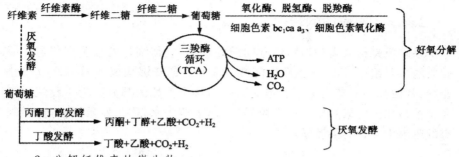

2. 分解纤维素的微生物

自然界中有许多微生物都能分解纤维素,其中以真菌的降解能力最强,主要有木霉、曲霉、青霉、根霉、镰刀霉和毛壳霉等;好氧细菌有纤维弧菌属、纤维单胞菌属、噬纤维菌属和生孢噬纤维菌属等;厌氧细菌有醋弧菌属、拟杆菌属、梭菌属和瘤胃球菌属等;放线菌中有小单胞菌属、链霉菌属等。

3. 参与纤维素分解的酶

纤维素酶是一种诱导酶,如绿色木霉只有在纤维素、纤维二糖和葡萄糖为碳源时才能合成纤维素酶。纤维素酶包括内切葡萄糖酶、纤维二糖水解酶和 β-葡萄糖苷酶。内切葡萄糖酶从纤维素直链内部切开 β-1,4-糖苷键;再由纤维二糖水解酶从暴露的纤维素链末端切下二糖单位,最后由 β-葡萄糖苷酶水解纤维二糖及纤维寡糖产生葡萄糖。

2.1.5　半纤维素的转化

半纤维素存在植物细胞壁中,含量仅次于纤维素。半纤维素的组成中含聚戊糖(木糖和阿拉伯糖)、聚己糖(半乳糖、甘露糖)及聚糖醛酸(葡萄糖醛酸和半乳糖醛糖)。造纸废水和人造纤维废水含半纤维素。土壤微生物分解半纤维素的速度比分解纤维素快。

1. 分解半纤维素的微生物

分解纤维素的微生物大多数都能分解半纤维素。许多芽孢杆菌、假单胞菌、节细菌及放线菌也能分解半纤维素。由于半纤维素所包括的化合物种类很多,半纤维素酶也各不相同。如木糖聚合成的木聚糖,由木聚糖酶水解,阿拉伯糖聚合成的阿拉伯聚糖,由阿拉伯聚糖酶水解。

2. 半纤维素的分解过程

半纤维素 $\xrightarrow[\text{H}_2\text{O}]{\text{聚糖酶}}$ 单糖 + 糖醛酸

好氧分解 → 经 EMP 途径 → TCA → ATP, CO_2+H_2O

厌氧分解 → 各种发酵产物

2.1.6　果胶质的转化

果胶质是构成高等植物细胞间质的物质,它使临近的细胞壁相连。果胶质的主要组成是由 D-半乳糖醛酸以 α-1,4-糖苷键构成的直链高分子化合物,其羧基与甲基脂化形成甲基酯。不含甲基酯的部分称为果胶酸。存在于植物体内的果胶质与多缩戊糖结合,不溶于水,称为原果胶。造纸、制麻的废水中多含有果胶质。

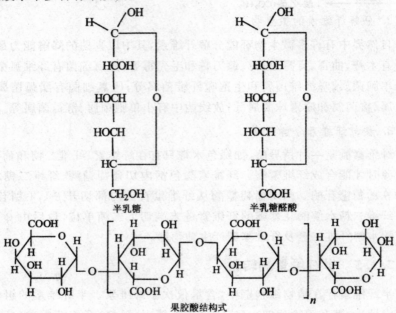

果胶酸结构式

1. 果胶质的水解

果胶质水解过程如下:

$$原果胶 + H_2O \xrightarrow{原果胶酶} 可溶性果胶 + 多缩戊糖$$

$$可溶性果胶 + H_2O \xrightarrow{果胶甲基酯酶} 果胶酸 + 甲醇$$

$$果胶酸 + H_2O \xrightarrow{多缩半乳糖酶} 半乳糖醛酸$$

2. 水解产物的分解

果胶和多缩戊酸的水解产物被果胶分解微生物吸收后作为碳源和能源。在有氧条件下被氧化分解为二氧化碳和水;在厌氧条件下进行发酵,产物有丁酸、乙酸、醇类、二氧化碳和氢气。

3. 分解果胶质的微生物

好氧菌有枯草芽孢杆菌、多粘芽孢杆菌、浸软芽孢杆菌及不生芽孢的软腐欧氏杆菌。厌氧菌有蚀果胶梭菌和费新尼亚浸菌。分解果胶的真菌有青霉、曲霉、木霉、根霉、毛霉,还有一些放线菌也能分解果胶。

2.1.7　脂肪的转化

脂肪是甘油和高级脂肪酸所形成的酯,不溶于水,可溶于有机溶剂。由饱和脂肪酸和甘油组成的,在常温下呈固态的称为脂;由不饱和脂肪酸和甘油组成的,在常温下呈液态的称为油。

脂肪主要有棕榈酸甘油酯、硬脂酸甘油酯、油酸甘油酯等。组成脂肪的天然脂肪酸几乎都具有偶数个碳原子。饱和脂肪酸有硬脂酸 $C_{17}H_{35}COOH$、棕榈酸 $C_{15}H_{31}COOH$、丁酸 C_3H_7COOH、丙酸 C_2H_5COOH 和乙酸 CH_3COOH;不饱和脂肪酸有油酸 $C_{17}H_{33}COOH$、亚油酸 $C_{17}H_{31}COOH$、亚麻酸 $C_{17}H_{29}COOH$。它们的混合物存在于动、植物体中,是人和动物的能量来源之一,可作为微生物的碳源和能源。毛纺、毛条厂废水、油脂厂废水、制革废水含有大量油脂。

微生物所产生的脂肪酶先将脂肪水解为甘油和脂肪酸,然后再进一步分解,其反应过程如下:

$$
\begin{array}{l}
CH_2-COOR_1 \\
CH-COOR_2 \\
CH_2-COOR_3
\end{array}
\ \xrightarrow[\text{脂肪酶}]{3H_2O}\
\begin{array}{l}
CH_2OH \\
CHOH \\
CH_2OH \\
\text{甘油}
\end{array}
\ +\
\begin{array}{l}
R_1-COOH \\
R_2-COOH \\
R_3-COOH \\
\text{脂肪酸}
\end{array}
$$

1. 甘油的转化

磷酸二羟丙酮可经酵解成丙酮酸,再氧化脱羧生成乙酰 CoA,进入三羧酸循环完全氧化为二氧化碳和水。磷酸二羟丙酮也可沿酵解途径逆行生成 1-磷酸葡萄糖。进而生成葡萄糖和淀粉。

2. 脂肪酸的 β-氧化

脂肪酸通过 β-氧化途径被分解。首先脂肪酸在脂酰硫激酶的作用下被激活为脂酰辅酶 A,然后脂酰辅酶 A 的 α 与 β 碳位之间的碳链断裂,生成乙酰辅酶 A 和碳链较原来少两个的脂酰辅酶 A。少两个碳原子的脂酰辅酶 A 可重复 β-氧化,直至脂肪酸完全形成乙酰辅酶 A。乙酰辅酶 A 可进入三羧酸循环完全氧化成二氧化碳和水(图 2-6)。

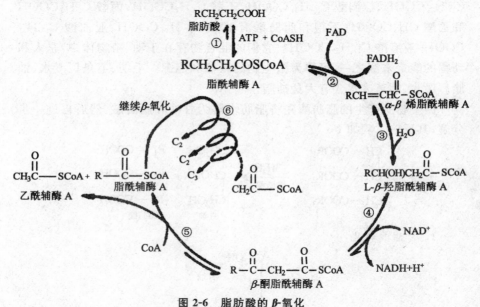

图 2-6　脂肪酸的 β-氧化

如以硬脂酸为例,则 1 分子含 18 个碳原子的硬脂酸,需要经过 8 次 β-氧化作用,全部降解为 9 分子乙酰辅酶 A,其总反应式如下:

$$CH_3(CH_2)_{16}COOH + ATP + CoA - SH \xrightarrow[\text{脂酰磷激酶}]{\text{脂酰硫激酶}}$$

硬脂酸

$$CH_3(CH_2)_{16}CO \sim SCoA + AMP + PPi$$

硬脂酰辅酶 A

$$CH_3(CH_2)_{16}CO \sim SCoA + 8CoA - SH + 8FAD^+ + 8NAD^+ + 8H_2O$$

硬脂酰辅酶 A
$\longrightarrow 8FADH_2 + 8NADH_2 + 9CH_3CO \sim SCoA \longrightarrow$ TCA $\longrightarrow$ ATP, H_2O, CO_2

乙酰辅酶 A

1 分子硬脂酰辅酶 A 每经一次 β-氧化作用,可产生 1 分子乙酰辅酶 A,1 分子 $FADH_2$ 和 1 分子 $NADH+H^+$。1 分子硬脂酸($C_{17}H_{35}COOH$)被彻底氧化分解后得到的 ATP 个数统计与表 2-2 中。

表 2-2　1 分子 $C_{17}H_{35}COOH$ 被彻底氧化分解后得到的 ATP 个数统计

1 分子乙酰辅酶 A 经三羧酸循环氧化产生	12 个 ATP
1 分子 $FADH_2$ 经呼吸链氧化产生	2 个 ATP
1 分子 $NADH+H^+$ 呼吸链氧化产生	3 个 ATP
总共产生	17 个 ATP
开始激活硬脂酸时消耗	-1 个 ATP
净得	16 个 ATP

18 碳硬脂酸在开始被激活时消耗了 1 个 ATP,故第一次 β-氧化时获得 16 个 ATP,以后 7 次重复 β-氧化时不再消耗 ATP,每次可净得 17 个 ATP,故 1 分子硬脂酸($C_{17}H_{35}COOH$)被彻底氧化分解后可得到很高的能量水平,共得:$16+17\times7+12=147$ 个 ATP。

3. 分解脂类的微生物

分解脂类的微生物主要是好氧性微生物。细菌有许多种类如假单胞菌、分枝杆菌、无色杆菌、芽孢杆菌和球菌等都有此作用,而荧光假单胞菌、铜绿假单胞菌等是其中最活跃的菌种。放线菌中有些种也具有分解脂类的能力。真菌中有青霉、曲霉、枝孢霉、粉孢霉等。厌氧性的梭菌,如产气荚膜梭菌也可以分解脂类物质。

2.1.8　木质素的转化

木质素是植物木质化组织的重要成分,含量仅次于纤维素和半纤维素,一般占植物干重的 15%～20%,木材中木质素占 30%。木质素在植物细胞中与纤维素紧密结合,当其含量为 40% 时,纤维素难于分解。稻草秆、麦秆、芦苇和木材是造纸工业的原料,所以造纸工业废水中含大量木质素。木质素的化学结构复杂,一般认为是以苯环为核心带有丙烷支链的一种或多种芳香族化合物(例如苯丙烷、松伯醇等)经氧化缩合而成,其结构没有严格的顺序。木质素抗酸水解,用碱液加热处理后可形成香草醛和香草酸、酚、邻位羟基苯甲酸、阿魏酸、丁香酸和丁香醛。

分解木质素的微生物主要是担子菌纲中的干朽菌、多孔菌、伞菌等,镰刀霉、木霉、曲霉和青霉中的有些菌株也能分解木质素,此外,假单胞菌、节杆菌、黄杆菌和小球菌中也有一些菌株能分解木质素。

木质素被微生物分解的速率缓慢,如玉米秸进入土壤后经过六个月木质素仅减少 1/3。在好氧条件下微生物分解木质素比在厌氧条件下快,真菌分解木质素比细菌块。

2.1.9 烃类物质的转化

大多数生物体都含有或能产生少量烃类,如植物叶面的蜡质、某些动物表皮类脂质组分中的烃。石油中含有烷烃(30%)、环烷烃(46%)及芳香烃(28%)。现已发现不少微生物能利用烃类物质,如诺卡氏菌、假单胞菌、分枝杆菌以及某些酵母菌。它们多分布在有石油存在的地方。

烃是高度还原性的物质,微生物对烃的分解利用是一个绝对需氧过程。在缺氧条件下,烃类完全不受微生物影响。这也说明了地下沉积的石油为什么长期不致发生变化。微生物对烃的利用是将它们氧化成醇、醛、酸等物质,其氧化烃类过程中的许多中间产物和最终产物都是重要的工业原料,因而有重要的研究意义。从结构简单的气态烃到复杂的固态烃均可被不同微生物氧化分解。正烷烃较异烷烃易被氧化,较长链烷烃比短链烷烃易被氧化,微生物对环烷烃的氧化能力较差,芳香烃类型多样,微生物对芳香烃的作用方式较为复杂,而且特异性高,但可以得到许多有重要经济价值的产品,因而也是最有应用前途的。

1. 正烷烃的氧化

微生物对正烷烃的氧化是通过加氧酶的作用,使分子氧加入形成氢过氧化物。氢过氧化物再被氧化成醇、醛、脂肪酸。生成醛及酸的过程需要 NAD^+ 参加,通过 D-氧化途径继续氧化。偶数碳链的正烷烃生成乙酸,奇数碳链的正烷烃最后生成乙酸与丙酸。乙酸进入三羧酸循环而彻底氧化。烷烃通式 C_nH_{2n+2},可被微生物氧化。

$$R\text{—}CH_2\text{—}CH_3 \xrightarrow[+O_2]{+2H} R\text{—}CH_2\text{—}CH_2OH + H_2O$$

$$\downarrow -2H$$

$$\beta\text{-氧化} \longleftarrow R\text{—}CH_2\text{—}COOH \xleftarrow[+H_2O]{-2H} R\text{—}CH_2\text{—}CHO$$

氧化烷烃的微生物有甲烷假单胞菌,分枝杆菌、头孢霉、青霉能氧化甲烷、乙烷和丙烷。

2. 烯烃的转化

大多数烯烃比烷烃、芳烃都容易被微生物利用。微生物对烯烃的代谢主要是产生具有双键的加氧氧化物或环氧化物,最终形成饱和或不饱和的

脂肪酸,然后再经 β-氧化进入三羧酸循环而被完全分解:

$$CH_3(CH_2)nCH_2CH=CH_2$$

$$HOCH_2(CH_2)nCH_2CH=CH_2$$

$$HOOC(CH_2)nCH_2-CH=CH_2$$

$$\beta\text{-氧化}$$

$$CH_3(CH_2)nCH_2CH-CH_2 \quad (O)$$

$$CH_3(CH_2)nCH_2CH-CH \atop OH$$

$$CH_3(CH_2)nCH_2CH-COOH \atop OH$$

$$\beta\text{-氧化}$$

乙烯是一种主要的大气污染物。汽油燃烧时可产生乙烯。环境中某些微生物具有转化乙烯的能力。

3. 芳香烃化合物的转化

芳香烃有酚、间甲酚、邻苯二酚、苯、二甲苯、异丙苯、异丙甲苯、萘、菲、蒽及 3,4-苯并芘等,炼油厂、煤气厂、焦化厂、化肥厂等的废水均含有芳香烃。它们在不同程度上被微生物分解。

酚和苯的分解菌有荧光假单胞菌、铜绿假单胞菌及苯杆菌。甲苯杆菌能分解苯、甲苯、二甲苯和乙苯。分解萘的细菌有铜绿假单胞菌、溶条假单胞菌、诺卡氏菌、球形小球菌、无色杆菌及分枝杆菌等。可以利用铜绿假单胞菌以萘为基质发酵谷氨酸。分解菲的细菌有菲杆菌、菲芽孢杆菌巴库变种、菲芽孢杆菌古里变种。荧光假单胞菌和铜绿假单胞菌、小球菌及大肠艾希氏菌能分解苯并(α)芘。

苯、萘的代谢途径如下:

(1)苯的代谢

(2)萘的代谢

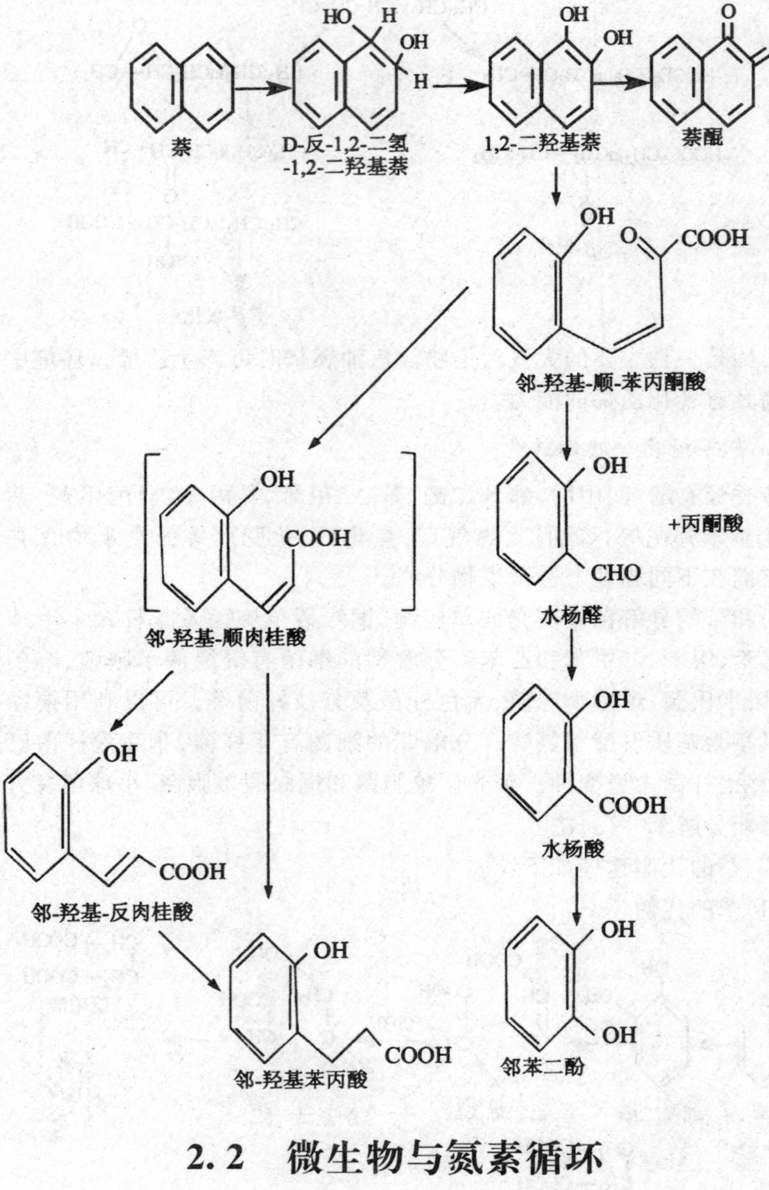
HO
H
OH
H
OH
OH
O
O
萘
D-反-1,2-二氢
-1,2-二羟基萘
1,2-二羟基萘
萘醌
OH
O
COOH
邻-羟基-顺-苯丙酮酸
OH
COOH
邻-羟基-顺肉桂酸
OH
CHO
+丙酮酸
水杨醛
OH
COOH
水杨酸
OH
COOH
邻-羟基-反肉桂酸
OH
COOH
邻-羟基苯丙酸
OH
OH
邻苯二酚

2.2 微生物与氮素循环

2.2.1 自然界中的氮素循环

氮素是核酸和蛋白质的主要成分，是构成生物体必须的元素。自然界氮素蕴藏量丰富,以三种形态存在:分子氮(N_2),占大气体积分数的 78%,但很少有微生物可以吸收利用;有机氮化合物,存在于生物残体和土壤中,但植物不能直接利用;无机氮化合物,如氨氮、亚硝酸盐氮和硝酸盐氮等广泛存在于岩石、煤层之中。以上三种形态的氮在微生物、植物和动物三者的协同作用下将相互转化,构成氮循环。氮循环包括氨化作用、硝化作用、反硝化作用及固氮作用。

1. 氮素转化的一般途径

①绿色植物和微生物的生命活动中,吸收硝态氮和铵态氮,组成蛋白质、核酸等含氮有机物,使无机态氮同化为有机氮。例如,大气中的分子氮被根瘤菌固定后可供给豆科植物利用,还可以被固氮菌和周氯蓝细菌固定成氨,氨溶于水生成 NH_4^+ 被硝化细菌氧化成硝酸盐,被植物吸收,无机氮就转化成植物蛋白。植物被动物食用后转化为动物蛋白。

②动植物和微生物遗体及人和动物的排泄物中的有机含氮化合物,经微生物(如氨化细菌)的分解作用,是无机质转化为氨态氮(也为 NH_4^+-N)。

③氨在有氧的环境下又被硝化细菌氧化成硝酸盐,再被植物吸收。

无机氮和有机氮就是这样循环往复。

④硝酸盐由于反硝化细菌的作用还原为分子态氮,逸散到大气中去。

⑤空气中的分子态氮,通过固氮微生物(如根瘤菌)的作用还原为氨,再被合称为有机氮化合物。

碳素在自然界中的循环示意图如图 2-7 所示。

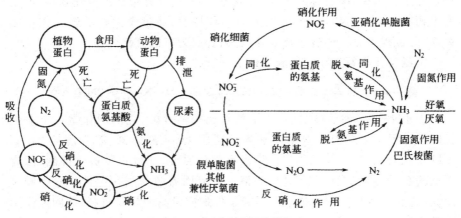

图 2-7 　 自然界氮的循环

2. 氮素污染

人类活动对自然界氮素循环的干扰很大。例如:工业和农业固氮,将大量氮气转化为氨,加速了陆地的固氮进程,对相应区域的氮素平衡可产生巨大冲击;含氮矿物和燃料的开采、加工和利用,不但将地壳深层不参与循环的氮化合物带至地面,提高了地面氮的总量,也改变了相应区域的氮化物组成。氮循环平衡的破坏,造成了中间产物的积累,即氮素污染。

除氮气外,所有氮素循环的中间产物均可对人类和环境产生不良影响。例如:NH_3 毒害水生生物,消耗溶解氧,诱发富营养化,影响饮用水氯化消毒;NH_2OH 对生物剧毒,形成亚硝酸;NO_3^- 诱发富营养化;NO_2^- 致癌,与红血球结合,消耗溶解氧,诱发富营养化;NO 引起酸雨,破坏臭氧层;N_2O 引起酸雨,破坏臭氧层。其中,以氨、硝酸盐和亚硝酸盐的危害最烈。氨进入水体,不但能作为生物饵营养物质而诱发暂富营养化,造成水生生态系统紊乱,而且还有以下有害的作用[①]:①作为硝化细菌的能源,在氧化过程中消耗溶解氧,造成水体缺氧,严重时使水体变黑发臭;②作为毒物,影响血液对氧的结合,使鱼类致死;③与氯气作用生成氯胺,影响氯化消毒处理的效果。

氨转化为硝酸盐后,尽管消耗水体溶解氧的能力不再存在,但仍然能引起"富营养化",污染饮用水的硝酸盐还可能导致婴儿的高铁血红蛋白症;硝酸盐进一步转化为亚硝胺,则具有"三致"作用,直接威胁着人类的健康。

2.2.2 固氮作用

使氮作为氮源而利用的过程称为固氮作用。自然界有两种固氮方式:一是非生物固氮,即通过闪电,高温放电等固氮,这样形成的氮化物很少;二是生物固氮,它仅仅是某些微生物的一种特性,通过微生物的转化作用固氮,在此过程中分子氮被转化为氨,进而合成为有机氮化合物。

由氮气转化氨是在固氮酶催化下进行的:

$$\text{酶}-N \equiv N \xrightarrow[2H^+]{2e^-} \text{酶}-N = N \xrightarrow[2H^+]{2e^-} \text{酶}-N-N \xrightarrow[2H^+]{2e^-} 2NH_3 + \text{酶}$$

由于 $N \equiv N$ 三键的稳定性,分子氮是比较惰性的,它的活化是一个非常耗能的过程。不同固氮微生物平均每还原 1mol 氮为氨,需要消耗 24mol ATP。在自然界中,氮的固定作用具有高还原性,此过程可被氧抑制,因为固氮酶在 O_2 存在下会不可逆的失活。好氧固氮菌为了在生长过程中同时固氮,它们在生长的进化过程中形成了保护固氮酶的防氧机制,使固氮作用正常进行。例如,固氮蓝细菌的固氮作用是在异形细胞内进行的。

现已发现具有固氮作用的微生物将近 50 个属,主要包括细菌、放线菌

---

① 郑平. 环境微生物学. 杭州:浙江大学出版社,2002.

和蓝细菌与固氮微生物共生而具有固氮作用的豆科植物约 600 个属,非豆科植物约 13 个属。固氮微生物有好氧的,也有厌氧的,还有一些只有与某些植物共生时才能固氮。根据与高等植物及其他生物的关系,可将微生物的固氮作用分为自生固氮、共生固氮和联合固氮作用三大类。

1. 自生固氮

自生固氮微生物是指可以在环境中自由生活,能独立进行固氮作用的类微生物。它们在固氮酶的参与下,将分子态氮固定成氨,但并不将氨释放到环境中,而是合成氨基酸,组成自身蛋白质。只有在死亡以后,当它们的细胞被分解时,才会向环境释放氨,进而被植物吸收利用。

(1)好氧性细菌

好氧性细菌有根瘤菌、黄色固氮菌、圆褐固氮菌、雀稗固氮菌、分枝杆菌属、螺菌属、拜叶林克氏菌属、德克斯菌属、万氏固氮菌、睐秋克菌属、氮单胞菌属中的一些种类。它们可利用各种糖、醇、有机酸为碳源,N_2 为氮源,当供给 NH_3、尿素和硝酸盐时固氮作用停止。在含糖培养基中形成荚膜和黏液层,细胞大,杆状或卵圆形,有鞭毛,革兰氏染色阴性反应。适于中性和偏碱性环境中生长,pH 小于 6 时不生长。

自生固氮微生物的固氮效率较低,在较低氧分压条件下,更有利于固氮作用,每消耗 1g 糖可固定 10～20mg 氮。巴氏固氮梭菌为厌氧的固氮菌,它每消耗 1g 糖可固定 2～3mg 氮,革兰氏染色为阳性。此外,硫酸还原菌也能进行固氮作用。

(2)兼性厌氧细菌

兼性厌氧细菌主要是肠杆菌属、芽孢杆菌属、克雷伯菌属中的一些种类,如欧文菌、埃希菌、境氏杆菌等。

(3)厌氧性细菌

厌氧性菌主要是梭菌属中的一些种类,如巴氏固氮梭菌能固氮,此外,硫酸还原菌也有固氮作用。近年来,已证明严格厌氧的产甲烷菌中有一些种类,如巴氏甲烷八叠球菌等具有固氮活性。

(4)光合细菌

光合细菌例如红螺菌属、着色菌和绿菌属中的一些种类,在光照下厌氧生活时也能固氮。固氮蓝藻(蓝细菌)较多见的有异形胞的固氮丝状蓝藻。例如鱼腥藻属、念珠藻属、柱孢藻属、单岐藻属、颤藻属、拟鱼腥藻属、眉藻属、织线藻属和席藻属等。它们在异形胞中进行固氮。

(5)蓝细菌

蓝细菌主要有念珠藻属、鱼腥藻属、颤慕属、筒孢藻属、伪枝藻属、真枝藻属、单歧藻属等中的一些种类。它们进行不放氧光合作用,在异形胞中进行固氮。

厌氧固氮菌是通过发酵碳水化合物至丙酮酸的过程中合成 ATP 提供固氮所需。好氧固氮菌则是通过好氧呼吸由三羧酸循环产生 $FADH_2$、NADH 等经电子传递链产生 ATP。N_2 转化成 NH_3 需要供给 6 个电子,在电子传递链中,每一步只传递 2 个电子,要三次连续电子传递才能满足需要。

```
电子供体 ─→ Fd·2e      (AzoFd)₂·2e       MoFd   2e        2NH₃
          铁氧还蛋白      铁蛋白          钼铁蛋白    ATP    ADP+Pi
             Fd        (AzoFd)₂          MoFd              N₂
```

2. 共生固氮

共生固氮微生物只有在与其他生物紧密地生活在一起,才能固氮。它们通过固氮作用合成的氨,来满足自身和共生体中的其他生物的氮源需求。较自生固氮体系,共生体系的固氮效率要高得多,每消耗 1g 葡萄糖能固定氮 280mg 左右。

(1)根瘤菌

根瘤菌属中的很多种都具有共生固氮的营养特征,如豌豆根瘤菌:三叶草根瘤菌、菜豆根瘤菌、苜蓿根瘤菌、大豆根瘤菌、羽扇豆根瘤菌、紫云英根瘤菌和豇豆根瘤菌等。

根瘤菌与豆科植物共垒,形成根瘤共生体。根瘤的形成是一个复杂的过程,豆科植物的根系在土壤中生长发育,刺激相应的根瘤菌在根际大量繁殖广在根瘤菌的影响下,根毛发生卷曲。细胞壁内陷,根瘤菌随之侵入根毛;进入根毛的根瘤菌,大量增殖形成一条侵入线,它沿根毛向内扩展;当侵入线达到皮层时,促使皮层细胞分裂,进而分化、发育成根瘤,并在根的表面形成突起。在根瘤内生活的根瘤菌,成为类菌体形态,不再分裂。类菌体内含有固氮酶能把分子态氮固定为氨,然后通过根瘤细胞中的酶系统催化转变成谷氨酸,再运送到植物的其他部分。

(2)蓝细菌

蓝细菌中的许多种类能与植物共生形成各种共生体。例如,满江红鱼腥藻与水生蕨类植物满江红,共生形成红萍共生体,念珠藻或鱼腥藻与裸子植物苏铁共生形成苏铁共生体,念珠藻与根乃拉草植物共生形成根乃拉草共生体等。有些蓝细菌还可与真菌共生,形成地衣共生体。

研究证明[1],在水体中蓝细菌可以和细菌结合进行共生固氮作用,其固氮效率高于单独存在的蓝细菌。蓝细菌以其黏液黏着并包围细菌,细菌利

---

[1] 袁林江. 环境工程微生物学. 北京:化学工业出版社,2011.

用蓝细菌形成的氧和氨生长,而细菌的这一生命活动有利于蓝细菌的固氮作用。

（3）弗兰克菌

弗兰克菌属与非豆科植物共生形成根瘤共生体,能形成根瘤的非豆科植物主要是木本植物,如杨梅属、桤木属和沙棘属等。

3. 联合固氮作用

联合固氮作用是固氮微生物与植物之间存在的一种简单共生现象。它既不同于典型的共生固氮作用,也不同于自生固氯作用。这些固氮微生物仅存在于相应植物的根际,并不侵入根毛形成根瘤,但有较强的专一性,固氮效率比在自生条件下,如雀稗固氮菌与点状雀稗联合,生活在根的黏质鞘套内,固氮量可达 $15\sim93kg/(hm^2 \cdot a)$。另外,水稻、甘蔗以及许多热带牧草的根际,由于与固氮微生物的联合都有很强的固氮活性。

在水域环境中,共生固氮系统并不普遍,大量的氮主要靠自由生活的微生物固定。在有氧区主要是蓝细菌的作用,在无氧区主要是梭菌的作用。

2.2.3　氨化作用

有机氮化物在微生物作用下分解产生氨的过程称为氨化作用[①],这个过程又称为有机氮的矿化作用。很多细菌、真菌和放线菌都能分解蛋白质及其含氮衍生物,其中分解能力强并释放出 NH_3 的微生物称为氨化微生物。

氨化微生物[②]主要有蜡状芽孢杆菌、巨大芽孢杆菌、枯草芽孢杆菌、神灵色杆菌、厌氧菌有腐败梭状芽孢杆菌、生孢梭状芽孢杆菌、变形杆菌、假单胞菌、曲霉属、毛霉属、青霉属、根霉属等真菌和嗜热放线菌等。此外,还有致病的链球菌和葡萄球菌。

1. 蛋白质分解

土壤中腐败的动、植物遗体含有蛋白质和氨基酸;生活污水、屠宰废水、乳品加工废水及豆制品加工厂废水等均含有蛋白质和氨基酸。蛋白质分子量大,不能直接被微生物利用,分解成小分子的多肽、二肽或氨基酸后才能透过细胞膜被微生物利用。

蛋白质的氨化过程,首先在微生物分泌的蛋白酶(胞外酶)的作用下进

---

① 王家玲．环境微生物学．北京:高等教育出版社,2004.

② 袁林江．环境工程微生物学．北京:化学工业出版社,2011.

行分解生成多肽和二肽,然后在肽酶(胞内酶)的作用下分解为氨基酸。蛋白质分解过程如下:

$$\text{蛋白质} \xrightarrow{\hspace{1cm}\text{蛋白酶}\hspace{1cm}} \text{胨} \longrightarrow \text{肽} \xrightarrow{\text{肽酶}} \text{氨基酸}$$

绝大多数的异养型微生物,都有不同程度的蛋白质分解能力。在自然界中它们分布很广,种类非常多。

2. 氨基酸转化

氨基酸为微生物吸收,其体内降解有脱氨和脱羧两种基本方式。分别由脱氨酶类和脱羧酶类催化。

(1)脱氨作用

有机氮化合物在微生物的脱氨基酶的作用下脱氨基,并形成氨的形态释放,称为氨化作用。脱氨的方式很多,有氧化脱氨、还原脱氨、水解脱氨及减饱和脱氨。

①氧化脱氨。在好氧微生物作用下进行:

$$\begin{array}{c} CH_3 \\ | \\ CHNH_2 \\ | \\ COOH \\ \text{丙氨酸} \end{array} + \frac{1}{2}O_2 \longrightarrow \begin{array}{c} CH_3 \\ | \\ CO \\ | \\ COOH \end{array} + NH_3$$

$$\xrightarrow{+O_2} \boxed{\text{三羧酸循环}} \longrightarrow CO_2 + H_2O + ATP$$

②还原脱氨。由专性厌氧菌和兼性厌氧菌在厌氧条件下进行:

$$\begin{array}{c} CH_2-NH_2 \\ | \\ COOH \\ \text{甘氨酸} \end{array} + 2H \xrightarrow{\text{梭状芽孢杆菌}} \begin{array}{c} CH_3 \\ | \\ COOH \\ \text{乙酸} \end{array} + NH_3$$

③水解脱氨。氨基酸水解脱氨后生成羟酸:

$$\begin{array}{c} CH_3 \\ | \\ CHNH_2 \\ | \\ COOH \\ \text{丙氨酸} \end{array} + H_2O \longrightarrow \begin{array}{c} CH_3 \\ | \\ CHOH \\ | \\ COOH \\ \text{乳酸} \end{array} + NH_3$$

④减饱和脱氨。氨基酸在脱氨基时,在 α、β 键减饱和成为不饱和酸:

$$\begin{array}{c} COOH \\ | \\ CH_2 \\ | \\ CHNH_2 \\ | \\ COOH \\ \text{天门冬氨酸} \end{array} \longrightarrow \begin{array}{c} COOH \\ | \\ CH \\ \| \\ CH \\ | \\ COOH \\ \text{延胡索酸} \end{array} + NH_3$$

以上经脱氨基后形成的有机酸和脂肪酸可在好氧或厌氧条件下,在不同的微生物作用下继续分解。

氨基酸脱氨基后的残余基团是一个有机酸,将作为微生物生长所需的碳源物质,在呼吸作用中或被氧化分解成 CO_2 或被发酵生成低分子有机酸、醇或碳氢化物。

(2)脱羧作用

氨基酸脱羧作用多数由腐败细菌和霉菌引起,经脱羧后生成胺。其中的二元胺对人有毒,因此,肉类蛋白质腐败后不可食用,以免中毒。

$$CH_3CHNH_2COOH \longrightarrow CH_3CH_2NH_2 + CO_2$$

丙氨酸　　　　　　　　　乙胺

$$H_2N(CH_2)_4CHNH_2COOH \longrightarrow H_2N(CH_2)_4CH_2NH_2 + CO_2$$

赖氨酸　　　　　　　　　尸胺

氨基酸脱羧后可形成胺类物质。胺类在有氧条件下可氧化成有机酸,然后继续氧化成 CO_2,或在无氧条件下经发酵形成醇类及有机酸,巯基可还原成 H_2S。

蛋白质氨化过程及其可能产物见图 2-8。

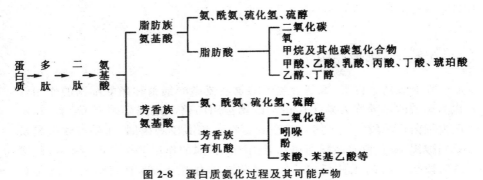

图 2-8　蛋白质氨化过程及其可能产物

3. 尿素的转化

人、畜尿以及印染废水中都含有尿素。尿素是分子结构简单地含氮有机物,含氮 47%,微生物产生的脲酶直接水解尿素,生成碳酸铵。碳酸铵在碱性环境中很不稳定,进而水解为 NH_3 和 CO_2。在废水生物处理过程中,当缺氮时可加尿素补充氮源。

尿素水解过程为

$$O = C \Big\langle {NH_2 \atop NH_2} + 2H_2O \xrightarrow{\text{尿酶}} (NH_4)_2CO_3 \longrightarrow 2NH_3 + CO_2 + H_2O$$

用酚红可检验此反应,酚红变色范围在 pH $=6.4\sim8.0$,酸性时为黄色,碱性时为红色。当酚红呈红色时说明有氨产生。参与尿素分解的细菌有尿小球菌、巴斯德氏芽孢杆菌和尿芽孢八叠球菌。尿素分解时不放出能量,因而不能作碳源,只能作氮源。尿素细菌的碳源为单糖、双糖、淀粉及有机酸。

4. 卵磷脂转化

卵磷脂是含胆碱的磷酸酯,存在于细胞质原生质中。许多芽孢杆菌、假单胞菌和某些霉菌等可产生卵磷脂酶类,是卵磷脂水解成甘油、脂肪酸、磷酸和胆碱,再进一步分解成 NH_3、CO_2、醇、有机酸等。

$$\text{卵磷脂} \xrightarrow{\text{卵磷脂酶}} \text{甘油、脂肪酸、磷酸、胆碱}$$

$$CH_3 \atop CH_3 \!-\! NOHC_2H_2CH \longrightarrow NH_3 + CO_2 + \text{有机酸} \atop CH_3$$

胆碱

2.2.4 硝化作用

在有氧的条件下,氨基酸脱下的氨经亚硝酸细菌和硝酸细菌的作用转化为硝酸的过程称为硝化作用。硝化作用的整个过程必须有 O_2 参与,由两类细菌分阶段完成。第一阶段的氨在亚硝酸单胞菌属、亚硝酸球菌属及亚硝酸螺菌属、亚硝酸杆菌属和亚硝酸弧菌属的作用下被氧化为亚硝酸;第二阶段是在由硝化杆菌属、硝化球菌属的作用下,将亚硝酸盐被氧化为硝酸。

第一阶段: $\qquad 2NH_3 + 3O_2 \longrightarrow 2HNO_2 + 2H_2O + 619kJ$

第二阶段: $\qquad 2HNO_2 + O_2 \longrightarrow 2HNO_3 + 201kJ$

硝亚化细菌主要是亚硝化单胞菌属、亚硝化嗉菌属、亚硝化球菌属和亚硝化螺菌属中的一些种类;硝化细菌主要有硝化杆菌属、硝化螺菌属和硝化球菌属中的一些种类。参与硝化作用的亚硝酸细菌和硝酸细菌都是革兰阴性无芽孢杆菌,它们统称为硝化细菌,是严格好氧的无机化能营养菌,但在生态环境中必须在有机物存在的条件下才能生长活动。当有机肥、有机垃圾、污水等进入时,土壤中的含氮有机物将会大幅度增加,这将导致硝化作用的加剧进行。他们适宜在中性和偏碱性环境中生长,在 pH<5 的土壤中基本没有硝化作用。这两类细菌对 pH 表现出不同的适应性:当存在 NH^+、pH>9.5 时,硝化细菌被抑制,亚硝化细菌却十分活跃,而在 pH<6.0 时,亚硝化细菌则受到抑制。

生活污水和工业废水如味精废水、赖氨酸废水等含有相当高浓度的氨氮,需要和有机物一起去除掉。先将氨氮转化为硝酸盐,再通过反硝化作用将硝酸氮还原成氮气溢出水面得以去除。

2.2.5　反硝化作用

硝酸盐在微生物作用下还原,释放出 N_2 和 N_2O 的过程称为反硝化作用,或称为脱氮作用。自然界中包括土壤、水体、污水及工业废水都含有硝酸盐。植物、藻类及其他微生物它们吸收硝酸盐,通过硝酸还原酶将硝酸还原成氨,由氨合成为氨基酸、蛋白质及其他含氮物质。微生物的反硝化作用一般在厌氧环境中进行,而且需要有机物作为能源。

反硝化细菌主要是异养菌,但也有自养菌。异养反硝化细菌是利用硝酸盐中的氧来氧化有机底物,这类细菌有专性好氧的铜绿假单胞菌和脱氮微球菌以及兼性厌氧的地衣芽孢杆菌、租蜡状芽孢杆菌等。自养的反硝化细菌能利用硝酸盐中的氧把硫氧化为 H_2SO_4,以取得能量来同化 CO_2,如脱氮硫杆菌。

在天然水体中,由于水表层存在溶解氧,所以在该水层只会发生硝化作用。在水底部,水和沉积物之间的界面由于缺氧而发生反硝化作用,产生的氮气由池底上升逃逸到水面时会把池底的沉淀污泥带上浮起,使出水含有大量的泥花,影响出水的水质,有些污水经生物处理后出水硝酸盐含量高,在排入水体后,一方面水体缺氧发生反硝化作用,会产生致癌物质亚硝酸胺,造成二次污染,危害人体健康。反硝化作用在 2℃~60℃的温度范围内都可以发生。最适温度为 25℃环境的 pH<6 时,N_2 产生受到抑制,只产生 N_2O,当 pH<5 时,反硝化作用就会停止发生。

另一方面硝酸盐含量高会引起水体的富营养化。因此,硝酸盐必须在生物处理过程中去除掉。可采用脱氮工艺——A/O 等系统脱氮后,处理水排入水体才可保证水体安全。可见,反硝化作用在废水生物处理中是起积极作用的。

在反硝化作用中微生物是将 NO_3^- 中的氧作为呼吸作用的受氢体,因而使 NO_3^- 还原。

$$C_6H_{12}O_6 + 6H_2O = 6CO_2 + 24H^+$$

$$24H^+ + 4NO_3^- = 12H_2O + 2N_2$$

$$C_6H_{12}O_6 + 4NO_3^- = 6H_2O + 6CO_2 + 2N_2 + 能量$$

反硝化作用通常有三种结果：

①大多数细菌、放线菌及真菌利用硝酸盐为氮素营养,通过硝酸还原酶的作用将硝酸还原成氨,进而合成氨基酸、蛋白质和其他含氮物质。

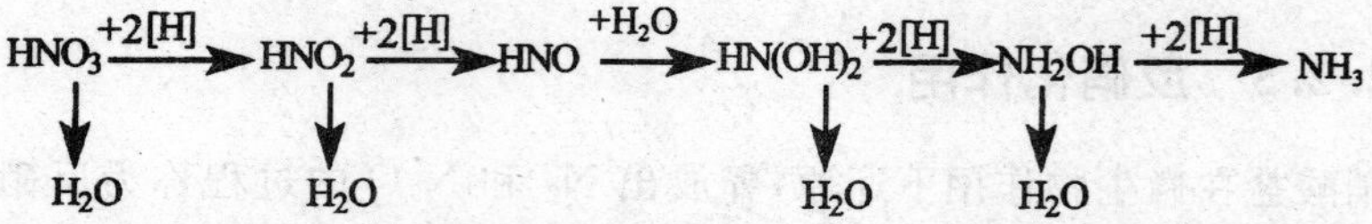

$$HNO_3 \xrightarrow{+2[H]} HNO_2 \xrightarrow{+2[H]} HNO \xrightarrow{+H_2O} HN(OH)_2 \xrightarrow{+2[H]} NH_2OH \xrightarrow{+2[H]} NH_3$$

下方对应箭头: H_2O   H_2O   H_2O   H_2O

②反硝化细菌(兼性厌氧菌)在厌氧条件下,将硝酸还原为氮气。

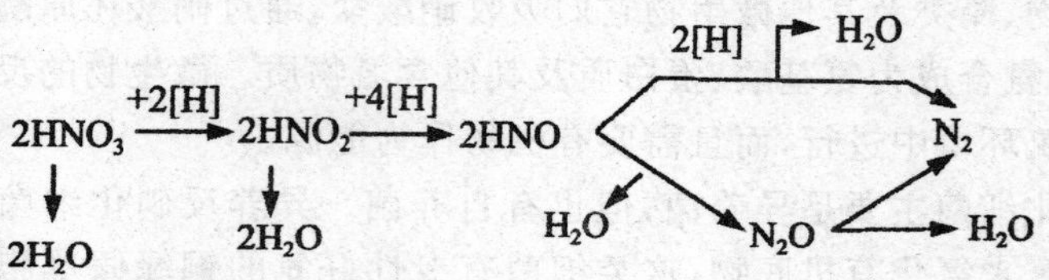

$$2HNO_3 \xrightarrow{+2[H]} 2HNO_2 \xrightarrow{+4[H]} 2HNO$$

下方对应箭头: 2H_2O   2H_2O

(后续分支): 2[H] → H_2O, N_2, H_2O, N_2O → H_2O

③硝酸盐还原为亚硝酸。

$$HNO_3 + 2[H] \longrightarrow HNO_2 + H_2O$$

2.3 微生物与硫素循环

2.3.1 自然界中的硫循环

自然界中三种状态的硫即单质硫、无机硫化物(如 H_2S、SO_2、SO_3^{2-}、SO_4^{2-})及含硫有机化合物(R—SH)。他们在化学和生物作用下相互转化,构成硫的循环,如图 2-9 所示。在水生环境中,SO_4^{2-} 或通过化学作用产生,或来自污(废),或是由硫细菌氧化 S 或 H_2S 产生。SO_4^{2-} 被植物、藻类吸收后转化为含硫有机化合物。如含—SH 的蛋白质,在氧条件下进行腐败作用产生 H_2S,H_2S 被无色硫细菌氧化为 S,并进一步氧化为 SO_4^{2-}。SO_4^{2-} 在厌氧条件下被硫酸盐还原菌还原为 H_2S,H_2S 又能被光合细菌用作供氢体,氧化为 S 或 SO_4^{2-}。这样就构成了自然界的硫素循环。

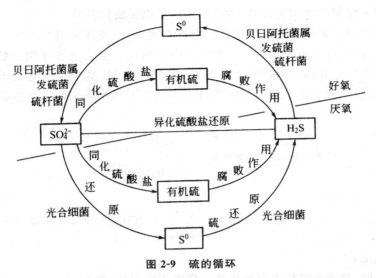

图 2-9 硫的循环

微生物参与硫素循环的各个过程,并在其中发挥着非常重要的作用,主要包括脱硫作用、硫化作用和反硫化作用。

2.3.2 硫的生物同化

在硫的几种价态中,S^{2-} 对细胞具有较大的毒性,绝大部分微生物不能直接吸收 S^{2-}。单质硫是不溶于水的,微生物不能利用。而 SO_4^{2-} 能被大部分微生物吸收,进入细胞内的 SO_4^{2-} 通过同化型硫酸盐还原作用还原为有机态硫。

$$SO_4^{2-} + ATP \longrightarrow APS(腺嘌呤-5'-磷酸硫酸) + PPi$$

$$ATP + APS \longrightarrow PAPS(3'-磷酸腺嘌呤-5-磷酸硫酸) + ADP$$

PAPS 中的 S 为活性形式,可以用来合成各种含硫有机物。

2.3.3 含硫有机物的分解

动、植物和微生物机体中含硫有机物主要是蛋白质。蛋白质中含有许多含硫氨基酸,如胱氨酸、胱氨酸、二甲硫氨酸等。含硫有机物还有磺基(—SO_3H 或—SO_2、—OH)化合物等。在许多土壤微生物的分解中,经脱硫氢作用生成 H_2S,进行含硫有机物的无机质化过程。含硫有机物经微生物分解形成 H_2S 的过程称为脱硫作用。凡能将含氮有机物分解产氨的氨化微生物都具有脱硫作用。相应的硫化微生物也称为脱硫微生物。在分解不彻底时,可形成硫醇如硫甲醇(CH_3SH)暂时累积,但在进一步氧化中,仍以 H_2S 为最后产物。土壤中积累 H_2S 较多时,对植物根部有毒害作用。然而

H_2S 可继续氧化生成硫酸盐,为植物的生长提供硫素养料。

土壤中分解含硫有机物的微生物种类很多,一般含硫有机物大都含有氮素,在微生物分解中,既产生 H_2S,也产生 NH_3。换言之微生物分解蛋白质中的含硫氨基酸(蛋氨酸、半胱氨酸和胱氨酸)时,既产生硫化氢也产生氨。因此,生成 H_2S 的脱—SH 过程和生成 NH_3 的脱—NH_2 过程常在一起进行。

$$蛋白质 \longrightarrow 含硫氨基酸 \quad \overset{脱氨基作用}{\underset{脱硫氢基作用}{\Longleftarrow}} \quad \begin{matrix} NH_3 \\ H_2S \end{matrix}$$

$$\begin{matrix} CH_2-S-S-CH_2 \\ | \qquad\qquad | \\ CHNH_2 \quad CHNH_2 \\ | \qquad\qquad | \\ COOH \qquad COOH \end{matrix} + 3H_2O + 1/2O_2 \xrightarrow[\text{或变形杆菌}]{\text{大肠杆菌}} 2CH_3COOH + 2CO_2 + 2H_2S + 2NH_3$$

胱氨酸

又如,普通变形杆菌水解半胱氨酸可产生 NH_3 和 H_2S。

$$\begin{matrix} COOH \\ | \\ CHNH_2 \\ | \\ CH_2SH \end{matrix} + 2H_2O \xrightarrow{\text{变形杆菌}} CH_3COOH + HCOOH + NH_3 + H_2S$$

半胱氨酸

环境中分解含硫有机质产生 H_2S 的微生物种类很多,一般的氨化微生物,包括许多腐生性细菌、放线菌和真菌都有此作用。阴沟污水中的臭气常因 H_2S 积累所致。

2.3.4 无机硫的转化

1. 硫化作用

在有氧条件下,含硫有机化合物分解所产生的 H_2S,以及土壤中的元素硫或硫的其他不完全氧化物通过微生物的作用最后生成 SO_4^{2-},这个过程称为硫化作用。凡是可以将还原态的硫化物氧化为氧化态硫化合物的细菌称为硫化细菌。参与硫化作用的微生物有硫化细菌和硫磺细菌。具有硫化作用的细菌种类较多,主要包括化能自养型细菌、厌氧光合自养细菌类和极端嗜酸嗜热的细菌类等。

(1)化能自养型细菌

典型代表是硫杆菌属,革兰阴性杆菌,多半在细胞外积累硫,有些菌株也在细胞内积累硫。为专性自养菌,氧化元素硫能力强、迅速。硫杆菌广泛分布于土壤、河沟、湖底、海洋沉淀物、矿山排水沟中,有好氧的氧化硫硫杆菌、排硫杆菌、氧化亚铁硫杆菌、新型硫杆菌等,还有兼性厌氧的脱氮硫杆菌。生长最适温度在 $28\,℃\sim30\,℃$。在有氧条件下,硫被氧化为 SO_4^{2-},使环境的 pH 下降至 2 以下,同时产生能量。

$$2S+3O_2+2H_2O \longrightarrow 2H_2SO_4+能量$$
$$Na_2S_2O_3+2O_2+H_2O \longrightarrow Na_2SO_4+H_2SO_4+能量$$
$$2H_2S+O_2 \longrightarrow 2H_2O+2S+能量$$

另一代表性细菌是氧化亚铁硫杆菌,氧化亚铁硫杆菌的最适 pH＝2.5～5.8。它从氧化硫酸亚铁、硫代硫酸盐中获得能量,还能将硫酸亚铁氧化成硫酸高铁。

$$4FeSO_4+O_2+2H_2SO_4 \longrightarrow 2Fe_2(SO_4)_3+2H_2O$$

硫酸及硫酸高铁溶液是有效的浸溶剂,可将铜、铁等金属转化为硫酸铜和硫酸亚铁从矿物中流出。

$$FeS_2+7Fe_2(SO_4)_3+8H_2O \longrightarrow 8H_2SO_4+15FeSO_4$$
$$Cu_2S+2Fe_2(SO_4)_3 \longrightarrow 2CuSO_4+4FeSO_4+S$$

反应生成的 $CuSO_4$ 与 $FeSO_4$ 溶液通过置换、萃取、电解或离子交换等方法回收金属。

丝状硫磺细菌是化能自养型细菌,从氧化硫化氢和元素硫过程中取得能量。

$$2H_2S+O_2 \longrightarrow 2H_2O+2S+能量$$
$$2S+3O_2+2H_2O \longrightarrow 2H_2SO_4+能量$$

(2)厌氧光合自养型细菌

典型代表是紫硫细菌和绿硫细菌。这类细菌含细菌叶绿素。紫硫菌菌体呈椭圆形、豆形或杆状,许多细胞有规律地团聚在一起并有黏液包围,革兰氏阴性。含有菌绿素 a 和类胡萝卜素等光合色素,因而菌体呈现橙黄至紫红色的不同色调。绿硫菌细胞呈杆状、椭圆或弧形,革兰氏阴性菌。这群细菌以 H_2S 等还原态无机硫化物作为电子供体,在光照下,将 H_2S 氧化为元素硫,在体内累积硫粒或体外累积硫粒,生成的元素硫或积累于细胞内或排出胞外。由于这两类菌氧化 H_2S 后均生成硫磺颗粒,故亦称为硫磺细菌。

着色菌属在以光为能源,以 H_2S 为电子供体时氧化生成的是 SO_4^{2-} 而不是元素硫。着色菌属并不是严格的自养型,它们也能利用乙酸等低碳有机物进行光能异养代谢。

(3)极端嗜酸嗜热型细菌

古细菌中某些极端嗜热嗜酸菌,氧化元素硫的此类细菌分布于含硫热泉、陆地和海洋火山爆发区、泥沼地、土壤等一些极端环境中。能在含硫丰富的温泉、海底火山口等高温($80\,℃\sim100\,℃$)厌氧条件下生长,对硫转化起着重要作用。推动着这些环境中还原态硫的氧化,某些种具有很强的氧化能力,如硫化叶菌和酸菌能氧化一般微生物所难以利用的硫磺。

当曝气池溶解氧在 1mg/L 以下时,硫化物含量较多,贝日阿托氏菌和发硫菌过度生长引起活性污泥丝状膨胀。它们氧化 H_2S 为 SO_4^{2-} 的过程如下:

$$2H_2S+O_2 \longrightarrow 2S+2H_2O+能量$$
$$2S+2H_2O+3O_2 \longrightarrow 2SO_4^{2-}+4H^++能量$$
$$FeS_2+5O_2+2H_2O \longrightarrow FeSO_4+2H_2SO_4+能量$$

2. 反硫化作用

土壤污水、河流、湖泊等水体处于缺氧状态时,硫酸盐、亚硫酸盐、硫代硫酸盐和次亚硫酸盐在微生物的还原作用下形成 H_2S,这种作用称为反硫化作用,亦称为异化型元素硫还原作用或硫酸盐还原作用。主要由硫酸还原菌所引起,它们与硫同化作用中的还原不同,属于异化型硫酸盐还原菌。这类细菌称为硫酸盐还原细菌或反硫化细菌。硫酸盐还原细菌是一类严格厌氧的具有各种形态特征的细菌。土壤中一些兼性和绝对厌氧性腐生微生物都具有还原硫酸盐的能力,但不一定都能还原至 H_2S。这个还原作用的实质,是以硫酸盐作为有机物质氧化时的受氢体。已发现 27 个属细菌中的一些种具有还原硫酸盐的菌属,典型代表如脱硫弧灌菌属、脱硫肠状菌属等。反硫化细菌大多数为有机营养型,有机酸特别是乳酸、丙酮酸等或者糖类、芳香族化合物等都可被用作碳源和能源。脱硫脱硫弧菌是具有强烈反硫化作用的典型代表,能将硫酸盐还原成 H_2S。可以下式表示:

$$C_6H_{12}O_6+3H_2SO_4 \longrightarrow 6CO_2+6H_2O+3H_2S+能量$$
葡萄糖

$$2CH_3CHOHCOOH+H_2SO_4 \longrightarrow 2CH_3COOH+2CO_2+H_2S+2H_2O$$
乳酸　　　　　　　　　　　　　乙酸

以上两反应式均产生 H_2S,但脱硫弧菌氧化乳酸不彻底,有有机物(乙酸)积累。

土壤中 H_2S 的积累对于地下铁管有很强的腐蚀作用。埋在积水不通气而富于有机质的淤泥中以及石油开采地层中的地下铁管,因硫酸还原菌活动大量产生 H_2S 而迅速腐蚀。在建造码头前,要测表面水、中部水和底部泥层中每 1L 水或每克土含硫酸盐还原菌的个数,判定硫酸盐污染的严重程度,从而制定防腐措施。一般是通电提高氧化还原电位,达到防腐蚀。

2.4　微生物与磷素循环

元素磷在生物体内主要存在于核苷酸和细胞膜中,同时磷酸在生物的物质代谢和能量代谢中也发挥着重要作用,是所有生物细胞必不可少的元素。在生物圈中,磷主要以 3 种状态存在:①在生物体内与有机分子结合;②以可溶解状态存在于水溶液中;③不溶解的磷酸盐大部分存在于沉积物中。

　　磷的循环主要在土壤、植物和微生物之间进行(图 2-10)。它既参加了无机磷化物的溶解和有机磷化物的矿化作用,也参加了可溶性磷的同化作用。

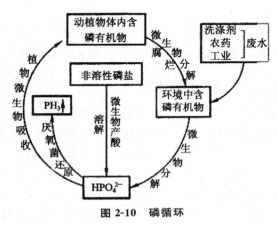

图 2-10　磷循环

　　磷循环也受温度、pH 等环境条件的影响。例如,水体中无机磷浓度常随季节波动,秋季水温逐渐下降,藻类死亡后被异养微生物分解,无机磷浓度上升,释放出的无机磷待来年气温转暖,水温合适后又被细菌和藻类同化,使无机磷的浓度下降。

2.4.1　含磷有机物的转化

　　磷是生物体原生质的重要组分,微生物能吸收可溶性磷合成磷脂、核酸、ATP 等含磷有机物。来自生物体的有机磷化物,主要有核酸、植酸、卵磷脂以及各种磷脂酸。

　　在大多数土壤中,有机磷的含量约占总磷量的 30%～50%。主要有三种类型:①核酸及其衍生物;②磷脂;③植素。土壤中能分解这些有机磷化物的微生物种类很多,有细菌、放线菌和真菌中有关类群。它们能将有机磷化物转化分解,释放出其中的磷酸部分,使呈无机磷酸盐状态存在于环境中。核酸的水解产物为核糖、磷酸和碱基,碱基进一步分解为尿素;磷脂的水解产物为甘油、脂肪酸、磷酸和胆碱等;植素是由植酸(肌醇六磷酸酯)和钙、镁结合而成的盐类,在土壤中分解很慢。由于微生物种类不同,所产生的磷脂酶类不同,作用的有机磷化物不同,产物也不一。

在有机养料很多但缺乏氧气的条件下,环境中的磷酸盐可以因微生物的作用而被还原。它与硝酸还原和硫酸还原作用相类似,丁酸梭状芽孢杆菌和大肠埃希氏菌可引起这种转化。

细菌、放线菌和真菌等都能分解有机磷。有机磷的矿化作用是伴随着有机硫和有机氮的矿化作用同时进行的,生成的磷酸可与土壤中的钙、铁离子结合形成不溶解的磷酸盐。水体中的有机磷沉降到底泥后,厌养微生物的活动使之转化为无机磷,大部分与各种金属离子结合形成不溶性的磷酸盐。

芽孢杆菌中的腊状芽孢杆菌、蕈状芽孢杆菌、巨大芽孢杆菌、解磷巨大芽孢杆菌及假单胞菌属中的某些种分解有机磷化物能力极强。

2.4.2　无机磷化合物的转化

地球上大部分磷以不溶的形式存在于土壤、水体的沉积物和岩石中。部分微生物在代谢过程中产生的硝酸、硫酸和有机酸可使难溶磷酸盐中的磷释放出来。微生物和植物在生命活动中释放出的 CO_2,溶于水生成 H_2CO_3。也有同样的作用。

$$Ca_3(PO_4)_2 + 2CH_3CHOHCOOH \longrightarrow 2Ca(HPO_4) + Ca(CH_3CHOHCOO)_2$$
$$Ca_3(PO_4)_2 + 2H_2SO_4 \longrightarrow Ca(H_2PO_4)_2 + 2CaSO_4$$

可溶性磷酸盐被植物、藻类以及微生物吸收利用,成为生物细胞的组分。有些微生物在好氧条件下能聚合磷酸盐,作为能源和磷源的储藏物。无色杆菌属中有的菌种具有磷酸酶,能溶解 $Ca_3(PO_4)_2$ 和磷矿粉。

在厌氧环境中,如果没有氧、硝酸盐和硫酸盐等物质作为电子受体时,微生物可能以磷酸盐物质作为最终电子受体进行无氧呼吸,使磷酸盐还原成磷化氢或分解。

第3章 微生物对环境的污染与危害探析

3.1 水体富营养化

3.1.1 概述

1. 水体富营养化的概念

水体富营养化[①]是指氮、磷等营养物质大量进入水体,使藻类和浮游生物旺盛增殖,从而破坏水体生态平衡的现象。湖泊、内海、港湾、河口等缓流水体易发生富营养化。

赤潮是海域中一些浮游生物爆发性繁殖所引起的水色异常现象,主要发生在近海海域。20世纪以后,赤潮发生的次数逐年增加。赤潮的颜色是由形成赤潮的优势浮游生物种类的颜色决定的。由于优势藻所含的色素不同,水体可呈现蓝、红、棕、乳白等不同颜色。江河、湖泊中也可出现类似的现象,通常称为水华。

2. 富营养化水体中的主要生物种群

在未受污染前,水体中存在着大量的微生物种群,种群之间关系密切,各具特性。生物群体的特点是种类较多,每个种群的个体数量较少。水体受污染后,生物群体的种数减少,存活种的个体数量增加。污染严重时,往往只能看到少数种群,但其个体数量很大。

在富营养化水体中出现的生物主要是微型藻类。在海洋中形成赤潮的藻类很多,现已查明有60多种,常见的有:腰鞭毛虫、裸甲藻、短裸甲藻、梭角藻、原甲藻、中肋芎条硅藻、角刺藻、卵形隐藻、无纹多沟藻、夜光藻等。其中,腰鞭毛虫又称为甲藻、沟鞭藻,常见于北纬或南纬30°的海水中,单细胞,具有两根鞭毛,含有光合色素,B细胞呈深褐、橙红、黄绿等颜色。赤潮发生时,甲藻数目可达5×10^4个/mL,使局部海水呈现甲藻的颜色;此外甲藻可发荧光,即使在黑夜中亦清晰可见。占优势的藻类不同,赤潮的颜色也不同。例如,夜光藻、无玟多沟藻等形成的赤潮呈红色,绿色鞭毛荸大量繁

---

① 郑平. 环境微生物学. 杭州:浙江大学出版社,2002.

殖时呈绿色,硅藻多时呈褐色。

在湖泊中形成水华的藻类以蓝藻(蓝细菌)为主,常见的有[①]:微囊藻属、鱼腥藻属、束丝藻属和颤藻属。蓝藻是含有光合色素的原核生物,其光合作用的方式不同于光合细菌,相同于植物和真核藻类。蓝藻种类很多,在水体富营养化时大量繁殖的约有20种。每种蓝藻旺盛繁殖的持续时间各不相同。过度繁殖可造成水体缺氧而降低繁殖速度。一种蓝藻的衰退可促进其他蓝藻的增殖,从而发生各种蓝藻的富营现象。一些蓝藻能进行固氮作用。存在固氮蓝藻时,磷成为发生水华的限制因素。有的固氮蓝藻含有气泡,气泡随藻龄的增长而加大。气泡的功能是为蓝藻提供浮力,光照较弱时,气泡膨胀,使蓝藻上浮至水表;光照很强时,气泡萎缩,使蓝藻下沉至弱光区。因此,在不同水体和不同光照条件下,水华蓝藻在水体中的分布不尽相同。

3.1.2 水体富营养化的成因

水体富营养化其实是一种湖泊演变中的自然过程,对水体富营养化的成因有不同的见解。一般认为,缓流水体中的自养性生物,主要是藻类,通过光合作用,以太阳光能和有机物合成本身的原生质,这就是富营养化过程。多数研究者认为,氮、磷等营养物质浓度升高,是藻类大量繁殖的主要诱因,其中又以磷为关键因素。在自然状态下,这种过程非常缓慢,往往需几千年甚至几万年。然而,如果人类活动一旦影响到这种过程,其变化过程就会急剧加快,特别是城市和工农业污水的流入,必然大大地加速湖泊富营养化的过程。显然,这两种过程存在较大的差异,人们把前者称为天然水体富营养化,后者称为人为水体富营养化。

以下反应式可以概括水体富营养化的本质:

$$106CO_2 + 16NO_3^- + HPO_4^{2-} + 122H_2O + 18H^+ + 能量 + 微量元素 \longrightarrow$$
$$C_{106}H_{263}O_{110}N_{16}P(藻类原生质) + 138O_2$$

可以看出,藻类原生质的生成有赖于水体中的营养成分氮(N)、磷(P)、硅(Si)、有机物、微量元素及各类维生素等。由于N、P在水中的量相对比较小,因此成为影响浮游植物生长的限制因素。有资料表明,磷的排入对水体富营养化起着相当重要的促进作用。当磷含量达到0.6mg/L时,藻类产量几乎不受水中氮元素含量的制约。影响藻类生长的物理、化学和生物因素极为复杂,很难预测藻类的发展趋势,也难以定出表征富营养化的指标。目前一般采用的富营养化指标是:水体含氮量大于0.2～0.3mg/L,含磷量大于0.01～0.02mg/L,生化需氧量大于10mg/L,细菌总数(淡水,pH=

---

① 郑平. 环境微生物学. 杭州:浙江大学出版社,2002.

7～9)达 10^5 个/mL,叶绿素 a(藻类生长量的标志)大于 $10\mu g/L$。

　　天然水体富营养化[①]是指由于自然环境因素改变所致的生态演变。它与湖泊的发生、发展和消亡密切相关,并受地质地理环境演变的制约,这种水体富营养化的控制因子是内源性的。水体中的藻类以及其他浮游生物能够源源不断地得到营养物质而繁殖;死亡后,通过腐烂分解,把氮、磷等营养物质释放到水中,供下一代藻类利用。死亡的有机残体沉入水底,一代又一代地堆积,使湖泊逐渐变浅,直至成为沼泽(图 3-1)。

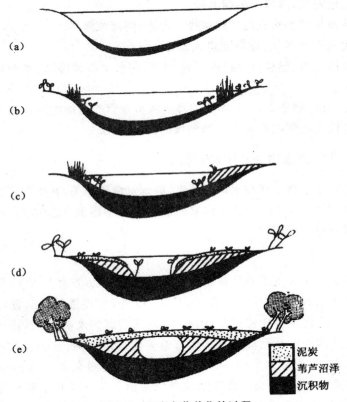

图 3-1　湖泊富营养化的过程

　　人为水体富营养化是指在人类活动的影响下发生的水体生态演替,是由于超过水体自净能力的大量有机或无机营养物进入水体。其控制因子主要是外源性的。有机物被微生物矿化分解成为无机物,水体中的无机物成为藻类生长的良好营养,使藻类大量生长。例如,人为破坏湖泊流域的植被,促使大量地表物质流向湖泊、浅海和海湾;或过量施肥,造成地表径流富

---

　　①　苏锡南.环境微生物学.北京:中国环境科学出版社,2006.

含营养物质;或向湖泊、洼地、浅海和海湾直接排放含有营养物质的工业废水和生活污水,均可加速湖泊、浅海和海湾的富营养化。因此产生富营养化的水体主要是人群集中、工业和农业发达地区的湖泊、浅海和海湾,尤其是河流入海口的海区。

向水域输送 N、P 营养成分主要有 6 个方面:

①农田大量施用的化肥,随雨水进入水体。

②滩涂养殖废水排入海洋。

③土地侵蚀、淋溶出的营养盐。

④城市生活污水直接或间接排入湖泊、河流或海洋。

⑤大气中的 NO_3^- 随降雨进入水体。

⑥养殖生物(如扇贝、鱼)的粪便,尤其在水交换缓慢、大量养殖的海区贡献较大。

此外,沉积物中 N、P 等物质的释放或富含营养盐的深层水与表层水的混合也可以引起湖泊和某些浅海海域的富营养化。

3.1.3 富营养化的影响因素

藻类的生长与繁殖与水体中的氮、磷含量成正相关,并受温度、光照、有机物、pH、毒物、捕食性生物等因素的制约。这些因素相互作用,一起影响水体富营养化的进程。

1. 营养物质

水体生物生长所需的营养成分与其他植物相似,约有 20~30 种。从藻类的组成($C_{106}H_{263}O_{110}N_{16}P_1$)看,除 C、H、O 外,需要量最大的营养元素是 N、P。由于 C 的供应比较充足,因此 N 和 P 是制约藻类生长的限制因子。一般认为这两种营养元素诱发水体富营养化的浓度为:含氮量大于 0.2~0.3mg/L,含磷量大于 0.01~0.02mg/L。当这两种营养元素的浓度低于上述临界值时,藻类不会过度增殖而导致富营养化。当水中氮成为限制因素时,固氮蓝藻常常成为优势种,水中的氮可由固氮蓝藻和固氮细菌来补充,因此氮和磷相比,藻类生产力受磷的限制更为明显。

在自然水体中,N、P 以多种形态存在。氮的主要存在形态有 N_2、NH_3、NO_2^-、NO_3^- 以及有机氮等。其中以溶解的无机氮(NH_3 和 NO_3^-)最易被藻类利用。磷的主要存在形态有正磷酸盐、聚合磷酸盐和有机磷等。其中溶解的正磷酸盐最易被吸收。

生活污水、工业废水、农田径流均含氮和磷;经过二级处理的出水亦含有大量氮和磷。将这些污水排入水体,可为藻类提供充足的养料。一旦其他条件适宜,藻类便可旺盛繁殖。目前,农业生产施用的氮肥,其利用率只有 30％,畜禽粪便的还田率也只有 30％,这些情况使得富营养化加剧的趋势难以缓解。

2. 季节与水温

藻类是中温型微生物,因此,在气温较高的夏季易发生藻类徒长。夏季的水体由于热力学的作用会产生分层。即上层水暖,密度小;下层水冷密度大。水体富营养化的现象常常在上层水体中发生。若无风,上下二层不相搅动不会发生混层。这种情况尤以深水湖中为甚。由此导致富营养化时,水体上下层中藻类活动、营养状况及供氧状况不同。

3. 光照

充足的光照是藻类旺盛繁殖的必要条件。在水体中,水的上层光照充足成为富光区,藻类的光合作用较强,其所产生的氧气甚至可使水中溶解氧量达到过饱和程度。当上层藻类的生长密度较大时,光线不易透过,下层水区即成为弱光至无光区,藻类和其他异养菌主要进行呼吸作用,对有机质分解旺盛,消耗大量的溶解氧而使下层水处于缺氧状态。

4. pH

适合藻类生长的 pH＝7.0～9.0。我国大多数湖泊的 pH＝7.5～9.0,很适宜蓝细菌的生长。

5. 微生物作用的影响

水体中微生物的活动加速了营养物质在水中的循环,加剧了富营养化的程度。进入水体的物和无机物在细菌和藻类的作用下,不断地进行着从有机到无机再到有机的循环,每完成一次循环就把外源营养物以有机的形式固定下来,使水体中积累的营养物质增加。

3.1.4　水体富营养化的影响及危害

由于水体“营养度”的增加,水域的浮游植物初级生产率增加从而导致次级生产率的增加。因此,从一定意义上来讲适度的富营养化是有益的,尤其是对当地的水产养殖和渔业生产是很有必要的。如在某些河口区和上升流区存在大渔场便是很好的例子。但是这种情况往往只限于某些自然过程而引起的富营养化海区。因为由人为因素引起的富营养化往往很难“富”至“恰到好处”,一旦引起水体过度富营养就会产生严重后果。

1. 自然景观的危害

（1）水体发臭难闻

富营养化水体中的一些藻类能够散发出腥味异臭。有机物质在缺氧条件下分解,产生大量的 CH_4、H_2S 和 NH_3 等气体,散发出难闻的气味。死亡的水生生物在厌氧条件下被微生物分解,产生 H_2S 臭气,也会使水质不断恶化,大大降低或完全失去水域景区的旅游观光价值。

(2)透明度降低

由于藻类富营养化湖泊中生长着以蓝藻、绿藻为优势种类的大量水藻,这些水藻浮在湖水表面形成一层"绿色浮渣";海洋中藻类大量生长繁殖,覆盖水面,使水体浑浊并产生各种颜色(蓝绿色或红色),表面产生"水华"现象。这些都降低了阳光的穿透力,使水体透明度明显降低。富营养化严重的水质透明度仅有 0.2m。

(3)水质差,净化费用增高

富营养化直接导致水质变差,不宜饮用,造成城市供水困难。如果作为饮用水的水源,就会因藻类大量生长繁殖而造成水体的沉淀、凝集、过滤等处理困难,处理效率降低;藻类的某些分泌物及其尸体的分解产物有的带有异味且难以除尽,严重影响水厂出水质量。

2. 水体生态及生物的影响

(1)影响水体的溶解氧

富营养水体的表层,藻类可以获得充足的阳光,进行光合作用而放出氧气,因此表层水体有充足的溶解氧。但是表层的密集藻类使阳光难以透射入湖泊深层,所以深层水体的光合作用明显受到限制而减弱,使溶解氧来源减少。由于藻类的呼吸作用以及藻类尸体的分解作用,溶解氧被大量消耗,加之水面被藻层覆盖,影响氧气的渗入,使水体缺氧,引起鱼类、贝类等水生生物窒息甚至死亡,使水产渔业遭受严重的经济损失。同时这种厌氧状态,可以触发或者加速底泥积累的营养物质释放,造成水体营养物质的高负荷,形成富营养水体的恶性循环。

(2)产生毒素

某些藻类体内及其代谢产物含有生物毒素,如在形成赤潮时链状膝沟藻产生的石房蛤毒素是一种剧烈的神经毒素,它可富集于蛤、蚌类体内,其本身并不致死,而人食用后可发生中毒症,重则可以死亡。

(3)对浮游生物和底栖生物的影响

水体的富营养化加上合适的温度和光照等,使浮游植物大量繁殖,相应的浮游动物的生产量也会大量增加。由于水体分层,有机物的垂直对流量很小,因此,水体中的有机物就大量堆积[①],而无机营养物质随着时间的推

---

① 王家玲.环境微生物学.北京:高等教育出版社,2004.

移而逐渐减少,直到某种营养物的枯竭才停止。随后藻类大量死亡,水体中有机物大量向底层转移,至底层后在腐烂过程中消耗大量的氧。一些厌氧细菌通过消耗 SO_4^-、NO_3^- 进行代谢,产生 H_2S、NH_3 等有毒气体,使底层生态环境恶化,从而影响底栖生物的生长。

3. 加速湖泊衰变

富营养化的湖泊,由于藻类的大量生长繁殖,使以其为生的水生生物大幅增加,他们的排泄物、残体及过剩的浮游植物残体伴随流入湖泊的泥沙,不断沉积到湖底,使湖泊底部逐渐抬高,湖水变浅,加速湖泊衰老进程。

4. 破坏正常的海洋生态系统

赤潮发生时,由于少数赤潮藻的暴发性异常增殖,造成海水 pH 升高,粘稠度增大,使赤潮藻之外的浮游生物衰减,破坏原有的生态系统结构与功能。

赤潮衰败时,藻细胞的分解消耗大量的氧气,造成海域大面积缺氧乃至无氧。同时,藻体分解又会产生大量有害气体(如硫化氢、氨、甲烷等),使海水变色变臭,造成海洋环境严重恶化。

5. 对整个生态系统结构和生物分布的影响

由于水体富营养化,在改变浮游植物结构的同时,也改变了整个生态平衡。如在水体富营养化以前通常是硅藻占支配地位。而在水体富营养化之后,浮游植物便以鞭毛藻类为主,食植动物增加,食肉动物减少,高级鱼种开始减少,低级的普通鱼种增加,这对当地的渔业生产显然是非常不利的。在浮游植物(或动物)数量增加的同时,它们的种群数量减少,生物多样性下降,破坏了原先的生态平衡。

6. 危害人体健康

富营养化藻类产生的一些溶解于水的代谢产物是致突变、致癌前体物,在制水工艺氯化消毒过程中可活化为致突变、致癌物;同时产生的藻毒素不仅可使其他水体生物死亡,而且可通过在水产品内富集使人中毒,重者致死。

3.1.5　富营养化的防治

目前,在我国 131 个主要湖泊中,达到富营养化程度的湖泊有 67 个,占 51.2%;在五大淡水湖中,太湖、洪泽湖、巢湖已属于富营养化湖泊,鄱阳湖、洞庭湖目前虽然维持中营养水平,但磷、氮含量偏高,正处于向富营养过渡阶段。而高原湖泊—滇池已属于严重富营养化湖泊。因此,必须采取措施,控制水体富营养化,保持生态系统处于良性循环。

1. 外源控制

控制营养物质(主要是磷和氮)进入水体。严格执法,禁止生活污水和工业废水的直接排放,限制大量磷和氮等物质进入水体。加强工业污染源综合治理,控制排污总量;进行污水深度处理,减少水体中的营养物;加强生态管理,科学田间管理和改进农田技术措施,合理施肥,合理灌溉,减少肥料的流失;逐步限制合成洗衣粉的含磷量和含磷洗衣粉的生产使用;保护森林植被,建立水体周围的缓冲林带,减少营养物质的流失。

2. 内源控制

采取疏浚底泥、深层排水的工程措施,改善湖底淤积状况;种植水葫芦、眼子菜、水花生、芦苇等水生植物,并通过定期收获达到去除氮、磷的目的;放养白鲢鱼、花鲢鱼吞食藻类,转移水体营养物。

3. 控制藻类生长

可使用化学杀藻剂,在藻类尚未大量滋生前,杀死藻体。也可使用生物杀藻剂,如利用噬藻体杀死藻类。采用机械或强力通气增加水中溶解氧,也可收到显著的抑制藻类效果。应该指出的是,化学除藻会造成水体的二次污染,目前一般不采用。使用物理方法除藻时,不能破坏生态系统的稳定。

3.2 病原微生物

3.2.1 空气中的病原微生物及其传播

室外空气中微生物的数量与人和动物的密度,植物的数量,土壤和地面的铺装情况,气温与气湿,日照与气流等因素有关。室外空气中,由于大气稀释、空气流通和阳光照射等因素的影响,病原微生物不能在空气中繁殖,因此,病原微生物稀少。大部分为非致病性的腐生微生物,常见的有芽孢杆菌属、无色杆菌属、八叠球菌属、微球菌属以及一些放线菌、酵母菌和真菌等,一般对干燥等不良环境具有较强的抵抗力。而室内空气中[①],特别是通风不良,人员拥挤的环境中,有较多的微生物存在。除空气中原有的微生物外,还可能有来自人体的某些病原微生物,如结核分枝杆菌、破伤风杆菌、百日咳杆菌、白喉杆菌、溶血链球菌、金黄色葡萄球菌、肺炎杆菌、脑膜炎球菌、感冒病毒、流行性感冒病毒、麻疹病毒等,可能成为空气传播疾病的病原。表 3-1 列出可通过空气传播的主要疾病。

---

① 苏锡南. 环境微生物学. 北京:中国环境科学出版社,2006.

表 3-1　可通过空气(呼吸道)传播的主要疾病①

细菌性疾病	
肺结核	结核分枝杆菌
肺炎球菌性肺炎	肺炎链球菌
葡萄球菌呼吸道感染	葡萄球菌
链球菌呼吸道感染	酿脓链球菌
流行性脑脊髓膜炎	脑膜炎奈瑟氏球菌
白喉	白喉棒杆菌
百日咳	百日咳博德特氏菌
猩红热	酿脓链球菌
肺鼠疫	鼠疫耶尔森氏菌
肺炭疽	炭疽芽孢杆菌
军团病	嗜肺军团杆菌
病毒性疾病	
严重急性呼吸道综合征(SARs)	SARS 冠状病毒(冠状病毒科)
流行性感冒	流感病毒(正粘病毒科)
普通感冒	鼻病毒(小核糖核酸病毒科)等
流行性腮腺炎	腮腺炎病毒(副粘病毒科)
麻疹	麻疹病毒(副粘病毒科)
天花	天花病毒(痘病毒科)
水痘	水痘病毒(疱疹病毒科)
风疹	风疹病毒(披盖病毒科)
急性咽炎、病毒性肺炎等其他病原引起的疾病	腺病毒(腺病毒科)
Q 热	伯氏考克斯氏体
原发性非典型性肺炎	肺炎支原体
奴卡氏菌病	星状马杜拉放线菌
组织胞浆菌病	荚膜组织胞浆菌
隐球菌病	新型隐球菌
农民肺	干草小多孢菌等

---

① 王家玲．环境微生物学．北京:高等教育出版社,2004.

1. 室内空气中的微生物主要通过 3 种不同途径传播疾病

(1)尘埃

来源于人们活动过程所产生的大大小小的尘埃中,往往附着有多种病原微生物。因为重力的原因,较大的尘埃迅速落到地上,随清扫和风流而传播。直径在 $10\mu m$ 以下的小尘埃,可较长时间悬浮于空气中。

(2)飞沫小滴

人们咳嗽和打喷嚏时,会有成千上万个飞沫小滴喷出,其 90% 以上直径在 $5\mu m$ 以下,可较长时间飘浮于空中。飞沫小滴中的病原菌,可以传播给他人。

(3)飞沫核

较小的飞沫小滴喷出后,立刻蒸发形成比飞沫小滴更小的飞沫核。因此含有较少物质的飞沫核可以扩散到更远的地方。

病原微生物在飞沫或飞沫核内的存活,受飞沫中有机物含量及外界因素如温度、湿度等的影响。根据用疫苗气溶胶在不同温度、湿度条件下的试验结果,在较低温度(10℃~14℃)、低湿(相对湿度 40%~50%)时微生物的存活率较高,因而经飞沫传播的传染病在初春和深秋发病较多。在中温(20℃~25℃)、中湿(相对湿度 60%~70%)组存活率次之。在高温(28℃~30℃)、高湿(相对湿度 80%~90%)组更次之。即随着温度升高,病原菌存活率下降。因此,经空气飞沫传播的传染病在寒冷季节多发。

2. 污水处理与污水灌溉引起的空气污染

污水中含有一定的营养物质,可用以灌溉农田或牧场,但如果使用不当,除了会污染水体及土壤外,还会污染空气,传染疾病。

在污水处理和污灌过程中,由于液滴的飞散或污水中气泡上浮至液面而破裂时,都可产生带菌的气溶胶,并随风飘散。有报道称,在污灌的下风侧 350m 处检查出大肠菌群细菌,60m 处检出沙门氏菌,40~100m 处检出肠道病毒。由于污水处理和污灌对空气存在着潜在危险。试验证明,在上浮的气泡表面所含有菌数要比原污水中所含菌数多 10~1000 倍。因此,有的国家在污水曝气池[①]上用塑料薄膜覆盖,有的改喷灌为低层滴灌,并用薄膜覆盖,以减少含菌气溶胶的传播,同时,污水灌溉前经过适当消毒处理是十分必要的。

---

① 苏锡南. 环境微生物学. 北京:中国环境科学出版社,2006.

3. 通过空气传播的有代表性的病原微生物

(1)流行性感冒病毒

流行性感冒病毒简称流感病毒[①],属正粘病毒科,分甲、乙、丙 3 型。甲、乙型病毒为球型囊膜颗粒,直径 80～120nm。病毒结构可分为 3 层,最外层有两种突起的表面抗原,一种是血凝素(HA),另一种是神经氨酸酶(NA),皆为糖蛋白。两种抗原都具有易变异的特性,是流感病毒变异的主要原因。丙型流感病毒缺乏神经氨酸酶。流感病毒对热敏感,56℃ 30min可被灭活,因病毒具有囊膜,故对乙醚、氯仿等有机溶剂敏感。流感病毒可导致患者急性呼吸道感染,表现为:发病突然、发热、头痛、畏寒、肌痛、乏力、咳嗽等,具有传染性强,传播快等特点。由于流感病毒易变异,病人康复后对新变异型病毒仍然不具免疫力,此为流感反复流行的主要原因。流感的流行可分为世界大流行和地区性流行,前者多由甲型流感病毒引起,后者多由乙型或丙型流感病毒所致。目前相对有效的预防措施是采取疫苗接种进行免疫,其又依赖于完善的流感监测系统,以及时提供相应有效的疫苗;由于患者和隐性感染者是主要的传染源,因此在流行期间,要避免到人群密集的场所活动。病毒的生态学研究显示,动物(禽、猪等)流感病毒与人流感病毒在一定条件下存在交互感染的现象。这更增加了防治流行性感冒的复杂性。

(2)军团菌属

军团菌属及代表种嗜肺军团菌的发现源于 1976 年在美国宾夕法尼亚费城一次退伍军人年会上,暴发一种主要症状为发热、咳嗽及肺部炎症的疾病。经详细调查研究,此为一新菌种,1978 年被正式命名。随后从病人与环境中又不断分离到新的菌种,至 1998 年已报道军团菌属有 42 个种 64 个血清型。现有资料表明 90% 的病例都是由嗜肺军团菌一个种所致;尽管该种现有 15 个血清型,82% 的病例却由嗜肺军团菌血清 1 型引起。军团菌为革兰阴性杆菌,长 2～4μm,宽 0.3～0.4μm,经培养后也可出现 8～20μm 长丝状菌体。军团菌微好氧,无芽孢,有菌毛,大部分菌种有鞭毛可活动。军团菌是一类水生菌群,存在于天然淡水和人工管道水中。起初,人们对军团菌广泛存在于各种淡水环境中,但是对人工培养条件要求又极其苛刻,感到迷惑不解。现已基本查明,军团菌是一种细胞内寄生菌,它在环境中与单细胞原生动物形成细胞内共生体。细胞内的营养环境更适合于军团菌,并非依靠淡水环境中可溶性营养物。军团菌实际上是一种机会性或条件性致病

---

① 王家玲.环境微生物学.北京:高等教育出版社,2004.

菌,现代的生产、生活设施为其感染人类提供了条件。当有足够数量的军团菌形成气溶胶并且被易感人群吸入后,才会导致疾病。气溶胶可由自来水系统如水龙头或淋浴喷头,非自来水系统如空调、冷却塔、增湿器、旋流浴池等产生。目前对军团病尚无有效预防措施,军团菌对常用含氯消毒剂、臭氧等敏感,但只能在局部范围发挥作用,不能从环境水体中将其根除。

(3)结核分枝杆菌

又简称结核杆菌,隶属分枝杆菌属,形状呈直或弯曲细长杆菌,长 1～4μm,宽 0.3～0.6μm,细胞壁富含类脂质,耐强酸或酸性乙醇。结核杆菌生长缓慢,临床标本分离培养需 2～8 周。结核杆菌对各种理化因素的抵抗力均较一般致病微生物强,尤其是对干燥抵抗力更为明显。在暗处干燥痰中可存活数周。结核杆菌侵入机体的主要门户是呼吸道。开放性肺结核患者咳嗽,排出含有结核杆菌的微滴核形成气溶胶,被其他人吸入呼吸道。肺结核是结核杆菌所致的最主要疾病。通过血行播散,可致身体几乎每一个器官或组织受累。目前,全球结核病疫情严峻,出现第三次回升。原因有:易感人群流动,耐多药结核病流行,结核病治疗与防制措施松懈,艾滋病患者合并结核病等。我国有肺结核病人 600 万,每年死于结核病约 25 万人。在预防结棱病方面可进行卡介苗接种,对结核菌素试验阳性的成年感染者也可用抗结核药物做预防性治疗。而对结核病人,进行全面彻底的化学药物疗法是控制结核病? 流行的最有效方法。

(4)SARS 冠状病毒

2002 年 11 月在我国广东省发现首例严重急性呼吸道综合征(SARS,也称非典型肺炎)患者,截至 2003 年 6 月 25 日,SARS 已经波及到 32 个国家和地区,总发病 8458 例,死亡 807 例。该病潜伏期 2～7 天,传染性极强。患者通常有高于 38℃的发热,并会伴有寒颤,或者头痛、倦怠和肌痛,3～7天以后,病程进入下呼吸道期,表现为干咳无痰,呼吸困难,甚至低氧血症,需要气管插管或者呼吸机维持。该病传播途径以近距离飞沫传播为主,同时可以通过手接触呼吸道分泌物经口、鼻、眼传播,也有通过污染水体传播的情况。在密闭的环境如医院和家庭中具有明显的群体发病现象。

目前已有的研究结果发现,病原微生物为 SARS 冠状病毒,归属于巢状病毒目、冠状病毒科,为单链正义 RNA 病毒,复制不经过 DNA 中间体,使用标准密码子。病毒呈花冠状,直径 80～140nm。经全世界分离的 11 株病毒比较发现,碱基数在 29705～29751 之间,5′端占基因组全长 2/3 的序列编码 RNA 聚合酶复合体,其余 1/3 序列编码病毒结构蛋白,如 S 蛋白(刺突蛋白)、E 蛋白(被膜蛋白)、M 蛋白(膜糖蛋白)、N 蛋白(核壳蛋白)。E、N 蛋白较保守,可用于疫苗的开发,成为有效的治疗靶点。

　　根据 WHO 公布的研究结果,在室温条件下,粪便和尿液中病毒可稳定存活至少 1～2 天,在腹泻排泄物中可存活 4 天。在经过常见的消毒剂处理后,病毒丧失感染力。

　　现有的检测方法通过采集患者血液、大便、呼吸道分泌物样本,应用 PCR、免疫荧光法、细胞培养等方法进行检测。SARS 还缺乏特效的治疗方法,主要手段包括抗病毒治疗、用激素降低免疫系统对肺的损伤、用抗生素治疗潜在的细菌感染、辨证的中西医结合治疗、呼吸机的应用等。预防措施包括通风、戴口罩、戴手套、洗手、穿隔离衣、戴眼罩等,通风和洗手足最为简便和有效的方法。由于 SARS 是通过近距离密切接触传播,因此除与患者密切接触者及救治医务人员要采取严格防护隔离措施外,不提倡一般公众戴口罩。

3.2.2　水中的微生物污染

1. 水中的病原微生物

　　水中的微生物绝大多数是水中天然的寄居者,一部分来自土壤;少部分是和尘埃一起由空气中降落下来的,它们对人类一般无致病作用。此外,尚有一小部分是随垃圾、人畜粪便以及某些工农业废弃物进入水体的,其中包括某些病原体。此种进入水体中的病原体因不适应水环境可逐渐死亡,也有一小部分可较长期地生活在水环境中。因此,水是传染病重要的传播途径之一,通过水传播的病源微生物以细菌、病毒和原生动物为主。这些病菌与肠道传染病的流行有密切关系,主要疾病有伤寒、痢疾、胃肠炎、肝炎等。据我国卫生部的报告,在乙类传染病中,痢疾、伤寒和肝炎所占比例很大。

　　水体的病原体主要来自人畜粪便、污水污染。可进入水体的病原体见表 3-2。

表 3-2　通过粪便进入水体的病原体

细菌	病毒	其他*
沙门氏菌属	脊髓灰质炎病毒	溶组织没阿米巴
志贺氏菌属	柯萨奇病毒	结肠小袋虫
致病性大肠杆菌	肠细胞病变人孤儿病毒	人等孢子球虫
变形杆菌属	呼肠孤病毒	隐孢子虫
克雷伯氏杆菌属	腺病毒	兰伯氏贾第虫
土拉热费良西斯氏菌	轮状病毒	日本血吸虫
假单胞杆菌属	甲型肝炎病毒	钩虫
沙雷氏杆菌属	戊型肝炎病毒	蛔虫

续表

细菌	病毒	其他 *
小肠结肠炎耶尔森氏菌	胃肠炎病毒	饶虫
空肠弯曲杆菌		鞭虫
霍乱弧菌		牛肉绦虫
El Tor 弧菌		猪肉绦虫
分枝杆菌属		
芽孢杆菌属		
梭菌属		
链球菌属		
钩端螺旋体属		

* 以虫卵、包囊、幼虫等形式进入人体。

　　主要的传播方式有饮水传播、皮肤或黏膜传播、食物传播等,其传播途径见图 3-2。

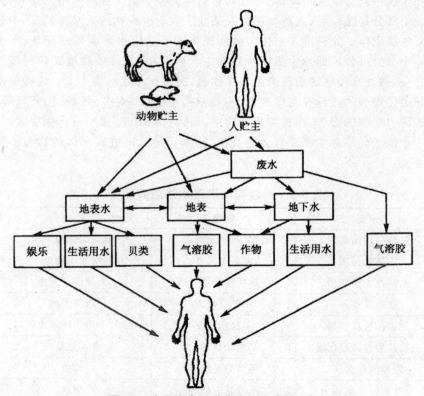

图 3-2　人和畜禽肠道传染病的传播途径

2. 医院污水的微生物污染

医院污水中除存在有一般生活污水中的微生物外,经常可检出沙门氏菌、志贺氏菌、结核杆菌、脊髓灰质炎病毒、考克赛基病毒、腺病毒等。医院污水不经有效处理而任其排入城市下水道或周围水体中,会成为一条疫病扩散的重要途径,严重污染环境并危害人们的身体健康。因此,医院污水必须经过消毒处理后才允许排放。现在我国执行的《污水综合排放标准》(GB 8978—1996),将医院污水按其受纳水体不同的使用功能等规定了相应的粪大肠杆菌群数和余氯标准,但由于现有医院污水处理工艺级别低,在对污水处理中往往存在一些问题,如悬浮物浓度高,影响消毒效果;水质波动大,消毒剂投加量难以控制;消毒副产物产生量大,影响生态环境的安全;余氯标准无上限,过多余氯危害生态安全等问题。为了加强对医院污水污物的控制和实施新的环境标准体系,国家已组织有关部门和人员编制《医疗机构水污染物排放标准》,新标准对医院产生的污水、废气和污泥进行了全面控制,在强调对含病原体污水的消毒效果的同时,兼顾生态环境安全。

3. 水传播的主要病原微生物

(1)沙门氏菌属

沙门氏菌为一类能运动、无芽孢革兰氏阴性杆菌,好氧或兼性厌氧,在许多培养基上生长良好,适宜温度为 37℃,能发酵葡萄糖产酸但不产气。其血清型已超过 2000 个,我国已发现 216 个。水体常易为沙门氏菌所污染。沙门氏菌污染的饮水可导致肠胃炎或伤寒流行。肠胃炎的病原菌可由人或动物粪便传入,而伤寒和副伤寒的病原菌只由人类污染,与动物无关。伤寒沙门氏菌水中存活时间因各种因素而不同,当温度高于 15℃时,沙门氏菌在天然水体中存活时间较短,大部分于 7 日内死亡。在极低温的土壤与水体中则能存活数年。在人口密度极高,在无严格处理污染物措施及饮用水供应不良的地区,沙门氏菌污染的危险性极高。

(2)志贺氏菌属

志贺氏菌属是一类不能运动、不产生芽孢的革兰氏阴性杆菌,需氧型,适宜温度为 37℃,不产生 H_2S,志贺氏菌与沙门氏菌均不能发酵乳糖。志贺氏菌引起的细菌性痢疾,在我国居腹泻的第一二位。该菌的流行性很强,主要由人类传人。该菌志贺氏菌在环境中存活时间亦受多种因素影响,有报道在冰冻的河流中可生存 47 日,在海湾水中 13℃时可生存 25 日,而在 37℃时仅可生存 4 日。在环境中的生存力较弱,但感染的剂量较小,10 个细菌即可产生症状,故水中浓度不高时也可能引起人群感染。

(3)霍乱弧菌

流行病学调查与细菌学检验表明历次大的霍乱暴发流行都与饮用水受

霍乱弧菌的污染有关。霍乱全年均可发生,以 7～9 月为发病季节高峰。引起流行性霍乱的霍乱弧菌分为两个生物型[①]:古典生物型和 El Tor 生物型。根据 O 抗原不同,弧菌属的血清型有 100 余种。O1 血清群包括霍乱弧菌的两个生物型。由古典生物型霍乱弧菌引起的霍乱症已显著减少,但由 El Tor 型霍乱弧菌所致的所谓"副霍乱"自 1961 年以来一直在世界部分地区流行。此菌与古典型霍乱弧菌最大不同点是能产生溶血素,具有溶血性,但此种溶血特性有时亦可因变异而丧失。E1 Tor 弧菌对外界抵抗力较强,对营养要求甚低,故町在水中存活较长时间。过去认为非 O1 血清群霍乱弧菌所致疾病多为散发,不引起霍乱那样的世界性大流行。1992 年在印度,随后在孟加拉、中国新疆等地发现一个新菌型 O139 血清群霍乱弧菌,可引起典型霍乱样腹泻,其毒力强,且人群普遍对其缺乏免疫力,已引起密切关注。

(4)肠道病毒属

肠道病毒归属于小 RNA 病毒科,有 67 个血清型,分型的主要依据为交叉中和试验。这类病毒主要在肠道中生长繁殖,是一些直径小于 25nm 的细小病毒。它们在环境中存活的时间长,因此经常可在污水、污水处理厂排放水及污染的地面水中检出。隐性感染者多。

人类肠道病毒包括:柯萨奇病毒分 A、B 两组,A 组(Coxsackie virus A)包括 1～22、24 型,B 组(Coxsackie virus B)包括 1～6 型;脊髓灰质炎病毒有 1、2、3 三型;人肠道致细胞病变孤儿病毒(简称埃可病毒)包括 1～9、11～27、29～33 型;新肠道病毒,为 1969 年后陆续分离到的,包括 68、69、70 和 71 型。

①柯萨奇病毒、ECHO 病毒和新肠道病毒。

这些病毒的形态结构、生物学性状及感染、免疫过程与脊髓灰质炎病毒相似。

柯萨奇病毒、ECHO 病毒识别的受体在组织和细胞中分布广泛,包括中枢神经系统、心、肺、胰、黏膜、皮肤和其他系统,因而引起的疾病谱复杂。致病特点是病毒在肠道中增殖却很少引起肠道疾病;不同型别的病毒可引起相同的临床综合征,如散发性脊髓灰质炎样的麻痹症、爆发性的脑膜炎、脑炎、发热、皮疹和轻型上呼吸道感染。同一型病毒亦可引起几种不同的临床疾病。

②脊髓灰质炎病毒。

脊髓灰质炎病毒是脊髓灰质炎的病原体。脊髓灰质炎病毒可引起严重

---

① 王家玲．环境微生物学．北京:高等教育出版社,2004.

的神经系统疾病——脊髓灰质炎,病毒感染损伤脊髓运动神经细胞,导致肢体松弛性麻痹,多见于儿童,又名小儿麻痹症。目前各国使用口服减毒疫苗预防,大大降低了脊髓灰质炎的发病率。

脊髓灰质炎病毒的生物学性状:球形,直径 27nm,核衣壳呈二十面体立体对称,无包膜。基因组为单正链 RNA,长约 7.4kb,两端为保守的非编码区,在肠道病毒中同源性非常显著,中间为连续开放读码框架。此外,5′端共价结合一小分子蛋白质 Vpg,与病毒 RNA 合成和基因组装配有关;3′端带有 polyA 尾,加强了病毒的感染性。病毒 RNA 为感染性核酸,进入细胞后,可直接起 mRNA 作用:转译出一个约 2200 个氨基酸的大分子多聚蛋白(polyprotein),经酶切后形成病毒结构蛋白 VP1~VP4 和功能性蛋白。VP1、VP2 和 VP3 均暴露在病毒衣壳的表面,带有中和抗原位点,VP1 还与病毒吸附有关;VP4 位于衣壳内部,一旦病毒 VP1 与受体结合后,VP4 即被释出,衣壳松动,病毒基因组脱壳穿入。

病毒对理化因素的抵抗力较强,在污水和粪便中可存活数月;在胃肠遭能耐受胃酸、蛋白酶和胆汁的作用;在 pH=3~9 时稳定,对热、去污剂均有一定抗性,在室温下可存活数日,但 50℃ 可迅速破坏病毒,1mol/L $MgCl_2$ 或其他二价阳离子能显著提高病毒对热的抵抗力。

③急性胃肠炎病毒属。

胃肠炎是人类最常见的一种疾病,除细菌、寄生虫等病原体外,大多数胃肠炎由病毒引起,这些病毒分别属于四个不同的病毒科:呼肠病毒科的轮状病毒,杯状病毒科的 SRSV 和"经典"人类杯状病毒,腺病毒科的肠道腺病毒 40、41、42 和星状病毒科的星状病毒。它们所致的胃肠炎临床表现相似,主要为腹泻与呕吐。

轮状病毒是 1973 年澳大利亚学者 Bishop 等在急性非细菌性胃肠炎儿童十二指肠黏膜超薄切片中首次发现,是人类、哺乳动物和鸟类腹泻的重要病原体。形态为大小不等的球形,直径 60~80nm,双层衣壳,无包膜,负染后在电镜下观察,病毒外形呈车轮状,故名轮状病毒。其基因组及其编码的蛋白质为双链 RNA 病毒,约 18550bp,由 11 个基因片段组成每个片段含一个开放读码框架,分别编码 6 个结构蛋白(VP1、VP2、VP3、VP4、VP6、VPT)和 5 个非结构蛋白(NSPI~NSP5)。VP6 位于内衣壳,为组和亚组特异性抗原,VP4 和 VP7 位于外衣壳,VP7 为糖蛋白,是中和抗原,决定病毒血清型,VP4 为病毒的血凝素,亦为重要的中和抗原。VP1~VP3 位于核心。非结构蛋白为病毒酶或调节蛋白,在病毒复制中起主要作用。轮状病毒在粪便中可存活数天到数周,耐乙醚、酸、碱和反复冻融,pH 适应范围广(pH=3.5~10)。在室温下相对稳定,55℃ 30min 可被灭活。

④肝炎病毒。

包括甲型肝炎病毒、乙型肝炎病毒、丙型肝炎病毒、丁型肝炎病毒及戊型肝炎病毒、己型肝炎病毒（HFV）、庚型肝炎病毒（HGV）和 TT 型肝炎病毒（TTV）。

甲型肝炎病毒与戊型肝炎病毒由消化道传播，引起急性肝炎，不转为慢性肝炎或慢性携带者。乙型与丙型肝炎病毒均由输血、血制品或注射器污染而传播，除引起急性肝炎外，可致慢性肝炎，并与肝硬化及肝癌相关。丁型肝炎病毒为一种缺陷病毒，必须在乙型肝炎病毒等辅助下方能复制，故其传播途径与乙型肝炎病毒相同。

（5）致病性大肠杆菌

大肠埃希氏菌通常称为大肠杆菌，是人类和大多数温血动物肠道中的正常菌群。但也有某些血清型的大肠杆菌可引起不同症状的腹泻，根据不同的生物学特性将致病性大肠杆菌分为 5 类：致病性大肠杆菌（EPEC）、肠产毒性大肠杆菌（ETEC）、肠侵袭性大肠杆菌（EIEC）、肠出血性大肠杆菌（EHEC）、肠黏附性大肠杆菌（EAEC）。

大肠杆菌 O157：H7 血清型属肠出血性大肠杆菌，自 1982 年在美国首先发现以来，包括我国等许多国家都有报道，且日见增加。日本近年来因食物污染该菌导致的数起大暴发，格外引人注目。在美国和加拿大通常分离的肠道致病菌中，目前它已排在第二或第三位。大肠杆菌 O157：H7 引起肠出血性腹泻，约 2% ～ 7% 的病人会发展成溶血性尿毒综合征，儿童与老人最容易出现后一种情况。致病性大肠杆菌通过污染饮水、食品、娱乐水体引起疾病暴发流行，病情严重者，可危急生命。

（6）甲型肝炎病毒

甲型肝炎病毒为小 RNA 病毒科肝炎病毒属。流行病学调查证明甲型肝炎病毒患者的粪便内可较长时间地存在此种病毒，饮水与食物污染可引起甲型肝炎传播。1988 年上海地区发生甲型肝炎大流行，30 多万人发病，流行病学调查证明，这次流行因居民食用不洁毛蚶所致。进一步追踪，系毛蚶养殖水体招致甲型肝炎病毒污染。贝壳类可以滤过大量的水，摄取水中的悬浮生物作为食料，因此它们可能在污染较轻的水体中浓集高浓度的病毒，有的可把病毒浓缩 1000 倍。目前国内外均有疫苗可供预防接种。注意饮水、食品和环境卫生也是预防甲型肝炎发生的有效措施。

（7）戊型肝炎病毒

戊型肝炎病毒是一种单股正链 RNA 病毒，类似于杯状病毒，经粪—口途径传播。1955 年冬至 1956 年春发生于印度新德里的一次水源性传染性肝炎大流行，充分证明了这种传播方式。在这次大流行期间，自来水厂增加了加氯量,在当时其他细菌性肠道疾病的发病率并未见增加,由此也可说明肝炎病毒对氯的抵抗力较一般肠道致病菌为高。1986年9月至1988年4月,新疆南部地区发生的水源性戊型肝炎病毒流行,近12万人发病,患病率为3.0%。目前尚无特异性预防措施。

(8)呼肠孤病毒及轮状病毒

呼肠孤病毒可从污染的水体中检出,并且有一定的传染性,引起轻度发热、上呼吸道感染及腹泻等症状。轮状病毒属呼肠孤病毒科的一种病毒,是引起人和动物急性腹泻的主要病原体,迄今发现有A、B、C、D、E等群,其中A、B、C这3群病毒可感染人。A群是目前世界各地流行的非细菌性婴幼儿腹泻的主要病原,约40%的此种病例中可检出该群病毒,且在粪便中病毒的数量很多,每克粪便可达10^9个病毒。B群轮状病毒主要导致成人腹泻,目前仅见于我国发生。

(9)兰氏贾第鞭毛虫

兰氏贾第鞭毛虫是一种常寄生于人体十二指肠和空肠的多鞭毛虫,属六鞭虫科、贾第鞭毛虫属。人感染贾第鞭毛虫后以腹泻为主要症状,也有部分患者排包囊而无症状。包囊在环境可存活较长时间,水中可存活两个月以上。本病主要通过粪便排出的包囊污染饮水、食物及食具而经口感染,也可经粪—手—口途径感染。近20年来此病在欧美许多国家曾多次暴发流行,兰氏贾第鞭毛虫在我国分布广泛,所致疾病也不断有报道。

(10)隐孢子虫

隐孢子虫是一种肠道原虫,属隐孢子虫科、隐孢子虫属。宿主吞食环境中的卵囊而感染隐孢子虫病。隐孢子虫病是一种人畜共患疾病,人群对隐孢子虫普遍易感。很多国家报道从天然水体中检测到隐孢子虫。患隐孢子虫病的动物或人的粪便如果污染了饮水或饮水水源,则可导致隐孢子虫病的暴发流行。1993年美国威斯康星州Milwaukee城因自来水厂处理不当而暴发40.3万余人感染的隐孢子虫病,是美国有史以来最大的一次水传疾病。隐孢子虫卵囊能抵抗多种消毒剂,1mg/L。臭氧处理5min或1.3mg/L二氧化氯处理1h后,可使90%以上的卵囊丧失活性,而80mg/L的氯和80mg/L的一氯胺要作用近90min,才能使90%的卵囊失活。由于卵囊直径约4～5μm,一些常规的水过滤处理方式与装置难以将其除掉,但是在65℃以上加热30min可使其感染力消失,因此在隐孢子虫病流行的地区,应提倡饮用煮沸的开水。

3.2.3　土壤中的病原微生物

土壤是微生物生活最适宜的环境,也是微生物在自然界中最大的贮藏所。土壤中的微生物绝大部分是自然存在的,对物质的分解、代谢、转化起着极其重要的作用。但也有一部分病原体来自人畜的排泄物,包括①肠道致病菌、肠道寄生虫(蛔虫卵)、钩端螺旋体、炭疽杆菌、破伤风杆菌、肉毒杆菌、霉菌和病毒等致病菌。病原体在土壤中存活的时间受种类、土质、pH、温度、湿度、日照等因素影响,一般无芽孢菌存活时间为几小时至数月,如痢疾杆菌能在土壤中生存 $22\sim142d$,结核杆菌能生存一年左右,蛔虫卵能生存 $315\sim420d$ 沙门氏菌能生存 $35\sim70d$,有芽孢菌可在土壤中能长期存活,如炭疽杆菌可存活 15 年以上。被病原体污染的土壤能传播伤寒、副伤寒、痢疾、病毒性肝炎等传染病。

造成土壤生物性污染的来源,主要有以下几方面②:

①用未经彻底无害化处理的人畜粪便施肥。

②用未经处理的生活污水、医院污水和含有病原体的工业废水进行农田灌溉或利用其污泥施肥。

③病畜尸体处理不当。

病原体进入土壤后,一般能在土壤中存活一定的时间。

病原体污染土壤危害人体,主要有如下几种传播途径:

①人体排出的病原体直接或经由施肥与污灌等污染土壤,在被污染的土壤上种植蔬菜瓜果,人与污染土壤接触或生吃此等蔬菜瓜果而感染致病(人—土壤—人方式)。

②有病动物排出病原体污染土壤,然后感染人致病(动物—土壤—人方式)。

例如炭疽芽孢杆菌是炭疽的病原菌,其繁殖体抵抗力与一般细菌相同,但其芽孢,对各种环境和化学因素都具有很大的抵抗力,在牲畜的皮毛里能存活多年,在土壤中甚至可存活 60 年以上。因此,在一个地区里如果家畜一旦感染了炭疽病,处理不当就会在相当长的时间内引起本病的不断传播,人因接触患病动物、尸体等而被感染。人类炭疽有 3 种类型:皮肤炭疽、肺炭疽、肠炭疽;此 3 种类型并发败血症时常可引起急性出血性脑膜炎,死亡率极高。令人忧虑的是近来国际恐怖分子,通过信件用炭疽芽孢杆菌的芽孢攻击无辜平民,造成人员伤亡,社会恐慌,引起了国际社会的警惕;9·11事件后,美国已有 5 人死于炭疽病,10 多人患皮肤炭疽或肺炭疽病。又如钩端螺旋体病的传播与特殊环境条件有关,一些带菌的动物如猪、牛、羊、马、狗、鼠等常可从尿内排出大量的病原体。此种带钩端螺旋体的尿排到中

① 苏锡南. 环境微生物学. 北京:中国环境科学出版社,2006.
② 王家玲. 环境微生物学. 北京:高等教育出版社,2004.

性或弱碱性的水和泥土中,可在其中存活几个星期。易感染的动物和人进入这种环境中,钩端螺旋体就可以通过黏膜、伤口或浸软的皮肤进入机体而感染发病。

③自然土壤中存在有致病菌,人与污染土壤接触而感染得病(土壤—人方式)。

例如土壤中存在有破伤风梭菌,此菌的芽孢可在土壤中存活很长时间,在一定条件下,破伤风梭菌可通过伤口侵入人体而发生破伤风。肉毒中毒是由肉毒梭菌引起的一种严重的中毒性疾病,污染的食物是中毒的直接原因,此菌可在土壤和动物粪便中存在,从而污染食物。此外还有一些霉菌病是由于生长在土壤或蔬菜中的真菌所引起,一般的传播途径是通过吸入孢子或侵入受伤的皮肤而发生局部或全身性的霉菌感染。

防止土壤微生物污染的主要措施是将人畜粪便及污泥等先经无害化灭菌处理后再施加于土壤中。粪便无害化的方法很多,常用的方法有高温堆肥法、沼气发酵法、药物灭卵法、化粪池等。

3.3　微生物代谢物与环境污染

3.3.1　微生物毒素的污染与危害

微生物毒素①是微生物的次级代谢产物,是一大类具有生物活性、常在较低剂量时即对其他生物产生毒性的化合物总称。自发现白喉杆菌毒素以后,陆续发现了许多微生物毒素,细菌、放线菌、真菌、藻类均可产生。

1. 细菌毒素

根据细菌毒素的来源、性质和作用的不同,可分为内毒素(endotoxin)与外毒素(exotoxin)。内毒素是微生物细胞组分,常为细胞壁组成的某一部分,只有当菌体细胞自溶或人为破裂后才释放出来。内毒素是亲水性多糖部分和疏水性类脂结合为大分子的脂多糖(lipopolysaccharide,LPS)。内毒素存在于菌体内,耐热,加热 100℃经 1h 不被破坏,必须加热 160℃经 2～4h,或用强碱、强酸或强氧化剂加热煮沸 30min 才被灭活。内毒素不能用甲醛脱毒制成类毒素,但能刺激机体产生具有中和内毒素活性的抗体。外毒素是在微生物生长过程中释出体外的毒素,多为蛋白质性质。外毒素毒性很强,对人的危险很大,其毒力强于内毒素但不及内毒素耐高温,一般

---

① 王家玲. 环境微生物学. 北京:高等教育出版社,2004.

情况下加热至 60℃ 以上毒性即可破坏。常见的外毒素有霍乱肠毒素、大肠杆菌肠毒素、白喉毒素、破伤风毒素、气坏疽毒素、肉毒毒素、葡萄球菌肠毒素等。

(1)肉毒中毒

由肉毒梭菌(*Clostridium botulinum*)所产生的毒素。肉毒梭菌为革兰氏阳性、产芽孢的专性厌氧菌。分该菌有 A、B、C、D、E、F 共 6 个菌系可产生毒素，布很广，存在于土壤、淤泥、粪便中。可以侵染水果、蔬菜、鱼、肉、罐头、香肠等食品，并产生毒素。我国发生的肉毒中毒多数由植物性发酵食品引起，如家制自制的臭豆腐、豆酱、豆豉等。

肉毒梭菌毒素(*botulin*)是一种极强的神经毒素，主要作用于神经和肌肉的连接处及植物神经末梢，属剧毒物，中毒致死率在 20%～40%，最高可达 76.2%。1mg 肉毒梭菌毒素可以杀死 1.0×10^5 只豚鼠，对人的致死量约 0.1μg。此毒素对热非常不稳定，各型毒素在 80℃ 经 30min 或 100℃ 经 10～20min 都可完全被破坏。肠道中蛋白分解酶不能分解此毒素。

产毒条件为厌氧，pH>4.5 以上，最适 pH 为 5.5～8，温度在 5℃～42.5℃ 之间。当环境含盐量大于 10% 时，该菌完全停止生长，也不会再产生毒素。

肉毒中毒的预防措施如下：

①因该菌系有芽孢的厌氧菌，罐头食品需经 121℃ 高压灭菌方为保险。

②将食品贮放于 pH<4.5，盐分大于 10% 或温度小于 3℃ 的低温处。

③肉毒梭菌在其繁殖过程中常产生难闻气味，可作为报警，以及时采取除污去毒措施。

④对已产毒素的食品，在食用前至少加热至 90℃ 经 20～30min 处理以破坏毒素，最好弃之不用。

(2)葡萄球菌肠毒素中毒

由金黄色葡萄球菌所产生的毒素，可以起食物中毒。此种毒素被肠道吸收后往往 2～6h 即可引起恶心呕吐，儿童因此种急性肠胃病可以致死。

金黄色葡萄球菌为革兰氏阳性不产芽孢球状菌，多存在于皮肤、动物鼻咽及口腔中。产肠毒素菌在不同食物、不同温度条件下产生毒素所需时间不同。例如，在奶类及米粥等食品中于 20℃～30℃ 经 4～8h 即产毒素。

葡萄球菌肠毒素是一类抗原性蛋白质，相对分子质量为 40000，耐热，在 100℃ 以上亦不失其毒性。带菌食品加工工人或厨师是主要的传播媒介。食品被污染后，其外观、结构、气味等各方面均无异样。

一般烹调方法不能破坏此种毒素，100℃ 经过 2h 处理方可破坏。预防此类中毒的唯一办法是，防止一切污染该菌的机会，从食品制作至贮存过程均需清洁;特别要注意制作者的个人卫生以防通过皮肤等而传染。

(3)酵米面中毒

由椰毒假单胞菌酵米面亚种(*Pseudomonas cocorenenans subs. farino-fermentans*)产生的毒素。我国东北农村习惯食用发酵米面。食品在制作过程中被椰毒假单胞菌酵米面亚种污染,在适当条件下,该菌产生大量毒素,导致食用者中毒。很多报道证实,被此菌污染的变质银耳也可引起中毒。我国已有 10 多个省发生过此类食物中毒,因酵米面中毒的病死率约39%,变质银耳中毒的病死率约 19%。该菌所产毒素经鉴定与 Nugteren等报道在印度尼西亚从椰子发酵食品引起食物中毒中分离的椰毒假单胞菌(*Pseudomonas cocorenenans*)所产生的代谢产物米酵菌酸(bongkrekic acid)一致。

该菌为革兰氏阴性杆菌,兼性厌氧,最适生长温度为 37℃,最适产毒温度为 26℃。pH=5~7 范围生长较好。本菌的抵抗力甚弱,56℃经 5min 即可被杀死,常用浓度的消毒剂均可在短时间将其杀灭。但该菌毒素经煮沸、高压均不能破坏。

目前尚无特异治疗方法,主要是对症治疗。要加强食品卫生宣传,不食变质银耳,改变某些饮食习惯。

(4)蓝藻毒素

蓝藻水华所产生的藻毒素主要有环肽、生物碱和脂多糖三种化学结构。微囊藻毒素、节球藻毒素为环肽,鱼腥藻毒素、石房蛤毒素为生物碱,脂多糖为内毒素成分,它们可导致肝脏损害、神经损害、胃肠功能紊乱和一系列免疫反应。表 3-3 反映不同藻属产生的不同毒素。

表 3-3　蓝细菌及其毒蘁的类型

属	产生的毒素
鱼腥藻属	鱼腥藻毒素 a,肝脏毒素,内毒素
束丝藻属	石房蛤毒素,新石房蛤毒素,肝脏毒素
筒孢藻属	肝脏毒素
节球藻属	节球藻毒素
颤藻属	神经毒素,肝脏毒素
微囊藻属	微囊藻毒素,内毒素

其中微囊藻毒素(*microcystins*)是迄今研究较为深入的一类蓝细菌毒素,由微囊藻属、鱼腥藻属、束丝藻属和念珠藻属中的某些种所产生。微囊

藻毒素为一种小分子环状七肽化合物,由于环状结构不同位置连有不同侧链,以及侧链上甲基化/去甲基化产生的差异,可以形成多种不同的异构体。目前已从不同微囊藻菌株中分离、鉴定了近60种微囊藻毒素结构,其中微囊藻毒素-LR的结构见图3-3。

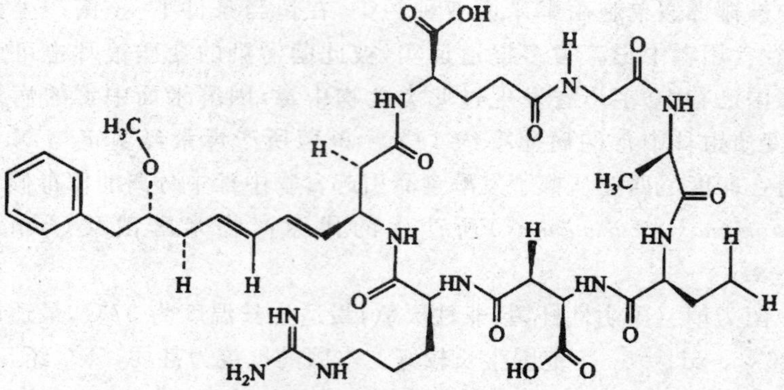

图3-3　微囊藻毒素-LR的结构

　　微囊藻毒素主要存在于蓝细菌活细胞内,当蓝细菌在水华过后大量死亡时,其所含毒素释出。鱼类、水鸟等水生生物因饮用含此毒素的水而中毒死亡。对人类,饮用含此等毒素水体的水后,可引起皮炎、肠胃炎、肝脏损伤、呼吸失调等症状。Ueno等报道此类水体中的微囊藻毒素远远高于浅井和深井水。尤其是夏季,宅沟水和池塘水中的微囊藻毒素最高可达460pg/mL。动物实验表明微囊藻毒素是一种肿瘤促进剂,它对生物体内蛋白磷酸酶PP1和PP2A有强烈的抑制作用,而在此生化过程中,PP1和PP2A被认为是正常细胞中肿瘤形成的阻遏物。

　　蓝细菌释毒可有昼夜波动的规律:白天时,水中藻毒素含量低;傍晚时,水中藻毒素含量开始升高;夜间,藻毒素含量可达最高。因此,灭菌除毒工作最好在白天正午时进行。从世界各国对各种水体中微囊藻毒素的检测结果看,有的水体检出率高达87%,藻毒素浓度为$0.13\sim2.9\mu g/mL$,经加氯消毒等处理后仍有$0.09\sim0.6\mu g/mL$不等。世界卫生组织推荐,美、英等国已采用,限定饮用水中的微囊藻毒素小于$1\mu g/mL$。

　　藻类死亡后因旺盛分解作用耗氧,在厌氧环境下常生成大量羟胺和H_2S,此二类物质亦具毒性,使生物致毒。

　　2. 放线菌毒素

　　(1)放线菌素

　　放线菌素由链霉菌属(*Streptomyces*)放线菌产生,它可使大鼠产生肿瘤。放线菌素D可抑制核酸合成,因此,又作抗癌剂使用。

（2）链脲菌素

链脲菌素从不产色的链霉菌中分离得到。其分子结构中含有 N-甲基-N-亚硝基脲，可能诱发癌症，可使大鼠肝、肾、胰脏发生肿瘤。但亦有抗癌作用。

（3）洋橄榄霉素

它是肝链霉菌（*Streptomyces hepaticus*）的产物。毒性非常强，亦可诱发肝、肾、胃、胸腺、脑等发生肿瘤。洋橄榄霉素的结构类似苏铁苷，因此，认为洋橄榄霉素的致癌作用类似于苏铁苷，即本身不呈致癌性，但在动物肠道微生物将之水解后成致癌物。

3. 真菌毒素

真菌毒素（*mycotoxin*）是指以霉菌为主的真菌代谢活动产生的毒素。早在 15 世纪就曾发现麦角使人中毒的事例，继后亦不断发现由于真菌生长在粮食、谷物上，人畜食后中毒的事件。但真正激发人们的重视，则是在 20 世纪 60 年代末至 70 年代初先后发现岛青霉毒素及黄曲霉毒素的致癌性以后。

（1）真菌毒素致病特点

①中毒的发生常与某种食物有联系，在可疑食物或饲料中常可检出真菌或其毒素的污染。

②发病可有季节性或地区性。

③药物或抗生素对中毒症疗效甚微。

④所发生中毒症无传染性。

（2）真菌毒素的类群

至今已发现的真菌毒素有 300 多种。其中毒性最强者有黄曲霉毒素（*aflatoxin*）、赭曲霉毒素（*ochratoxin*）、黄绿青霉素（*citreoviridin*）、红色青霉毒素 B（*rubratoxin B*）、青霉酸（*penicillic acid*）等。现有资料显示，能使动物致癌的有黄曲霉毒素 B1、黄曲霉毒素 G1、黄变米毒素（黄天精、*lutcoskyrin*）、环氯霉素（*cyclochlorotin*）、柄曲霉素（*sterigmatocystin*）、棒曲霉素（*patulin* 或 *clavacin*）、岛青霉毒素（*islanditoxin*）等 14 种真菌毒素。担子菌纲真菌中有某些蘑菇体内可含有肼及肼的衍生物，不仅具毒性，且可使小鼠等动物致肝癌或肺癌。主要真菌毒素及其产生菌见表 3-4。

根据相对分子质量大小不同可分为高分子真菌毒素及低分子真菌毒素。前者因其结构复杂，研究工作不及低分子毒素多。目前所指真菌毒素多属后者。

根据毒素作用于人和动物器官与部位的不同，可分为肝脏毒、肾脏毒、神经毒、造血组织毒等几类；实际上许多毒素并不仅作用于某单一器官，而是作用于多种器官和系统。

（3）产毒真菌概况

表 3-4　主要真菌毒素及其产生菌

毒素种类	毒素名称	主要的产毒菌
肝脏毒	黄曲霉毒素	黄曲霉、奇生曲霉
	杂色曲霉素	杂色曲霉、构巢曲霉
	黄天精	岛青霉
	环氯素	岛青霉
	岛青霉素	岛青霉
	红青霉毒素	红青霉
	赭曲霉毒素	赭曲霉
肾脏毒	橘霉素	橘青霉
	曲酸	米曲霉
神经毒	棒曲霉素	荨麻青毒、棒形青霉
	黄绿青霉素	黄绿青霉
	麦芽米曲霉素	米曲霉小孢变种
造血组织毒	拟枝孢镰孢霉毒素	梨孢镰孢霉
	雪腐镰孢霉烯醇	雪腐镰孢霉
	葡萄穆霉毒素	葡萄穗霉
光过敏性皮炎毒	抱子素	纸皮思霉
	菌核病核盘霉毒素	菌核病核盘霉

据报道,在粮谷、作物、饲料上分得的真菌中约有 30％～40％菌株可产生毒素。产毒真菌分布广,分属于真菌的三纲一类中,其中最常见者为青霉、曲霉、镰孢霉中的某些种。真菌生长及其产毒需要适宜条件,包括营养、通气、pH、水分、温度等。真菌多为中温型好氧性微生物,阴暗潮湿处更易生长。当温度为 22℃～30℃,空气湿度较大(相对湿度在 85％～95％)。粮食含水量在 17％～18％时,青霉属与曲霉属许多种都能生长,并产生毒素。

因真菌菌种不同及影响因素各异,其产毒情况多种多样:

①不同菌种可产生同样毒素,如黄曲霉与寄生曲霉均可产生黄曲霉毒素,荨麻青霉与棒形青霉均可产生青霉杀菌素。

②同一种菌可产生不同毒素,如岛青霉能产生岛青霉毒素、黄天精及环

氯素。

③同种的不同菌株,毒性不同。如在相同条件下培养不同的白地霉菌株,有的可产生致癌物,有的则否。甚至在同一平皿上分离的同种不同菌株,亦有产毒株与不产毒株之别。

④同一菌株在新分离出来时产毒力强,而后可能失去产毒力;不产毒菌株在适宜天然培养基上生长可能获得产毒力。

⑤据近年研究,当活的产毒真菌进入人体或动物体内,特别是呼吸道内以后还能产生毒素,并诱发一定的病变。人们在生产及生活过程中接触霉菌及其孢子机会甚多,对其在人体内产毒并发生病变问题,应给予重视与深入研究。

(4)黄曲霉毒素

1960 年英国伦敦附近养鸡厂中,100000 只火鸡相继于数月内死亡。追踪调查获知,系食用污染了霉菌的花生粉所致,以后查明是一种黄曲霉菌产生了黄曲霉毒素所致。

①黄曲霉毒素的毒性。

黄曲霉毒素是剧毒物,也是致癌物。其毒性为氰化钾的 10 倍、砒霜的 68 倍。黄曲霉毒素 B_1 的半数致死剂量(LD_{50})为 0.294mg/kg,按毒理学规定标准,凡小于 1mg/kg 者即属剧毒物。

黄曲霉毒素经动物实验证明为强致癌物,靶器官为肝脏,亦有引起胃、肠、肾病变者。动物致肝癌有效剂量比较:黄曲霉毒素 B_1 为每天 $10\mu g$,奶油黄(二甲基偶氮苯)为每天 $9000\mu g$,二甲基亚硝胺为每天 $750\mu g$。流行病学调查获知,凡食物中污染黄曲霉毒素严重,人体实际摄入量高的地区,其肝癌发病率亦高。

②黄曲霉毒素的产生菌。

能产生黄曲霉毒素的真菌主要为黄曲霉及寄生曲霉。对前一菌种,并非其所有菌株都产毒素,但近年研究发现,其能产毒菌株有上升趋势,由早期的 10% 左右升至 60% 以上。寄生曲霉则 100% 均为产毒菌株。曾经报道过其他多种菌亦能产黄曲霉毒素,如某些曲霉、青霉、镰孢霉、毛霉、根霉、链霉菌等,但尚缺乏充分的实验证据。

产黄曲霉毒素真菌侵染粮谷、食品、饲料范围极其广泛,从粮谷、蔬菜、烟草、豆类、水果、乳品、肉类以至干果等均可见其踪迹,尤以玉米花生最为常见。大米、小米、高粱次之。

③黄曲霉毒素的理化性质。

黄曲霉毒素为可以发出荧光的物质,据紫外线下照射发荧光颜色的不同,分为两大类:B 族发蓝色荧光,G 族发绿色荧光。自 1961 年以来已确定结构的黄曲霉毒素有 17 种,其中以黄曲霉毒素 B_1 毒性最大,致癌力最强,在一般情况下其产量亦多于其他。

黄曲霉毒素 B_1 是真菌毒素中最稳定的一种,结构式见图 3-4。

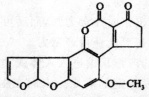

图 3-4　黄曲霉毒素 B_1 的结构

黄曲霉毒素 B_1 耐高温,至 200℃ 亦不破坏;高压灭菌 121℃ 下经 2h 仅破坏 $1/3\sim1/4$,4h 破坏 $1/2$。紫外线照射亦不能破坏此毒素。黄曲霉毒素耐酸性和中性,只有在 $pH=9\sim10$ 的碱性条件下可迅速分解。$HClO$、Cl_2、NH_3、H_2O_2、SO_2 等可使之破坏。

④黄曲霉毒素的防治措施。

鉴于黄曲霉毒素的严重危害性,许多国家制订了食品中黄曲霉毒素限量标准。世界卫生组织于 1975 年订为 $15\mu g/kg$。我国标准是,玉米、花生油、花生及其制品不得超过 $20\mu g/kg$;大米及其他食油不得超过 $10\mu g/kg$;其他粮食、豆类、发酵食品不得超过 $5\mu g/kg$;婴儿代乳食品不得检出。

黄曲霉毒素的预防措施可从粮谷作物的生长、收获、贮藏、加工、运输一系列环节中防止霉菌的污染及其滋长。谷物含水量应小于 $13\%\sim14\%$,花生含水量应小于 $8\%\sim9\%$;贮存场所的相对湿度宜低($70\%\sim75\%$);如有可能,增加贮存处的 CO_2 而降低氧量,并使用化学药物如磷化铝、磷化锌、对氨基苯甲酸、焦亚硫酸钠等以防止霉菌生长并抑制其产毒。

黄曲霉毒素的去除方法较多,一般认为可通过机械或手工挑除破碎有病的花生粒以除去有毒花生;将含毒素液体食品经活性炭吸附去毒效果亦佳;大米黄曲霉毒素 $60\%\sim80\%$ 存于米糠中,通过精制或淘洗以去毒质;也有利用强碱或氧化剂处理有毒食品者,如碱法精炼含黄曲霉毒素的花生油,使原含量为 $60\mu g/kg$ 毒素至不能检出。

实验室中,可以用 $5\%NaClO$ 浸泡器皿数分钟或 1% 浸泡半天即可解毒,其他亦可应用漂白粉、氢氧化钠等。

(5)黄变米问题

自 1940 年以来,从日本开始进行所谓"黄变米"的研究。黄变米是由于稻谷收获后和贮存过程中因含水量高于 $14\%\sim15\%$,被真菌污染产生霉变而呈黄色所致。我国湖南、湖北、江西等地早稻收割后,往往因抢收抢种,稻谷未能及时脱粒干燥而暂行堆放,由于气候湿热,极易霉变,脱粒后米粒呈现不同程度的黄色,俗称"黄粒米"或"沤黄米"。

从黄变米中分离出来的霉菌主要有岛青霉(*Pen. islandicum*)、黄绿青霉(*Pen. citreoviride*)、橘青霉(*Pen. citrinumm*)、皱褶青霉(*Pen. rugulosum*)、黄曲霉、烟曲霉(*Asp. hmigatus*)、白曲霉(*Asp. candidus*)等菌。至少有 15 种霉菌与米粒变黄有关。主要的有 3 种,均可产不同毒素,其中岛青霉产生黄天精、岛青霉毒素及环氯素;橘青霉可产橘青霉素;黄绿青霉产黄绿青霉素。其所产毒素经动物实验证明分别可引起肝脏、肾脏、神经系统中毒;岛青霉毒素并能使实验动物发生癌变。

(6)赤霉病麦毒素

麦类赤霉病是粮食作物的一种重要病害,食用赤霉病麦可引起食物中毒。引起小麦赤霉病的霉菌主要为禾本科镰孢霉。

引起赤霉病的霉菌,可以产生两类霉菌毒素:一类为具有致呕吐作用的赤霉病麦毒素,主要有二氢雪腐镰刀菌烯酮(*dihydronivalenone*)、T-2 毒素、镰刀菌烯酮-X(*fusarenon-X*)等,这些毒素都属于单端孢霉烯族化合物(*trichothecenes*);另一类是具有雌性激素作用的玉米赤霉烯酮(*zearalenone*)。

禾本科镰孢霉在谷物上的适宜繁殖温度为 $16 \sim 24℃$,相对湿度为 85%。除麦类可发生赤霉病外,也可在玉米、稻谷、甘薯和蚕豆等作物上发生。

人误食赤霉病麦后,轻者仅有头昏和腹胀等症状,较重者一般在食后 $10 \sim 30min$,出现恶心、眩晕、腹痛、呕吐、全身无力,少数伴有腹泻、流涎、颜面潮红和头痛等,一般持续约 2h。症状特别严重者,还有呼吸、脉搏、体温及血压等轻度波动,但未有死亡。

预防赤霉病麦毒素中毒,主要措施是加强田间管理和粮食贮藏期的防霉措施,以及尽量设法去除或减少粮食中病变麦粒或毒素。赤霉病麦毒素主要集中在麦粒外层,如将病麦磨成出粉率较低的精白面,也可除去大部分毒素。

(7)麦角毒素

麦角菌(*Claviceps purpurea*)一般寄生在禾本科植物的子房内,菌丝侵入子房形成菌核,多露出于子房以外,形似动物的角,故称麦角。菌核表面紫红色,内层灰白色或淡紫红色。麦角中含有多种生物碱,如麦角毒、麦角新碱等,有毒性,多食可到麦角中毒。

麦角中毒系最早有记载的人类真菌中毒症。粮食中如混有 0.5% 麦角,即呈现毒性,可引起急性或慢性中毒,重者可以致死。由于麦角毒素可引起血管收缩和子宫收缩,故可使孕妇流产;但另一方面,麦角又可用于治疗某些妇科病,是一种有名的药物。麦角毒素性质稳定,虽经数年亦不失其毒性。

4. 藻类毒素

最主要的藻类毒素分别由下列 3 类藻产生:①海洋中产毒素的藻常属于甲藻纲,其所产毒素是藻中对人类最具毒性者;②淡水中产毒素的常为蓝藻(蓝细菌),主要使鱼类、家畜、水鸟类致死;③盐水中常由金藻纲的某些藻生成毒素,使鱼类大量死亡。

(1)甲藻

甲藻(dinoflagellate)常见于北纬或南纬 30°的海水中。是单细胞具有两根鞭毛的生物,体内含有光合色素,使细胞呈现深褐、橙红、黄绿等色。赤潮常因甲藻旺盛繁殖,使局部海水变成红、赤、褐、碧不同颜色,甲藻数可达 50000 个/mL,由于甲藻可发荧光故黑夜中亦清晰可见。

有 4 种甲藻产毒可使人致死,其中 3 种为膝沟藻属(Gonyaulax),而赤潮时常见者为此属藻。藻类毒素可在贻贝及蛤体中安全积累,而人食之可中毒。其毒性急,短期(2~12h)可以致死,但如患者能度过 24h 病程,则能康复,无后遗症。盐类、醇类可减弱其毒力,但没有有效的懈毒药。在赤潮阶段,贻贝将藻毒素积于内脏中,一当赤潮过去,二周内其积蓄的毒素即见消失,蛤将毒素积于吸管中,毒素稳定,赤潮过后一年仍未见消失。

有人从贻贝及蛤中提取得到纯毒素,命名为石房蛤毒素(saxitoxin);继又从链状膝沟藻(Gonyaulax catenella)培养物中获得此同样毒素,说明有毒贝类的毒质来自甲藻类;后来又发现几种结构上与石房蛤毒素相似的新石房蛤毒素、藤沟藻毒素和 11-羟石房蛤毒素等。如果水中链状膝沟藻含量在 200 个/mL 时,则食用该水中贻贝不安全。

石房蛤毒素是已知低分子毒物中的毒性最强者。对小鼠 LD_{50} 为 $10\mu g/kg$ 体重(腹腔注射),人口服 1mg 即致死,其毒力与神经毒气沙林相同,国际条约已将其列为化学武器。该毒素为水溶性物,对热稳定,罐头加工过程只能破坏 70%。由于毒素多积存于贝类的内脏中,如将肝、胰腺等除去而后食用,可保安全。

(2)金藻

金藻中报道最多的为一种小定鞭金藻(Prymnesium parvum)。此藻能在盐浓度大于 0.12%的水中生长。在实验室内培养时,含盐浓度为海水 3 倍的水中亦能生长。其所产毒素能引起盐湖中鱼群大量死亡,此外尚有溶血及溶菌等作用。可以应用对其他生物无危害浓度的液氨使藻体膨胀而后溶,以去除此藻。

棕囊藻属(Phaeocystis)中有的种系另一类使鱼类中毒的金藻。

（3）其他藻类

①厥藻属（*Caulerpa*）为菲律宾最常食用的藻类，能产生两种毒素，尤以雨季易于产生。

②红藻门（*Rhodophyta*）中有某些种可以提取角叉藻聚糖（carrageenan）。高相对分子质量的角叉藻聚糖对人体较为安全无毒害，其相对分子质量在 100000～800000 者多用做食物乳化剂及稳定剂。低相对分子质量的角叉藻聚糖易为人体肠胃吸收，其相对分子质量在 5000～30000 者可用于治疗消化道肿瘤；但是，当人们长期服用时则又可能致癌。

③小球藻（*Chlorella*）中的某些种能合成致癌物苯并（*a*）芘，其量可达 $0.8\mu g/kg$ 藻体，有的能生成 1,2-苯并芘（$0.5\mu g/kg$ 菌体），苯并（*b*）莹蒽 $62\mu g/kg$ 菌体。

3.3.2　微生物一般代谢产物的污染与危害

一般代谢产物主要指微生物产生的初级代谢产物。它们多属常见的一般化合物，当在环境中积累达到较高浓度时，造成环境污染，也可能危及人体健康。

1. 氨

释至大气中的氮化物，主要为氨态氮；它们几乎全部由水体与土壤中异养微生物活动所产生。其释出量为各种来源所释至大气中的氮氧化合物的 9 倍。大量的氨不仅污染空气，而且也影响水域。湖、河水面吸收大气中的氨，转化为铵态与硝态，可加剧水体富营养化作用。

一般情况下，氨不致造成大面积环境污染，但局部地区高浓度氨污染不容忽视。在大量施用有机氮化物的农田区域，可以发现氨大量生成并挥发至空气中，尤其是在使用尿素肥料时为甚。这是因为土壤中含有许多尿素分解菌，又加上尿素分解造成了碱性环境，更促成 NH_3 的挥发。如果施肥方法不当，直接施于上表，则氨化作用所生成的氨，根本不与土壤接触而直接挥发至大气中，其散失量可达氮素的 70%。在畜牧区，由于牲畜粪尿氨化，其中 90% 氮素迅速转化成氨，一周内即完全挥发。因此，可造成局部地区氨含量比其邻近非牧区高出 20 倍。

2. 硝酸与亚硝酸

NO_3^- 是微生物在有氧条件下将有机氮化物转化成氨，然后经硝化作用转化而成的终产物。当环境通气，pH 中性偏碱时，$NH_3—3NO_2—3NO_3^-$，在某些局部地区，由于农业大量施用无机氮肥或氮素工业生产发展，致使微生物活动增加而产生大量 NO_3^-，可使饮用水中 NO_3^- 量达到致毒浓度。当

饮水中 NO_3^- 过高时,就有使婴儿得正铁血红蛋白症的危险。1970 年美国曾报道,由于饮水中 NO_3^- 污染而使 2000 人得病,并且其中有致死的情况。

NO_2^- 是自养硝化菌作用的产物,也可能由 NO_3^- 还原作用而产生。一般情况下,由于 NO_2^- 的生成速度常较其被同化代谢速度为慢,故不可能在环境中大量积累。但 pH 对硝化作用与亚硝化作用的影响较大,硝化杆菌属细菌的最适范围为 pH=5~8,而亚硝化单胞菌属细菌的适宜范围在 pH=7~9 之间。当环境中含有大量 NH_4^+,pH 又高于 9.5 时,硝化细菌被抑制,亚硝化细菌仍能活动,而亚硝化细菌活动的结果,可使在碱性条件下积累有毒的能生成致癌物的 NO_2^-;当环境 pH 低于 6 时,亚硝化菌便受到抑制。当 pH 小于 5 时,上述两阶段硝化作用全部停止。

有机物对自养型硝化细菌有抑制作用。然而,当环境中含有大量有机氮化物时,仍可见到硝化作用进行。这是因为在自然界尚存在一些异养型硝化微生物,例如曲霉与节杆菌等属中的一些种在有机物存在时,可将 NH_4^+ 转化生成 NO_3^-。因此,在一些畜牧区可发生大量 NO_3^- 污染。据估算,3 万头牛所产的含氮废物与 25 万居民的排泄废物相当,在畜牧区 NO_3^- 量可达 50mg/L。

3. 氮氧化物

曾有报道,在制作青贮饲料的过程中产生了大量氮氧化物(nitrogen oxides)而使人中毒的事故。经研究,这是由于生物学原因造成的。富含硝酸盐的植物茎叶在青贮饲料塔中发酵的初期,微生物可将过量的硝酸盐转化生成一氧化氮(NO),后者又进一步被氧化成具有毒性的二氧化氮(NO_2),由此而引起操作工人中毒甚至死亡,有人计算,装满了玉米秆的青贮塔中 NO 量可达到 9%(体积分数);如果贮存的是玉米棒及玉米包皮,则其量可以达到 47.2%(体积分数)。除微生物作用外,植物体内的酶亦可参与形成氮氧化物。

4. 硫化氢

H_2S 是与氰化氢具有同样水平的毒性物质。水中含 H_2S 达到 0.15mg/m³ 时,即影响鱼苗的生长和鱼卵的存活。H_2S 对高等植物根的毒害作用也很大,3.0~4.5mg/m³ 即对柑橘类树根产生影响。人们早就知道 H_2S 对人及高等动植物具有毒性。H_2S 最重要的毒性作用是它能引起急性中毒,其特点是立即虚脱,常常伴有呼吸停止,若不治疗即死亡。它们常与工业中过量接触有关。关于普通居民少数急性接触 H_2S 的事例也有记录,那是由工业生产过程或天然来源的 H_2S 释放引起的。如 1999 年 5 月安徽省某市未经处理而排放至七里长沟的废水,在微生物作用下产生

H_2S,并在低洼地区缓慢积累,因天气不利于有毒气体扩散,相继造成附近行人及施救农民 6 人急性中毒身亡。H_2S 第二种危害是气体对眼和呼吸道黏膜的刺激作用,角膜结膜炎和肺气肿是两种最严重局部刺激作用的结果。同时,H_2S 难闻的臭味是污染环境的又一方面。当水体中藻类腐烂或有机质在厌氧条件下分解时,可使沼泽、池塘、阴沟、底泥、工业废水中产生大量 H_2S 臭蛋味,并可传播很远。例如,某运转不正常的氧化塘,其大气中 H_2S 含量为 $0.54mg/m^3$,臭味可散布到 1700m 以外的疗养区。

不同生态条件下均能产生 H_2S。每年由于陆地有机质腐烂分解而产生的 H_2S 有 $11.2×10^7t$,均不断释入大气中;另有人统计,天然环境条件下所产生的 H_2S,每日每 $1000km^2$ 为 0.07t。大气中 H_2S 的最主要来源首推微生物的作用,微生物作用产生的 H_2S 要比工业产生量大得多。

微生物生成 H_2S 的途径主要有两个方面:①脱硫弧菌等厌氧菌将硫酸盐还原为 H_2S;②异养微生物在分解有机硫化物作用中释出 H_2S。

脱硫弧菌广泛存在于污泥、水洼及排水不良的土壤中。除硫酸盐外,它们不能利用任何其他物质以供呼吸。当有溶解氧存在或 pH 偏低时,其活动均差。异养型分解有机硫化物的微生物类型甚多,无论通气好坏、温度高低等各种条件下均可生成 H_2S,其代表式如下:

$$\underset{\substack{\text{半胱氨酸}}}{HS—CH_2—\underset{\substack{|\\COOH}}{\overset{\substack{NH_2\\|}}{CH}}} + H_2O \xrightarrow{\text{半胱氨酸脱硫基酶}} \underset{\substack{\text{丙酮酸}}}{CH_3—COCOOH} + H_2S + NH_3$$

5. 酸性矿水

黄铁矿、斑铜矿等无机矿床内含有硫化铁,矿山开采后暴露于空气之中,由于化学氧化作用使矿山变酸,一般 pH = 4.5~2.5。在这种酸性条件下,只有耐酸微生物能够生存繁殖。异养菌中以霉菌、酵母为主,细菌中以能够氧化硫及铁的自养菌活动最为旺盛。例如氧化硫硫杆菌(*Thiobacillus thiogxidans*)能使硫氧化为硫酸,氧化硫亚铁杆菌(*Ferrobacillus sulfooxidans*)与氧化亚铁亚铁杆菌(*Ferrobacillus ferroxidans*)能将硫酸亚铁氧化为高铁。通过这些细菌的作用,加剧了矿水的酸化,有时能使 pH 下降到 0.5。这种酸化了的矿水,随水渗漏或顺河道传布,污染农田、水渠与河流,破坏了自然生态生物群落,毒害鱼类,影响人类生活。

矿水酸化及耐酸细菌作用过程概述如下:

①黄铁矿 FeS_2 经自然氧化生成 $FeSO_4$ 和 H_2SO_4。

$$2FeS_2 + 7O_2 + 2H_2O \longrightarrow 2FeSO_4 + 2H_2SO_4$$

②上述两类铁细菌将铁氧化成高铁,形成 $Fe_2(SO_4)_3$。

$$4FeSO_4 + 2H_2SO_4 + O_2 \longrightarrow 2Fe_2(SO_4)_3 + 2H_2O$$

③通过强氧化剂 $Fe_2(SO_4)_3$ 与黄铁矿的继续作用,生成更多的 H_2SO_4。

$$FeS_2 + 7Fe_2(SO_4)_3 + 8H_2O \longrightarrow 15FeSO_4 + 8H_2SO_4 + 2S$$

④氧化硫杆菌将元素硫氧化为 H_2SO_4。

$$2S + 3O_2 + 2H_2O \longrightarrow 2H_2SO_4$$

控制酸水产生的措施,可以通过加入石灰提高 pH 以中和流出液;也可能利用硫酸还原菌作用使硫还原为硫化物;以及加入杀菌剂、限制产酸菌的活动等法,但有的价格昂贵,有的尚待实践探索。

变害为利,综合利用。如可以利用微生物产生的硫酸和硫酸高铁等强氧化剂,把矿石中的金属溶解出来,这就是生产上已在采用的细菌冶金技术的原理。

6. 甲基汞

Hg、As、Cd、Te、Se、Sn 等重金属离子均可因微生物甲基化作用而生成相应的甲基化合物,它们多是毒性很强的挥发性物质。在环境污染中具有重要生态学意义的,当首推甲基汞(methylmercury)化合物。日本渔民的水俣病,瑞典鸟群大量死亡,均因甲基汞中毒所致。汞甲基化的影响因素有:

(1)pH

水体中生物甲基化率决定于 pH。在高 pH 的中性和碱性环境条件下,微生物主要生成二甲基汞,此化合物不溶于水,且易挥发,故在水中不稳定而多逸于大气之中;在低 pH 的弱酸性条件下,二甲基汞易分解为一甲基汞,而在酸性条件下,微生物甲基化作用主要生成一甲基汞,此化合物易溶于水,并被鱼、贝类等水生生物吸收,实验室研究与野外调查都证实,在酸性水域中,鱼体的含汞量较高,相反则较低。

(2)通气

微生物在厌氧与有氧条件下均可进行甲基化作用。但是,当天然水体缺氧时,往往有大量硫化氢产生,汞与硫离子易结合成为难溶的硫化汞而沉淀下来,因而在自然环境中厌氧性的甲基化过程实际上难以发生。常见的是在有氧条件下进行的高速率甲基化。微生物甲基化作用主要限于水底污泥的表层,与通气有关。如果污泥层中有动物活动,经常得到搅动,则污泥层的甲基化活动区可深及数米。

(3)微生物

曾经在实验室内研究微生物对无机汞甲基化的最大转化率。应用匙形棱状芽孢杆菌(*Clostridium cochlearium*),培养液含氯化汞 $10\mu g/mL$

(Hg 7μg/mL),经 60h 培养后,菌数达到 6×10^7 个/mL,产生甲基汞 0.14g/mL(Hg 0.13g/mL)。如将培养时间继续延长,则无论细菌数量和甲基汞数量都不再增加。这项资料说明,即使在菌数极高的环境里,无机汞的转化率约为 2%。另一项研究报告指出,在某菌培养液里,$HgCl_2$ 2μg 44h 后转化生成甲基汞 6ng,转化率为 0.3%。

在汞污染区鱼体内汞主要为甲基汞形态。关于甲基汞进入鱼体的机理可能有:

①鱼直接吸收水中的甲基汞,而这些甲基汞很多是由微生物作用产生的。

②鱼的肠道细菌或鱼表黏膜中细菌产生甲基汞后,为鱼体吸收。

③鱼自身将无机汞转化成甲基汞。

④根据食物链学说,鱼从其所摄食物中获得甲基汞,而在此种食物链的底部为甲基汞生成细菌,甲基汞经浮游生物等逐渐传递扩大而达于鱼体。

哺乳动物包括人体的肠道细菌能合成甲基汞。这个发现使人体内甲基汞的摄取、积蓄和中毒问题进一步复杂化。人们从食物中摄取一定数量的无机汞、服用含汞药物、在日常生活中接触汞化合物等,都是值得注意的问题。因此,必须深入研究微生物在动物体内使汞甲基化的作用与现象。

7. 羟胺

羟胺是潜在致突变物。在缺氧、含硝酸盐和铁盐的条件下,可经微生物作用产生羟胺。曾经报道在日本中部某湖的下层水区中,于全年的缺氧时期,检测出羟胺。利用纯培养研究了羟胺的生物合成机制后提出,在天然水样中羟胺的生成可能是异养型硝化菌作用的一个阶段。试验系应用从污泥中分离得到的节杆菌菌株。当培养液中铁量供应充足时,节杆菌菌株的生长细胞可产生 15mg/L 羟胺,而静止细胞的羟胺产生量可达 60mg/L。它们也可利用乙酰胺、谷氨酰胺、谷氢酸盐生成羟胺,但不能利用甘氨酸或1-氨基乙醇。微生物形成羟胺的过程尚需有机物存在以提供碳源,铵先与有机物结合,然后氧化生成羟胺。当以污泥、河水或湖水试验,并补加入醋酸盐或琥珀酸盐时亦获得同样结果。

8. 亚硝胺类

亚硝胺类化合物的基本结构为 $\begin{matrix} R_1 \\ \diagdown \\ N-N=O \\ \diagup \\ R_2 \end{matrix}$,是众所周知的致癌、致畸、致突变物质。到 20 世纪 90 年代初已发现 300 多种亚硝基化合物,其中大部分有致癌性。1972 年 Ayanaba 提出了自然界中通过土壤微生物活动生成亚硝胺的途径如下：

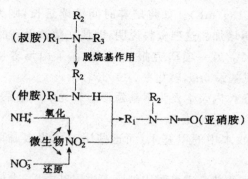

从上式中可见,生成亚硝胺的两种母体物质为仲胺及 NO_2^-。自然界中胺类广泛存在于微生物栖住的场所,农药、洗涤剂中有胺的组分,粪便中常含联苯胺及三甲基胺,藻类与高等植物体内也有不同的叔胺和仲胺,在污水中亦能生成仲胺,曾检测到腐胺(四甲烯二胺)、尸胺(五甲烯二胺)及其他二胺类;至于微生物对氨的氧化以及硝酸盐还原生成 NO_2^- 的作用,更是环境中经常进行的过程;因此,天然水体与土壤中可以生成亚硝胺化合物,特别是当有机污染物无管理排放,引起大量污泥积累的情况下为甚(表 3-5)。

表 3-5　阴沟污泥培养过程中二甲基亚硝胺的生成

	培养天数				
	0	**7**	**14**	**21**	**28**
二甲基亚硝胺	0	1.5	2.85	0.2	0

在人工模拟污水培养过程中加入亚硝酸,24h 后便可检测到二甲基亚硝胺,在 pH＝4 的酸性条件下生成量最高(表 3-6)。

表 3-6　不同 pH 模拟污水中加入亚硝酸对二甲基亚硝胺生成的影响

pH	培养天数			
	0	**10**	**20**	**30**
4	0	0	11	0
7	0	0	8.9	0
9	0	0	4.3	0

Hawkswosth 等对肠道中常见的细菌试验表明,10 株大肠杆菌中有 5 株,在含硝酸盐、pH＝6.5 或稍高些的培养基中,能将联苯胺、二甲胺、六氢

吡啶等转化生成亚硝胺。还有 10% 的棱状芽孢杆菌、12% 的拟杆菌（*Bacteroides*）、40% 的肠杆菌和 18% 双歧杆菌（*Bidobacterium*）菌株,能使联苯胺亚硝基化。此外,尚有假单胞菌及隐球菌属（*Cryptococcus*）,曾经研究此两类菌的无细胞抽提物,可以将联苯胺与亚硝酸转化生成亚硝基联苯胺。虽然亚硝胺亦可通过非生物学途径产生,但必须重视研究其微生物学形成过程。

9. 腐殖质

腐殖质（humus）是一类复杂的大分子有机质,相对分子质量从几百到几千,对它的确切结构与成分至今未明。它主要存在于土壤中,对土壤肥力的发生与发展具有重要作用;然而,水体中的腐殖质却被视作污染物质。由于腐殖质污染水体,使自来水厂生产增加困难;而且现已查知,腐殖质是生成某些致突变物质的前体,源水中含腐殖质愈多,其经自来水厂加氯处理后的饮用水中生成的致突变物亦愈多。

一般将土壤腐殖质分为 3 个组分:①腐殖酸（humie acid）,是腐殖质中先溶入稀碱而后在酸中沉淀的部分;②灰黄霉酸（fulvic acid）,经碱液萃取后,在酸中不沉淀的组分;③腐黑物（humin）,系不能溶于碱亦不溶于酸的腐殖质组分。

腐殖质的形成过程虽尚未定论,但学者一致认为,微生物在腐殖质形成中起着不可缺少的重要作用。目前关于其形成有 4 种假说:①植物变质假说。植物残体中抗微生物分解的组分,如木质化组织稍加改变成为腐殖质;②化学聚合作用假说。微生物将植物物质降解为小分子化合物,在微生物活动下也生成酚和氨基酸,以上组分被氧化和聚合为腐殖质;③细胞自溶假说。腐殖质是植物和微生物死后的自溶产物经缩合和聚合生成;④微生物合成假说。微生物利用植物物质作营养在其体内合成高分子腐殖质,微生物死后将其释出,在环境中降解为腐殖酸和灰黄霉酸。可见,上述 4 种假说均与微生物有关。当然,在腐殖质形成中不排除物理和化学的作用。

10. 农药代谢的毒性产物

农药是具有毒性的。微生物降解或转化农药,生成非毒性物质从而消除或减少了土壤等环境中农药残毒危害的可能途径。然而,另一方面,在特定条件下,微生物也可能将农药代谢转化形成新的毒物。这样,环境中除了存在原来一种农药外,又可能增加其他的一种或几种毒物。有的生成物的毒性可能比原农药更强,也更难为微生物降解;又有一些产物,不仅可作用于原来所抑制或毒害的生物种群,甚至作用于更为广泛的包括人类在内的生物,造成更大的危害。

①稻瘟醇杀菌剂是一种高效低毒农药,但其微生物代谢产物三氯苯甲酸和四氯苯甲酸的毒性很大,且在土壤中又很稳定。

②2,4,5-T 的致畸性,是由于微生物转化它生成了 2,4,5-三氯酚的二噁英所致。

③DDT 在微生物作用下,可生成比它少一个氯原子的 DDD。DDD 也是杀虫剂,可是它比 DDT 更稳定、更难降解,而且毒性也更大。从海水与污泥中分离到的许多细菌均能将 DDT 转化生成 DDD。

④艾氏剂可被微生物环氧化,所生成的狄氏剂亦能杀虫,也不易降解;另有几种细菌能代谢狄氏剂,形成一种毒性更强的物质,即光化狄氏剂,在土壤中虽经数年亦不变。

⑤毒性很低的偶磷基硫盐 $[RO_2P(S)OX]$ 和硫醚($—C—S—C—$),经微生物活化后,前者会变成 $RO_2P(O)OX$,后者变为亚砜 $[—C—S(O)—C—]$ 或砜 $[—C—S(D)—C—]$。这些活化后产物的毒性,可能比原始物质强10000 倍。

⑥原来对某些生物有毒性,经微生物转化后而对另一些生物致毒,如某些抑制真菌生长的植病药剂,转变成人类的癌源物质。

11. 气味代谢物

气味是环境质量评价中一项常用的指标,它可作为一种早期报警物,说明环境中的潜在毒物可能已达到有害浓度。环境中,特别是供水系统中,不良嗅味的存在是生物学家、水处理厂操作者及公共卫生学家都很关心的一个老问题。世界上许多城镇,以河流、湖泊、水渠、港口水等为水源者,其饮水中常产生不良气味的危害。这类气味不仅使大气或水的感官性状恶化,而且可能被水生生物吸收并蓄积于体内。淡水鱼体吸收的这类气味,甚至在烹调煮熟后亦还存在。因此,气味物质可直接影响一个地区的经济收益。

(1)产生气味代谢物的微生物

环境中的气味主要来自工业生产以及由微生物代谢作用所产生。曾经报道过各种不良气味,如土腥味、霉味、垃圾味、鱼腥味、粪臭味、药品味和煤油味等等。

产生气味的微生物有细菌、放线菌、真菌及微小藻类(表 3-7)。水生放线菌诸如小单孢菌属、诺卡菌属、链霉菌属等常产生气味物。特别是链霉菌属中的许多菌种,可生成多种挥发性代谢物。这类异养菌在土壤中无处不有,在河流与湖泊的浅底淤泥中亦大量存在。花园土壤与某些蔬菜中的土腥味就是由于放线菌产生的气味代谢物所致。

表 3-7　主要气味化合物及其产生微生物

化合物	气味	微生物
土腥素	土味	链霉菌属
		小单孢菌属
		卷曲鱼腥藻
		颤藻属
		藓生束藻
		微囊藻属
		束丝藻属
2-甲基异莰醇-[2]	樟脑/薄荷醇味（土霉味）	链霉菌属
		马杜拉放线菌属
		束丝藻属
6-戊基-吡喃酮	椰子味	绿色木霉
2-异丙基-3-甲氧吡嗪	土豆味	链霉菌属
正庚醇	黄瓜味或西瓜味	黄群藻
6-乙基-3-异丁基-2-吡喃酮	土霉味	链霉菌属
1-苯基-2-丙酮		普拉特链霉菌
2-苯基乙醇		普拉特链霉菌
5-甲基-3-庚酮		肉桂色链霉菌

　　已报道能产生土腥味的藻类有蓝藻（蓝细菌），如卷曲鱼腥藻（*Anabaena circinalis*）、弱细颤藻（*Oscillatoria tenuis*）及其他颤藻、藓生束藻（*Symploca muscorum*）、鞘丝藻属（*Lyngbya*）、微囊藻属（*Microcystis*）及束丝藻属（*Aphani zommenon*）中的藻种。藻类中的黄群藻（*Synura petersenii*）能产生鱼与黄瓜气味。真菌中的绿色木霉（*Trichoderma viride*）产生椰子气味。此外，还报道有美丽星杆藻（*Asterionella formosa*）、颗粒直链藻（*Melosira granulata*）等藻种。

　　（2）气味代谢物的化学本质

　　19 世纪以来对生物学来源的气味代谢物的化学本质的研究，取得了很大的进展。上面提到的，众多放线菌所能产生的土腥味物质中，主要的一种已经分离出来，并定名为 geosmin（土腥素）。这是一种透明的中性油，结构式见图 3-5。

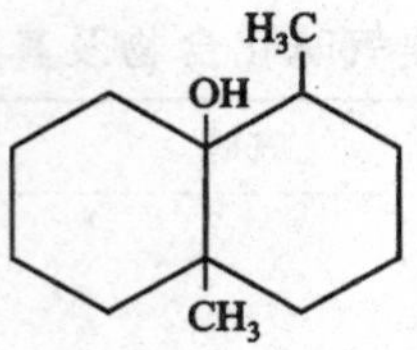

图 3-5 土腥素的结构

土腥素嗅阈值极低,为 0.2mg/L 或更小。相对分子质量182。因土腥素而引起的气味问题几乎遍及世界各地。旺盛生长过链霉菌及蓝藻的培养液中可以提取得到土腥素;在含有土霉味的鱼肉中也可得到,其在鱼肉中的味阈值为 $0.6\mu g/100g$ 鱼肉。

另一种挥发性的,樟脑倩荷醇气味的化合物,鉴定为 2-甲基-异莰醇,可由几种链霉菌、一种马杜拉放线菌(*Actinomadura*)、蓝藻中的两个种所产生。分子式为 $C_{11}H_{20}O$,相对分子质量 168,为白色固体结晶,嗅阈值为 0.1mg/L。

其他引起环境污染的,较为简单的微生物气味代谢物有丁酸及其他脂肪酸、醛、醇、脂、胺、硫化氢及其他含硫化合物。

影响气味生成的环境因素有营养、通气、pH 与温度,这些条件如果适宜可刺激某些微生物的旺盛生长,使其气味代谢物相应增多。

(3)气味物质的生物代谢

对于气味物质的生物代谢研究尚少。一项应用蜡样芽孢杆菌的试验表明,当菌体浓度为 $10^5 \sim 10^6$ 细胞/mL 时,可以转化或破坏培养液中 86% 的土腥素。

微生物降解莰酮要经过各种类萜内酯阶段,微生物不同,其化学物质亦不同。由于气味物 2-甲基异莰醇的结构与莰酮相似,估计其生物代谢途径亦相同。又曾报道,一株恶臭假单胞菌(*Pseudomonas putida*)能氧化 2-甲基异莰醇,但速度极慢。

(4)气味物质的去除

虽曾用过各种方法以去除供水系统中的气味物质,但成效甚微。O_2、Br_2、Cl_2、$KMnO_4$ 等都没有作用,加氯甚至可能加剧某些气味。ClO_2 对去除未经处理的污水中气味虽有一定效果,但对于经过氯化处理的水所需用的 ClO_2 量是未经氯化的水的 5 倍,同时,有些氯化物质属于潜在危险物。至目前为止,认为最好的去除气味物的方法是活性炭吸附法,然而所需费用极高。因此,从经济学观点来看,只应该局限在气味产生阶段使用。

12. 材料的霉腐与损害

许多材料部分或全部为有机质组成,当其在湿热气候条件下时,容易受到环境中微生物的侵蚀引起生霉、腐烂、腐蚀、老化、变形与破坏,即使是无机物如金属、玻璃等也可因微生物活动而发生腐蚀与变质等危害。

能为微生物损害与破坏的材料极其广泛,涉及各种部门与行业,但凡工矿企业、交通运输、宇航物资、精密科研仪器以至日常文化与生活用品无所不及。具体材料包括有,纤维(纸品、织品)、木材、毛皮、油漆、石油制品、橡胶、塑料、玻璃、水泥、金属以及电子元件等。它们在贮存或使用过程中受到微生物侵蚀,使产品的品质、性能、精确度、可靠性等受到严重损坏,常给国民经济带来巨大的损失。因此,研究材料劣化的发生发展规律并寻求防治对策至为重要,这已发展成一些相应的分支学科,如木材防腐学,材料防护生物学等。

(1)微生物引起材料破坏的作用与途径

表 3-8 中一、二可视作微生物对材料的直接作用,三为间接作用。

表 3-8　微生物破坏材料的作用

作用	举例
一、对材料起化学作用	
1. 被微生物用作食物	①纸品为纤维分解菌所分解
	②食物、奶品的酸败
	③切削油变质
	④损坏衣服与住宅
2. 为微生物代谢产物所作用	①硫杆菌属产生无机酸使金属腐蚀
	②微生物释放氨及硫化氢
	③产生有机酸
3. 电化学腐蚀	硫酸还原细菌破坏金属
二、对材料起物理作用	①燃料管道及污水滤器被微生物团块所阻塞
	②铁细菌等产生氧化铁、氧化锰沉淀而使水管堵塞
三、对有关物质作用而导致材料变质	①防护层的破坏
	②合成聚合物添加剂的降解
	③腐蚀抑制剂的失效

微生物可以通过直接作用和间接作用使材料劣化变质。直接作用包括微生物将材料当做营养从而使之破坏的作用,微生物将其代谢物释放至环境中因而使材料受损(如产酸、产 H_2S 使铁管腐蚀),以及微生物菌块或微

生物产生一些沉淀物使材料阻塞的机械破坏作用。间接作用指由于微生物破坏了其他物质而对材料不利的作用。例如,人工合成的高分子聚合物如塑料,其本身为抗微生物侵袭的,但由于微生物使其中增塑剂发生变化,从而导致塑料变质。

(2)破坏材料的微生物

①木材。木材腐朽菌包括相当大的一群微生物,据 1969 年的统计共有 53 个属 496 个种、大多属于担子菌的多孔菌目。如多孔菌属(*Polyporus*)、卧孔菌属(*Poria*)、层孔菌属(*Fomes*)等。

②皮革。有几种微球菌属菌种如藤黄微球菌、玫瑰色微球菌等可引起生皮的红斑或紫斑。枯草芽孢杆菌、巨大芽孢杆菌、炭疽芽孢杆菌、铜绿色假单胞菌、短小芽孢杆菌等可在皮革浸渍过程中引起穿孔。另有一些霉菌如青霉、曲霉中的某些种可使皮革成品受损或引起色斑。

③橡胶。镰孢霉属、穗霉属、枝孢霉属等霉菌,细菌及放线菌中的许多种链霉菌可生长埋于土壤中的橡胶上,有的可使橡胶穿孔。在空气中橡胶上生长有多种微生物如曲霉、青霉及交链孢霉,亦有放线菌。

④油漆。曾报道的有青霉、曲霉、枝孢霉、交链孢霉、镰孢霉等霉菌,亦有一株细菌为海水黄杆菌(*Flavobacterium marinum*)。

⑤塑料。数种曲霉与青霉、木霉、交链孢霉可作用于增塑剂。橘青霉及茎点霉属(*Phoma*)只在聚氨酯塑料表面生长。黑曲霉、镰孢霉及头孢霉(*Cephalosporium*)可稍侵入塑料内部,而匍柄霉属(*Stemphylium*)可穿入其内部。在矿井中塑料运输带上可生长某些曲霉、青霉、木霉、镰孢霉、轮枝孢霉(*Verticillium*)。

⑥玻璃。曾报道黑曲霉、局限曲霉(*Aspergillus restrictus*)、灰绿曲霉(*Asp. glaucus*)、青霉、葡萄穗霉(*Stachybotrys atra*)等。即使干燥的透镜、棱镜、反射镜上也有霉菌生长,致使玻璃表面腐蚀。

⑦金属。地下水管可因微生物活动引起腐蚀与堵塞。

在厌氧条件下硫酸还原细菌(*sulfate-ruducing bacteria*,SRB)将 SO_4^{2-} 还原生成 H_2S,与铁在水中氧化而生成的 Fe^{2+} 起作用,形成 FeS 和 $Fe(OH)_2$,这是造成铁管锈蚀的主要原因,这个过程称为铁的无氧锈蚀(anaerobic corrosion of iron)。具体步骤如下:

第一步　$Fe^{2+} + 2H_2O \longrightarrow Fe(OH)_2 + H_2$　　　(自发生成)

第二步　$4H_2 + SO_4^{2-} \longrightarrow H_2S + 2OH^- + 2H_2O$　(SRB,如:脱硫脱硫弧菌)

第三步　$H_2S + Fe^{2+} \longrightarrow FeS + H_2$　　　　　(自发生成)

总反应式　$2Fe^{2+} + SO_4^{2-} + 2H_2 \longrightarrow FeS\downarrow + Fe(OH)_2\downarrow + 2OH^-$

在渗有海水的土壤中因其硫酸盐含量高,这种腐蚀作用就更强,没有防护的水管几年就可被破坏。

在有氧情况下,硫氧化菌生活可产生硫酸,这种强酸对铁、铜、锌和混凝土等均具腐蚀作用。如硫酸对混凝土地下水管的腐蚀:

$$H_2SO_4 + Ca(OH)_4 \longrightarrow CaSO_4 + 2H_2O$$

硫酸钙是一种松软、膨胀、没有任何结合能力的化合物,很容易剥脱,从而使地下水管寿命缩短。

铁和锰氧化菌可使溶解性的铁与锰转化成铁与锰的沉淀物,使水呈褐色或黑色,并有金属味,此种沉淀物附着管壁上,引起供水阻塞。

有关金属腐蚀与阻塞的主要菌类及其性状见表 3-9。

表 3-9　金属腐蚀的主要微生物及其性状

微生物	需氧情况	影响环境的化合物	主要产物	环境	活性最大时的 pH	最适温度 25℃～30℃(高温型为55℃～65℃)
硫酸盐还原菌,如脱硫脱硫弧菌	厌氧	硫酸盐,硫代硫酸盐,亚硫酸盐,连二硫酸盐	硫化氢	淡水,海水,流出物,泥浆,油井,土壤,地下水及码头	6～7.5(极限5～9)	18℃～37℃(系极限温度)
硫氧化细菌,如氧化硫硫杆菌	好氧	硫,硫化物,硫代硫酸盐	硫,硫酸盐,硫代硫酸盐,硫酸	流出物,泥浆,污水,土壤,河水,海水	0.5～7	环境温度
铁氧化细菌,如氧化亚铁亚铁杆菌	好氧	黄铁矿(FeS₂)	$FeSO_4$ 或 $Fe_2(SO_4)_3$	黄铁矿为主的土壤,矿山	1.4～7	24℃(极限5℃～40℃)
铁细菌,如纤发菌属	好氧	碳酸铁,碳酸氢铁,碳酸锰	氢氧化铁亚	含有有机质和溶解铁的静止或流动的水	4～10	27℃
硝酸盐还原菌,如反硝化微球菌	兼性,当有硝酸盐存在时不需要氧气	硝酸盐	硝酸盐,氨	土壤,含有机质及硝酸盐的水	中性至微碱性	最适温度25℃～30℃(高温型为55℃～65℃)

　　⑧铝合金。原来认为铝合金是最耐腐蚀的材料。现研究获知,有一株霉菌——树脂枝孢霉(*Cladosporium resinae*)能使铝合金在短期内腐蚀。该菌系一种石油降解菌,曾多次在喷气机油中分离得到。

　　⑨其他。

　　煤气工业中,由于硫酸还原菌如脱硫脱硫弧菌和梭状芽孢杆菌属细菌等厌氧微生物可能积存在气柜水封的底部,因其产生硫化氢而使煤气质量下降。

　　氧化硫硫杆菌和蚀固硫杆菌(*Thiobacillus concretivorus*)产生的硫酸可使混凝土建筑破坏。有些发电站的冷却塔因为微生物此种破坏作用而不安全。

　　贮油桶或其他贮油处所,油-水界面处可生长某些石油微生物,包括霉菌和细菌。霉菌菌丝堵塞喷气机油料粗滤器,可造成动力损失与危害;微生物生长也可能阻塞油井岩孔,影响石油采收;金属切削油的润滑性也可因生长了微生物而降低;音像器材中的磁带、光盘也可遭到霉菌的侵蚀。

第4章 微生物对污染物的降解与转化

随着现代化工业的不断发展,环境中的污染物已达数万种。大部分是有机物,如农药、石油、氰化物、洗涤剂等;其次是无机物,如铬、铅、汞等重金属及氟、酸碱等;还有垃圾、废渣等固体废气污染物。因此,人类面临的处理污染物的工作是非常巨大而艰难的。从 20 世纪 60 年代人们就致力于研究微生物降解工作,事实证明,微生物的降解与转化是人类安全、有效、低成本清除有害物质的有效途径。

4.1 有机污染物的生物降解性

4.1.1 可生物降解性

在现代环境工程中,以微生物为代表的生化法处理技术的实质是微生物对有机污染物质的生物降解。可生物降解性是指化合物被生物降解可能性及难易程度。根据微生物对有机物降解能力的大小,可将有机物分为易生物降解、难生物降解以及不可生物降解三类。

1. 易生物降解性物质

易降解的物质是指能迅速被微生物所降解的有机物。主要包括蛋白质、脂类、糖类、核酸等生物代谢过程中产生的物质以及生物残体。

2. 难生物降解性物质

这类物质能被微生物所降解,但时间较长。主要包括农药、纤维素、石油烃类等工农业活动中排放的有机污染物。

3. 不可生物降解性物质

在相当长的时间内都不能被降解的某些高分子合成的有机物。主要包括塑料、尼龙等。

4.1.2 有机污染物的生物降解

自然界中,动物、植物和微生物都能分解各种有机物,特别是微生物能通过它的代谢活动,发生氧化还原、脱羧基、脱氨基、加水分解、脱水、酯化等种种反应。因此,自然界化学物质的降解虽然常是上述三种方式综合交叉进行的,但其中与微生物降解作用的关系最大。

微生物通过它的代谢活动表现出在环境中的生物化学降解转化作用主要有以下几方面。

1. 氧化作用

(1)醇的氧化

如乙醇可由醋化醋杆菌的代谢作用转化为乙酸。

(2)醛的氧化

如乙醛可由铜绿假单胞菌的代谢作用转化为乙酸。

(3)NH_3 的氧化

NH_3 可由亚硝化单胞菌属等转化为 NO_2^-。NO_2^- 在有 DO 的条件下,可以由硝化杆菌属的代谢作用转化为 NO_3^-。

此外,还有如甲基的氧化、铁的氧化、硫的氧化等,都属于微生物降解的氧化作用。

2. 还原作用

(1)乙烯基的还原

如延胡索酸→琥珀酸,可由 *Escherichia coli* 进行。

(2)醇的还原

如乳酸→丙酸,由 *Clostridium propionicum* 进行。

(3)HNO_3 的还原

如许多土壤微生物可进行将 NO_3^- 转化为 NH_3 的反应。

(4)H_2SO_4 的还原

如 H_2SO_4 可由脱硫弧菌代谢作用转化为 H_2S。

(5)对硫磷的还原

杀虫剂对硫磷转化为氨基对硫磷,如图 4-1 所示。

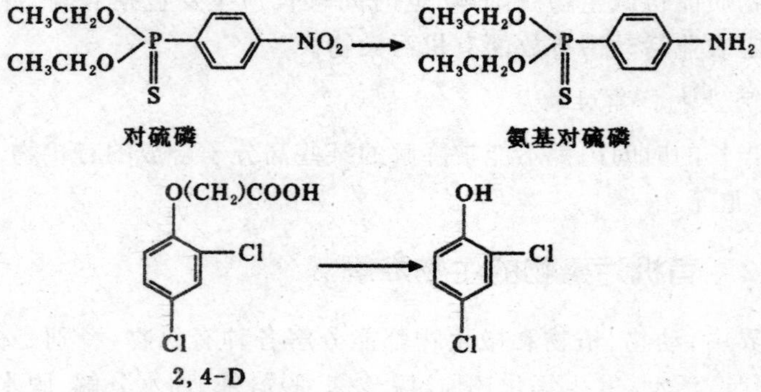

图 4-1　农药的还原作用

3. 去甲基化作用

许多杀虫剂含有甲基或其他烷基,而且有时会与 N、O 和 S 相连,在微生物作用下可脱去这些基团,从而使其无毒化。例如,敌草隆在微生物的作用下,依次脱去两个 N 甲基,变为无毒化合物,其过程如图 4-2 所示。

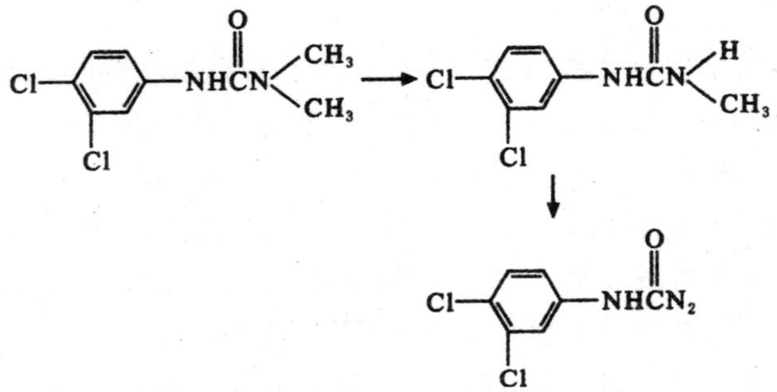

图 4-2　敌草隆的去烷基作用

4. 脱羧作用

微生物通过脱羧基作用可以降解有机酸分子,连续的脱羧基反应可以使有机酸得到彻底的降解。如琥珀酸在戊糖丙酸杆菌的作用下脱羧,可转化为 CH_3CH_2COOH。

5. 水解作用

水解作用是一种最常见的生物代谢作用,许多微生物可通过水解作用将有机物大分子污染物降解转化为小分子化合物。如在微生物的作用下,酯键或酰胺键的水解,使得毒物脱毒。

例如,有机磷农药马拉硫磷(图 4-3)在羧酯酶的作用下,水解成一酸或二酸。

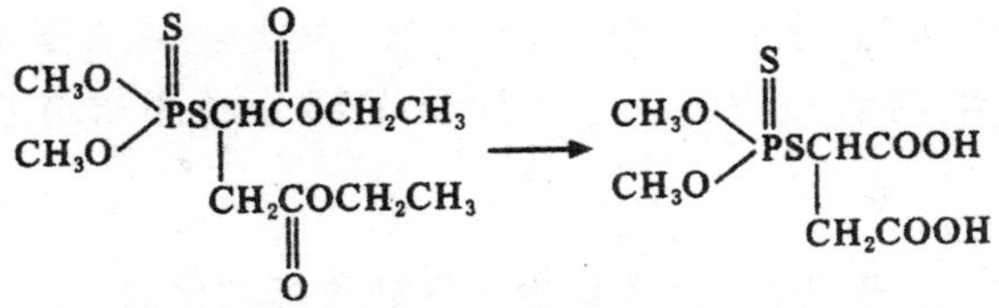

图 4-3　马拉硫磷的水解作用

6. 脱氨基作用

带有—NH_2 的有机物需要先脱去氨基再进一步被降解。如微生物的脱氨基作用将除草剂醚草降解成对植物无害的产物。

此外,还有酯化作用、脱水反应、氨化反应等。以上各种微生物的化学作用,只有众多生物降解转化作用的代表,都是在微生物代谢过程中表现出来的,它们的实质都是酶反应。

4.1.3 有机污染物生物降解性的测定方法

1. 测 BOD_5 与 COD_{cr} 之比

BOD 是废水中可生物降解的那部分有机物在微生物作用下,氧化分解所需的氧量,BOD_5 为五日生化需氧量,它相当于比较容易被异养微生物分解利用的有机物量。COD 是有机物在化学氧化剂作用下,氧化分解所需的氧量。当采用重铬酸钾作氧化剂时,除一部分长链脂肪族化合物、芳香族化合物和吡啶等含氮杂环化合物不能氧化外,约 80% 以上的有机物能被氧化。所以,COD_{cr} 常被近似地当做废水中全部有机物。

根据 BOD_5 与 COD_{cr} 比值的大小,可推测废水的可生物降解性。一般情况下,BOD_5/COD 值越大,污水的可生化性越强,具体评价标准参照表 4-1。

表 4-1　污水可生化性评价标准

BOD_5/COD	<0.3	0.3~0.45	>0.45
可生化性	难生化	可生化	易生化

由于 BOD_5/COD 数据的获得相对比较方便、快捷,虽然有一定的误差,但该方法仍然被普遍应用。

2. 测定生物氧化率

用活性污泥作为测定用微生物,单一的被测有机物作为底物,在瓦氏呼吸仪上检测其耗氧量,进而与该底物完全氧化的理论需氧量相除,即可求得被测化合物的生物氧化率。表 4-2 列出了部分经测试有机物的生物氧化率。

表 4-2　污水可生化性评价标准(%)

甲醛	二甘醇	苯	乙二胺	乙酸乙烯酯	二癸基苯二甲酸
53	5	24	24	34	1

如果除底物不同外其余测定条件完全相同,则测得的生物氧化率的大小,在一定程度上可反映这些化合物的生物降解性的差异。

3. 测呼吸线

所谓呼吸曲线，指的是耗氧量随时间变化的曲线，即基质的耗氧曲线。为了评价基质的可生物降解性，常把活性污泥微生物对基质的生化呼吸线与其内源呼吸线相比较。

当活性污泥微生物处于内源呼吸时，利用的基质是微生物自身的细胞物质，其呼吸速度是恒定的，耗氧量与时间的变化呈直线关系，这称为内呼吸线[①]。当供给活性污泥微生物外源基质时，耗氧量随时间的变化是一条特征曲线，称为生化呼吸线。把各种有机物的生化呼吸线与内呼吸线加以比较时，可能出现如图 4-4 所示的三种情况：

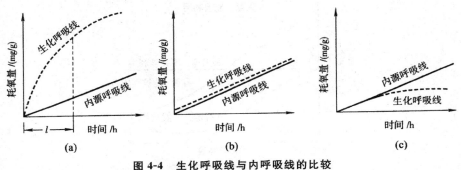

图 4-4　生化呼吸线与内呼吸线的比较

(1)生化呼吸线位于内呼吸线之上

说明该有机物或废水可被微生物氧化分解。两条呼吸线之间的距离越大，该有机物或废水的生物降解性越好（见图 4-4a）。

(2)生化呼吸线与内呼吸线基本重合

表明该有机物不能被活性污泥微生物氧化分解，但对微生物的生命活动无抑制作用（见图 4-4b）。

(3)生化呼吸线位于内呼吸线之下

说明该有机物对微生物产生了抑制作用，生化呼吸线越接近横坐标，则抑制作用越大（见图 4-4c）。

4. 测定相对耗氧速率曲线

耗氧速率，就是单位生物量在单位时间内的耗氧量。生物量可用活性污泥的质量、浓度或含氮量来表示。如果测定时生物量不变，改变底物浓度，便可测得某种有机物在不同浓度下的耗氧速率，把它们与内呼吸耗氧速率对比，就可得出相应浓度下的相对耗氧速率，据此可作出相对耗氧速率

---

① 王家玲．环境微生物学．北京：高等教育出版社，2004．

曲线。

以有机物或废水浓度为横坐标,以相对耗氧速率为纵坐标,所作的不同物质(或废水)的相对耗氧速率曲线可能有图4-5所示的4种情况:①表明基质无毒,但不能被活性污泥微生物所利用;②基质无毒无害,可被活性污泥微生物降解,在一定范围内相对耗氧速率随基质浓度增加而增加;③表明基质有毒,但在低浓度时可生物降解,并随基质浓度的增加,相对耗氧速率可逐渐增加,超过一定浓度后相对耗氧速率逐渐降低,说明生物降解逐渐受到抑制,当到了活性污泥微生物忍受的限界浓度时,对外源底物的生物降解已完全被抑制;④表明基质有毒,不能被微生物利用。

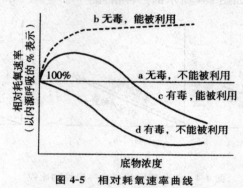

图4-5 相对耗氧速率曲线

5. 培养法

通常采用生物处理的小模型,接种适量的活性污泥,对待测废水进行批式处理试验。测定进水、出水的 BOD_5、COD_{cr} 等水质指标,观察活性污泥的增长,镜检活性污泥生物相。根据测试结果可作出废水可生化性的判断。

除上述方法外,还可通过测定活性污泥与废水(或污染物)接触前后活性污泥中挥发性物质的变化、脱氢酶活性的变化、ATP量的变化等方法来评价生物降解性。

在上述诸多测定方法中,作为生物降解菌种源的活性污泥性状,是否经过驯化或驯化的程度如何等,对生物降解性的测试结果有很大影响。表4-3所示为部分化合物的5天生物氧化率,可见活性污泥驯化与否的测试结果有较大的差别。这说明,通过驯化有可能大大提高活性污泥降解污染物的能力。另外,要求在对测试结果的应用和取各家数据加以比较时,要多作具体分析,慎重地应用。

表 4-3　活性污泥驯化与否对生物氧化率测试结果的影响

化合物	5 天生物氧化率/（%）	
苯	未驯化	驯化
甲苯	24	58
二癸基苯二甲酸盐	53	73
二乙己基苯二甲酸盐	1	7
乙基己基丙烯盐	0	13
化合物	0	9

4.2　影响微生物降解与转化的因素

4.2.1　化学结构

污染物质的化学结构对生物降解性影响很大。通常,结构简单的较复杂的易降解,相对分子质量小的较相对分子质量大的易降解。有些物质在化学结构上十分相似,但可生物降解难易程度差别很大。如 ABS 型洗涤剂是带碳侧链的烷基苯磺酸盐,LAS 型洗涤剂是直链烷基苯磺酸盐。两者在化学结构上差异不大,但 ABS 不能被微生物降解,而 LAS 可生物降解性则大为提高。归纳起来,污染物质化学结构对生物降解性的影响,主要有以下几点规律。

1. 取代基的种类、位置、数目

对污染物质的可生物降解性影响很大。试验证明,易于被微生物降解的化学基有羟基、硝基、碳侧链、氯取代基等。对于有两个取代基的苯化合物,间位异构体往往微生物降解更差。对于脂肪烃、羟基和羧基等取代基的数目越多,微生物降解越容易。但是,卤素取代基越多,有机物对生物降解的抗性越强。例如,羟基或胺基取代苯环上的氢原子后,苯系物的降解性有所提高;而卤代的结果是生物降解性下降。土壤微生物对若干单取代基苯化物的分解能力见表 4-4。

表 4-4　土壤微生物对单个取代基苯化合物的分解

化合物	取代基	降解时间/d
苯酸盐	—COOH	1
酚	—OH	1
苯胺	—NH$_2$	4
苯甲醚	—OCH$_3$	8
苯磺酸盐	—SO$_3$H	16
硝基苯	—NO$_2$	＞64

2. 分子结构和大小

结构简单的有机物一般先降解,结构复杂的后降解。相对分子质量小的有机物比相对分子质量大的易降解。这是因为大分子物质须经胞外酶将其降解为小分子物质才有可能进入细胞内被彻底分解。聚合物和复合物分子抵抗生物降解的主要原因是微生物的作用酶不能靠近并破坏化合物分子内部敏感的化学键。

3. 碳链长度和饱和度

对于烃类降解,长链(C_{10}~C_{20})脂肪烃比短链脂肪烃($<C_{10}$)容易降解;饱和烃比不饱和烃易降解;直链烃比支链烃易降解;一般情况下,环烃中环的数目越多越难降解。

4. 主链上取代基团

取代原子可以决定污染物抗生物降解能力的大小。有机化合物主链上的碳原子被其他元素取代会增加生物降解的难度。氧原子取代物的抗生物降解能力最强,如醚类很难被生物降解。其次为硫原子取代物和氮原子取代物。

具有被取代基团的有机化合物,其异构体的多样性可能影响生物的降解性。如伯醇、仲醇非常容易被生物降解,而叔醇则能抵抗生物降解。一般情况下,有机物碳支链对代谢作用有一定影响,支链愈多,愈难降解。这是因为微生物的酶须适应链的结构,在其分子支链处裂解。如叔碳化合物有一对支链,就要将分子作多次裂解,故而使降解过程减慢。苯环与烷基的或脂肪酸的连接方式对生物降解作用的影响见图 4-6。

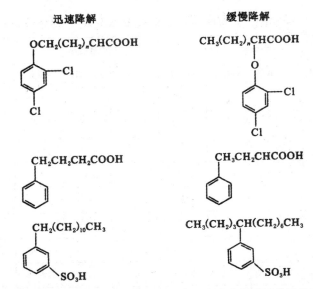

图 4-6　苯环与烷基的或脂肪酸的连接方式对生物降解作用的影响

　　此外,链烃比环烃易被降解;直链化合物比支链化合物易被降解;苯环越多越难降解,一般来说三环的蒽、菲、苊烯以及四环的芘再好氧条件下容易降解,其他四环和五环的 PAHs 难降解(图 4-7);不饱和脂肪族化合物(如丙烯基和羰基化合物)一般是可以降解的,但有的不饱和脂肪族化合物(如苯代亚乙基化合物)有相对不溶性,会影响它的生物降解程度。

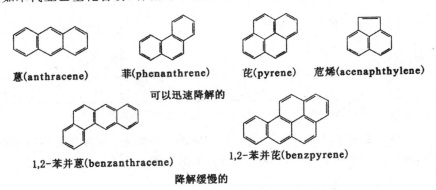

图 4-7　多环芳烃在土壤中的相对降解速率

表 4-5 总结了土壤微生物对双取代基苯化物降解之难易度。

表 4-5　土壤微生物群对不同取代基苯化物分解之难易程度

第二取代基 基团	位置	第一取代基 $-COOH$	$-OH$	$-NO_2$	$-NH_2$	$-OCH_3$	$-SO_3H$	$-Cl$	$-CH_3$
$-COOH$	o	2	2	8	2	4	>64	>64	16
	m	8	2	>64	>64	16	>64	32	2
	p	2	1	4	8	2	>64	>64	8
$-OH$	o		1	>64	4	4		>64	1
	m		8	4	>64	16		>64	1
	p		16		8	32		16	1
$-NO_2$	o			>64	>64	>64	>64	>64	>64
	m			>64	>64	>64	>64	>64	>64
	p			>64	>64	>64	>64	>64	>64
$-NH_2$	o				>64	>64	>64	>64	>64
	m				>64	>64	>64	>64	8
	p				>64	>64	>64	>64	4
$-OCH_3$	o					8			
	m					32			
	p					8			
$-SO_3H$	m						>64		
	p							16	24

注:1. o—邻位,m—间位,p—对位;2. 表中数字越大越难降解。

　　了解有机物的化学结构对微生物降解能力的影响,可为合成易被生物降解而对环境污染较小的环境友好材料提供参考。

4.2.2　环境条件

　　环境因素包括 pH、温度、供氧条件、光照、营养、渗透压等,这些条件对微生物生长有重要影响。微生物对影响其活动的环境因素具有耐受极限,只有在耐受限度范围内的环境条件下生存,降解作用才会发生。

1. 温度

温度是微生物最重要的生存因子之一。温度支配着酶反应动力学、微生物生长速度以及化合物的溶解度等,因而对控制污染物的降解转化起着关键作用。一般来说,温度上升,降解速度加快,温度降低,降解速率下降,但有时也会出现相反的情况。

2. pH

强酸强碱会抑制大多数微生物的活性,通常在 pH＝4～9 范围内微生物生长最好。一般细菌和放线菌更喜欢中性至微碱性的环境,酸性条件有利于酵母菌和霉菌生长。氧化亚铁硫杆菌等嗜酸细菌在强酸条件下代谢活性更高。芽孢杆菌属等的细菌可在强碱环境中发挥其降解转化作用。pH 可能影响污染物的降解转化产物,例如在 pH＝4.5 时,Hg 容易发生甲基化作用。

3. 营养

微生物生长除碳源外,需要氮、磷、硫、镁等无机元素。此外,有些微生物没有能力合成足够数量的、生长所需的氨基酸、嘌呤、嘧啶和维生素等特殊有机物。要是环境中这些营养成分的一种或几种供应不够,则污染物的降解转化就会受到限制。

水作为微生物生活所必需的营养成分,也是影响降解转化的重要因素。没有水分,微生物不能生活,也就无从降解有机物或转化金属。在土壤环境中,水分还与氧化还原电位、化合物的溶解、金属的状态等密切相关,故对降解转化的影响更大。

4. 氧

微生物降解转化污染物的过程可能是好氧的,也可能是厌氧的。好氧过程需单质 O_2。对于环境中污染物的降解转化,尤其要关注的是以结合氧为电子受体的厌氧呼吸,例如由 NO_3^- 生成 NO_2^-,由 SO_4^{2-} 生成 H_2S,结果对高等生物造成危害。在氧浓度低的自然环境中,如湖泊淤泥、沼泽、水淹的土壤中,厌氧过程总是占优势。表 4-6 为呼吸方式与氧化还原电位的关系。

表 4-6　呼吸方式与氧化还原电位的关系

呼吸方式	氧化还原电位(Eh)/mV	电子受体	产物
好氧呼吸	＋400	O_2	H_2O
硝酸盐还原			NO_2^-

呼吸方式	氧化还原电位(Eh)/mV	电子受体	产物
与反硝化作用	−100	NO_3^-	N_2
甲烷产生	−300	CO_2	CH_4

5. 底物浓度

底物的浓度对其降解速率会有明显的影响。一方面,某些化合物在高浓度时由于微生物量迅速增加而导致快速降解;另一方面,某些在低浓度时易生物降解的化合物,高浓度时会抑制微生物的活性,应密切注意能沿着食物链生物放大的任何有毒有机物在环境中的存留。微生物降解有机污染物的动力学研究表明,底物初始浓度在一定范围内,随着浓度增大,反应速度加快,微生物降解为一级反应;浓度很大时,则为零级反应,反应速度与底物初始浓度无关。

4.2.3　微生物的适应——驯化

微生物的特点之一就是结构简单易变异。易变异的特性决定了微生物为了生存可以随外界环境的变化而进行改变,从而适应新环境得以生存下去。污染物的降解转化,适应是一个重要因子。通过适应过程,新的为微生物陌生的化合物能诱导必需的降解酶的合成;或由于自发突变而建立新的酶系;或虽不改变基因型,但显著改变其表现型,进行自我代谢调节,来降解转化污染物。在以上过程中,微生物群体结构向着适应于环境条件的方向变化。

驯化是一种定向选育微生物的方法与过程,它通过人工措施使微生物逐步适应某特定条件,最后获得具有较高耐受力和代谢活性的菌株。在环境微生物学中常通过驯化,获取对污染物具有较高降解效能的菌株,用于废水、废物的净化处理或有关科学实验中。

微生物自身的活性也是影响微生物生物降解的关键因素。微生物的代谢活性决定了其对污染物质降解和转化作用的高低。不同种类微生物对同一有机底物或有毒重金属反应不同。同种微生物的不同菌株反应也不同。微生物的种类组成可以决定化合物降解的方向和程度,此外,微生物的种类组成又与底物有关。当环境中存在能被这种微生物降解的污染物质,即可通过自然富集培养使该种微生物占优势。

微生物在生长速率最快的对数期,代谢最旺盛,活性最强,如果添加有毒物质,由于微生物在此时期的去毒能力最强,微生物受抑制的时间比在迟缓期添加要短得多。

4.2.4　共代谢作用

环境中的污染物常通过共代谢而获降解,尤其对一些结构复杂的有机污染物更是如此。所谓共代谢是指在某些特殊的基质中或在其他微生物参与的特定条件下,微生物降解转化原来不能利用的化合物的现象。共代谢作用在难降解污染物的分解过程中发挥着十分重要的作用,甚至占主导地位。共代谢中微生物细胞不增殖。微生物的共代谢作用有 3 种情况:

(1)基质有机物提供能源

例如直肠梭菌在有蛋白胨类物质存在时,才能降解丙体六六六。

(2)其他微生物协同作用

例如链霉菌需节杆菌的协同作用,才能降解二嗪农。

(3)相似物诱导产生酶

例如一种铜绿假单胞菌可经正庚烷诱导产生羟化酶系,然后就能将链烷烃氧化为相应的醇。

共代谢在难生物降解的化合物降解转化中将起重要的作用。在实践中,已有某些难降解的有机物,经合适的微生物的一系列共代谢作用而彻底降解。因此,在调节可生物降解性的影响因素中,不应局限于一种菌,而应投入多种,以发挥微生物的共代谢作用使污染物得以降解。

4.2.5　污染物降解或转化的产物

某些污染物的降解或转化的产物,可能是更复杂、更难降解的物质,或者毒性增加,比原始污染物更为有害。例如,在镰刀霉的作用下,除草剂敌稗的脂肪烃部分被彻底氧化分解,但芳香烃部分由于苯环上的氢原子被氯取代,可生物降解性下降,成了更难被降解的物质,同时苯环上的氨基又参与多种化学反应,生成了更复杂的、更难以降解的物质,其中包括偶氮化合物,其毒性比敌稗更大,且具致癌性。微生物可使芳香环二聚化成为更复杂的物质:

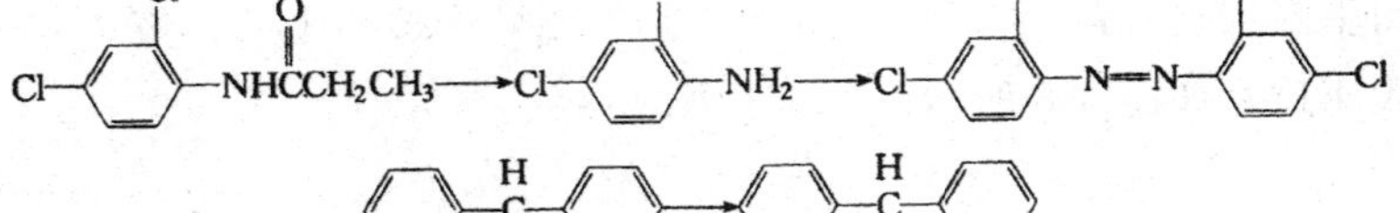

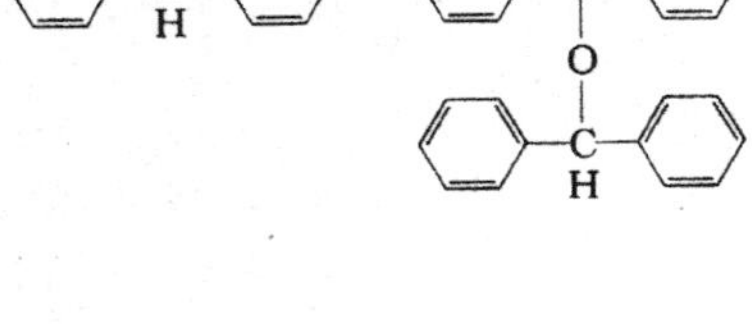

4.3 微生物对有机污染物的降解

4.3.1 微生物对烃类的降解

1. 烷烃降解

在自然条件下,烷烃可被细菌、放线曲、霉菌、酵母菌等微生物降解。微生物对一般的烷烃分解的过程是逐步氧化,生成相也的醇醛酸,经 β-氧化后进入三羧酸循环生成 CO_2、H_2O。

CH_3COOH 在微生物代谢中被分解为 CO_2 和 H_2O,剩下的少去 2 个 C 原子的脂肪酸经 β-氧化在脱去 2 个 C 原子,新生成的乙酸继续分解为 CO_2 和 H_2O。直至在氧参与下全部烃分解完毕。

CH_4 是最简单的烷烃,甲基营养菌能专一的以其为碳化台物,甲烷降解的过程为 $CH_4 \rightarrow CH_3OH \rightarrow HCHO \rightarrow HCOOH \rightarrow CO_2$。以 CH_4 为唯一碳源和能源的还有甲基单胞菌属(*Methylomonas*)、甲基球菌属(*Methylococcus*)等,甲烷单胞菌(*Ps. methanica*)可以同时利川甲烷作为主要基质(*primary substrate*),以乙烷、丙烷或丁烷等作为次要基质(*secondary substrate*)。将其氧化为对应的醇、醛和酸。但这些化台物都不能作为甲烷单胞菌的生长基质。

只有很少数的微生物可以支链链烷烃。带支链烷烃的降解可以通过 α-氧化、ϵ-氧化或 β-碱基去除途径进行。对季碳化合物微生物则很难降解,这类化台物只能和化学方法结合使用进行生物修复。

2. 烯烃降解

饱和直链烃较不饱和直链烃容易降解。烯烃降解时,微生物作用于甲基端或双键。甲基氧化途径是主要的降解途径。中间代谢物为不饱和醇和不饱和脂肪酸、伯醇或仲醇、甲基酮类、1,2-环氧化物和 1,2-二醇等,典型的烯烃代谢过程如图 4-8 所示。

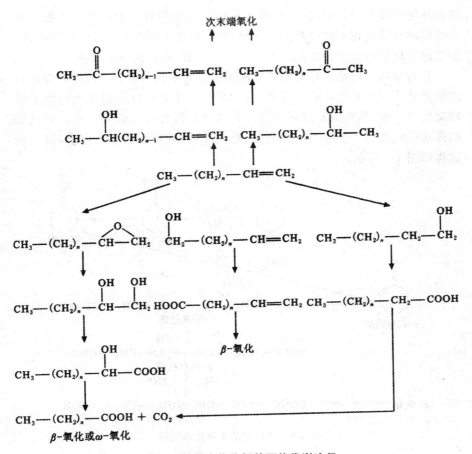

图 4-8　烯烃生物降解的可能代谢途径

3. 脂肪烃的微生物降解

　　脂烃类和其他烷烃在有氧条件下,经微生物的作用可以被氧化为烷基氢过氧化物。烷基氢又被转化为脂肪酸,在经 β-氧化而被降解。

$$RCH—CH_3 \rightarrow \{R—CH_3—CH_2OOH\} \rightarrow RCH_2COOH$$

　　在缺氧环境中,烷烃类物质的降解过程是从脱氧过程开始的,烷烃脱氢变成烯烃,烯烃再羟基化形成伯醇,而后形成酸。

$$RCH_2—CH_3 \rightarrow RCH_2{=\!\!=}CH_2 \rightarrow RCH_2—CH_2OH \rightarrow RCH_2—COOH$$

　　这时的脂肪酸如果继续处于缺氧环境,则发生还原脱羧作用;如果进入有氧环境,则发生 β-氧化。

4. 环烷烃的微生物降解

　　没有取代基的环烷烃是原油的主要成分,它对微生物的降解抗性较大,能在环境中滞留较长时间,自然界几乎没有利用环烷烃生长的微生物。但环烷烃的共代谢现象普遍存在,环烷烃被一种微生物代谢形成的中间产物。如烷醇或烷酮可以作为其他微生物的生长基质,使其进一步降解。

具有碱基取代基的环烷烃可以作为微生物生长基质。环烷烃的降解与链烷烃的次末端氧化降解途径相似,许多能氧化非环烷烃的微生物由于有较宽的专一性,也可以水解环烷烃。羟基化是降解很关键的一步。环己烷的降解代谢经历了己醇、环己酮和己酸内酯后,开环形成羟基羧酸,其反应过程如图 4-9 所示。

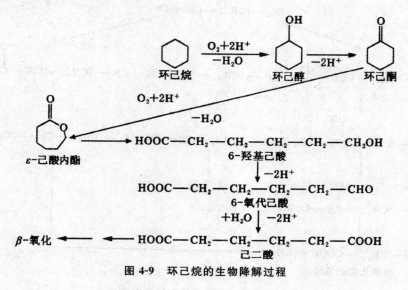

图 4-9　环己烷的生物降解过程

4.3.2　芳香族的微生物降解

1. 苯的微生物降解

(1)苯的好氧降解

具有取代烷基的芳烃化合物都有两种氧化途径:首先是苯环上的甲基或乙基氧化形成—COOH,接着脱掉—COOH,在双加氧酶作用下同时引入2 个—OH 形成儿茶酚。

儿茶酚以两种方式裂解——正位裂解和偏位裂解。正位裂解形成顺,顺-粘康酸,在环化异构酶的作用下形成粘康内脂,再进一步异构为烯醇化内脂,并水解为 3-氧己二酸。在辅酶 A 转移酶的作用下,又分裂为琥珀酸和乙酰辅酶 A,如图 4-10 所示。

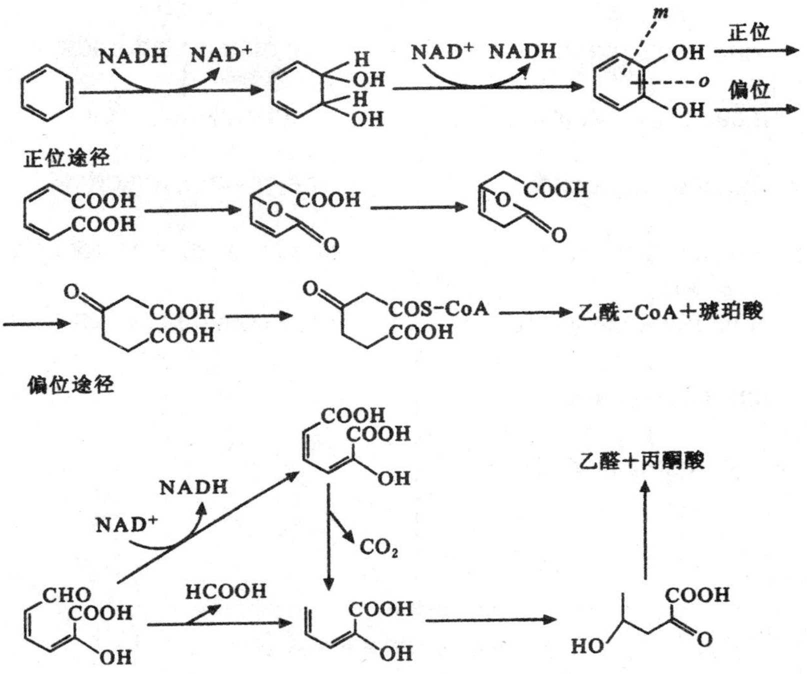

正位途径

偏位途径

图 4-10　苯的两种生物降解途径

　　偏位裂解是在羟基化碳原子与非羟基化碳原子之间裂解,形成 2-羟基粘康酸半醛。也是在双加氧酶作用下有两条路线,一条是在脱氢酶的催化下氧化为 2-羟基粘康酸,然后脱羧形成 2-羟基-2,4-戊二烯酸,另一条是在水解酶的作用下,除去甲酸直接形成 2-羟基-2,4-戊二烯酸,通过加水作用形成 4-羟基-2-氧戊酸,再在醛缩酶的作用下形成丙酮酸和乙醛,见图 4-10。

　　(2)苯的厌氧降解

　　芳香化合物的厌氧降解主要在反硝化、硫酸盐还原和产甲烷条件下进行。厌氧降解首先是苯环加氢改变苯环的稳定结构。苯环开裂后形成脂肪烃,然后再进一步通过 β-氧化进入三羧酸循环。在厌氧降解中,水作为氧源参加代谢反应,而好氧降解是以分子氧的形式参与反应,见图 4-11 和图 4-12。

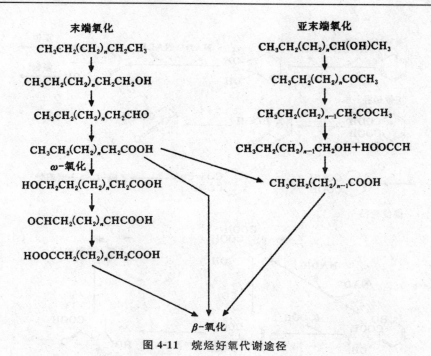

图 4-11　烷烃好氧代谢途径

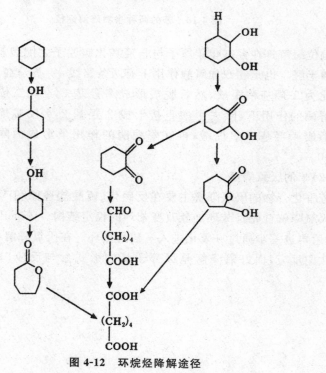

图 4-12　环烷烃降解途径

(3)芳香烃生物降解

　　燃料油中的芳香烃化合物可能带有烷基或杂原子及包括苯、甲苯、4～5
个环的化合物等。图 4-13 描述了芳香及聚合芳香化合物在好氧微生物作
用下的代谢途径。最初的氧化是在双加氧酶的作用下,结合分子氧中的两
个原子氧形成顺二羟基-醇(cis-djhydrodiol)之后,失去两个氧原子形成邻
苯二酚。邻苯二酚在邻位或间位开环,形成的中间代谢产物经中心代谢途
径分解。

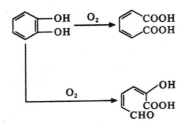

图 4-13　邻苯二酚的两种代谢途径

2. 多环芳烃的微生物降解

　　多环芳烃(polycyclic aromatic hydrocarbons,PAHs)是指分子中含有
两个或两个以上苯环的烃类。按照苯环之间的连接方式可以分为两大类:
一类是各个苯环间没有共用的环内碳原子,如联苯;另一类是各个苯环之间
发生稠合,例如萘、蒽、菲等(图 4-14)。

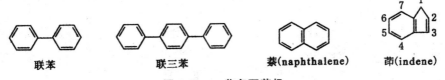

联苯　　　　　联三苯　　　　　萘(naphthalene)　　　苉(indene)

图 4-14　一些多环芳烃

　　PAHs 在自然界中分布广泛,许多 PAHs 具有很毒的致癌、致突变性,
它们可被氧化、光解和挥化,微生物也可以降解多种 PAHs。微生物降解
PAHs 采用两种代谢方式,以 PAHs 为唯一碳源和能源或与其他有机质进
行共代谢。对 3 环以下的 PAHs 类化合物,微生物一般采用第一种代谢方
式。以这种方式代谢的细菌有:气单胞菌属、芽孢杆菌属、棒状杆菌属、蓝细
菌、黄杆菌属、微球菌属、分枝杆菌属、诺卡式菌属、假单胞菌属、红球菌属。
如萘的降解途径(图 4-15)和菲的降解途径(图 4-16)。

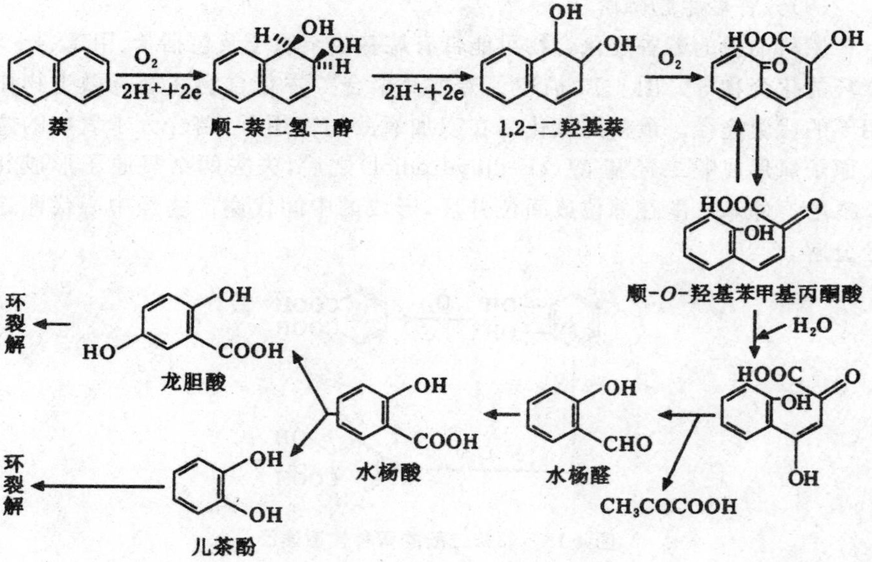

图 4-15 萘的细菌生物降解

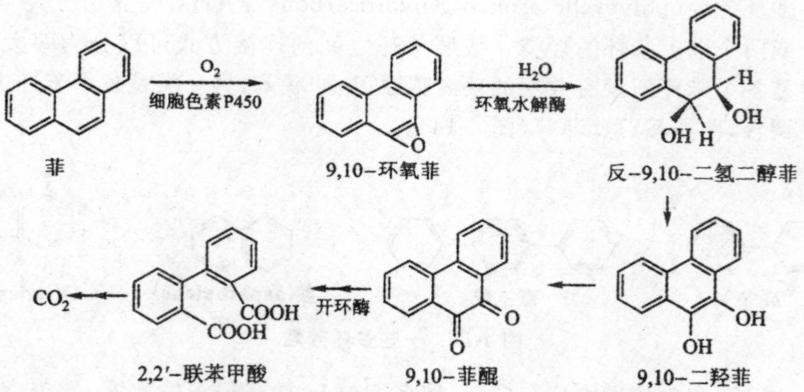

图 4-16 白腐真菌降解菲的途径

以这种方式代谢的细菌有：气单胞菌属、芽孢杆菌属、棒状杆菌属、蓝细菌、黄杆菌属、微球菌属、分枝杆菌、诺卡式菌属、假单胞菌属、红球菌属。

对 4 环以上 PAHs 的微生物降解研究极为重视。已经分离到的降解菌包括脱氮产碱杆菌、红球菌、白腐真菌、假单胞菌和分枝杆菌等。降解过程有多种途径，微生物的酶催化可发生在不同的位点。图 4-17 显示苯并 [a] 蒽降解的初始步骤。

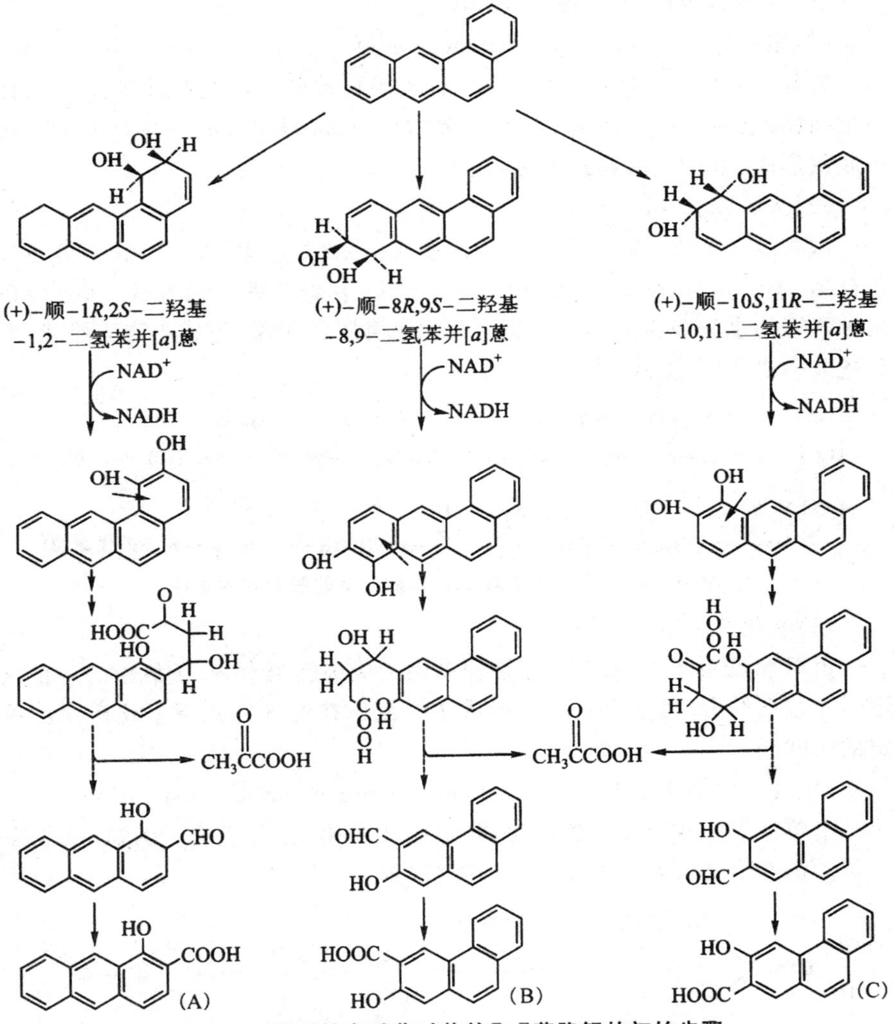

图 4-17　拜耳林克氏菌对苯并[a]蒽降解的初始步骤

从图中看出,苯并[a]蒽的分解代谢主要是在 10,11 位或 8,9 位上形成儿茶酚,继而裂解产生 2-羟基-3-菲酸（产物 B）或 3-羟基-2-菲酸（产物 C）。

4.3.3　卤代脂肪烃的微生物降解

氯代脂肪烃化合物的微生物代谢关键步骤是脱卤反应。催化这一反应的酶可以直接作用于 C—C 键,或不直接作用于 C—C 键,而和氧结合形成不稳定的中间物。

目前在好氧细菌中发现 5 种脱卤机制

（1）亲核置换（nucleophile displacement）

有谷胱甘肽转移酶（GST）参与,形成谷胱甘肽和卤代脂肪烃共价结合的中间物,最后脱卤。例如,生丝微菌（$Hyphomicrobium$）在 CH_2Cl_2 基质中脱氯形成 HCHO 就是这种方式。

（2）水解（hydrolyzation）

水解脱卤酶参与氯代脂肪烷烃的脱卤,产物为对应的醇。例如,自养黄色杆菌（$Xanthobacter\ autotrophicus$）GJ10 以 1,2-二氯乙烷为唯一碳源,在两种不同的水解脱卤酶作用下经过两次水解脱氯作用,生成产物乙醇酸,最后进入中央代谢途径。见图 4-18。

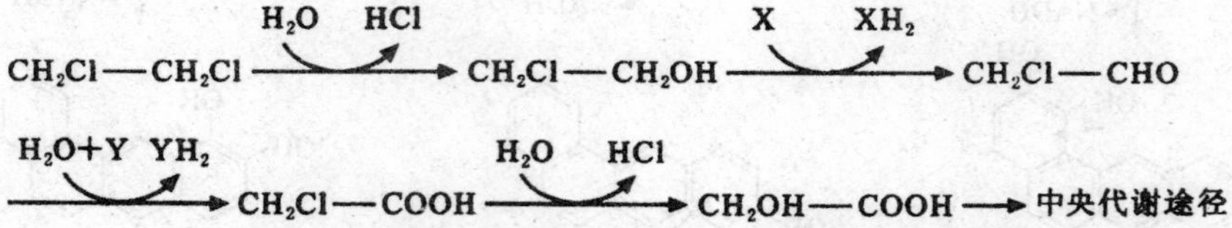

图 4-18　自养黄杆菌对 1,2-二氯乙烷的脱卤代谢运径

（3）氧化（oxidation）

由单加氧酶催化,需要还原性辅助因子或细胞色素,分子氧中的一个氧原子与基质结合,另一个氧原子形成水。氯仿在这种方式下氧化产生不稳定的中间物。

（4）分子内部亲核取代（intramolecular nucleophilic substitution）

由单加氧酶或双加氧酶催化,先形成环氧化物,再脱氯。例如,反-1,2-二氯乙烯在甲基营养细菌作用下的降解（图 4-19）。

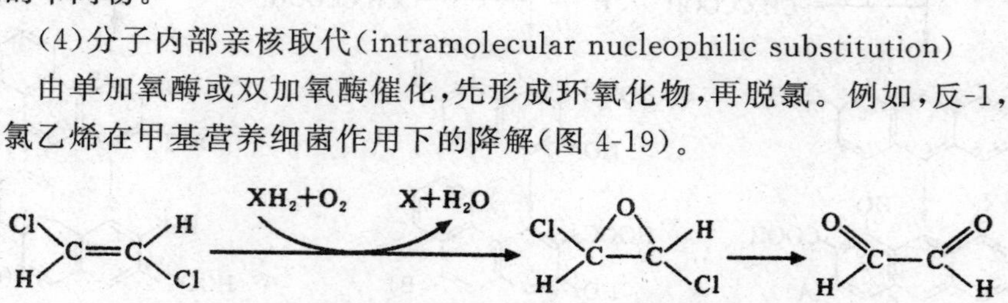

图 4-19　反-1,2-二氯乙烯在甲基营养细菌作用下的降解

（5）水合（hydration）

具有不饱和键的卤代烃水合后脱卤。例如 3-氯代丙烯酸水合脱氯形成丙醛酸。

4.3.4　农药的微生物降解

1. 有机氯农药的生物降解

（1）卤代烃类农药

脱氯是农药降解的一个很关键的步骤。微生物的脱氯反应有还原脱氯、氧化脱氯、脱氯化氢等类型。

①还原脱氯。还原脱氯反应是将非苯环上的氯原子脱去,并以氢原子取代。例如,在厌氧条件下,在气单胞细菌的作用下 DDT 转化成 DDD(图 4-20)。

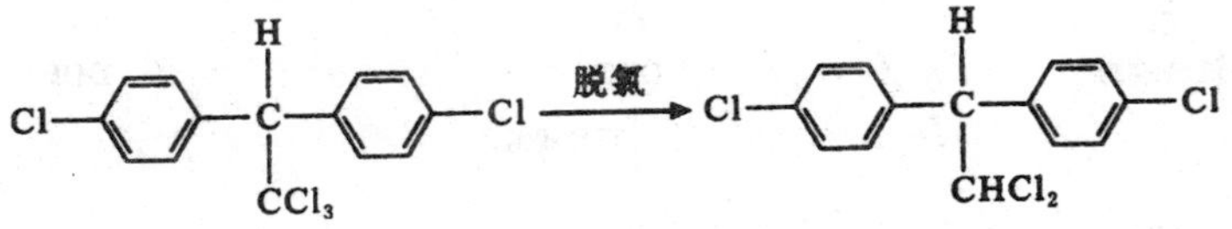

图 4-20　DDT 脱氯化氢反应

这一反应也可由酵母菌、变形杆菌、气单胞菌、黏质沙雷氏菌或一些放线菌等厌氧微生物来完成。

②氧化脱氯。氧化脱氯反应是有机氯农药分子被氧化时,可以脱去分子中的氯原子,见图 4-21。

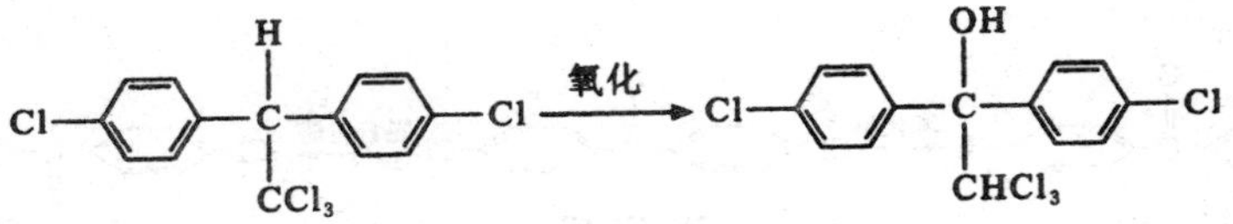

图 4-21　有机氯农药氧化脱氯

③脱氯化氢。脱氯化氢是在好氧条件下进行,常常发生在两个不饱和键的碳原子之间,同时取代一个碳原子上的氯和相邻碳原子上的氢。如 DDT 经过脱氯化氢后形成 DDE 的反应过程就是脱氯化氢反应,并形成不饱和碳键(图 4-22)。

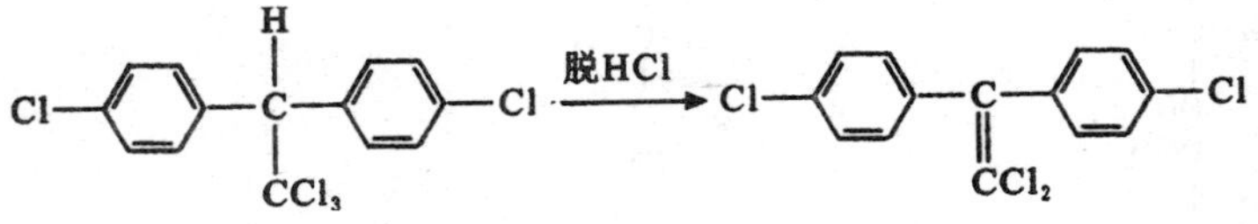

图 4-22　DDT 脱氯化氢反应

(2)DDT 的微生物降解

DDT 曾作为首选的有机氯农药,广泛使用多年。现已禁用,但由于性质极其稳定,不易分解,长期持留在环境中,并可通过食物链蓄积于人体中产生危害。

DDT 主要通过共代谢作用降解。DDT 的降解最初需要在厌氧条件下还原性脱卤。大约有 300 个菌株的微生物可使 DDT 脱掉 1 个氯原子转化为 DDD。而在好氧情况下却不能经过这一途径转化为 DDD。

DDT 在厌氧环境中降解较快,微生物对 DDT 的降解主要途径是脱氯、还原与羟基氧化过程。DDT 可通过图 4-23 降解为 DDD、DDMS、DDE、

DDNS 等。

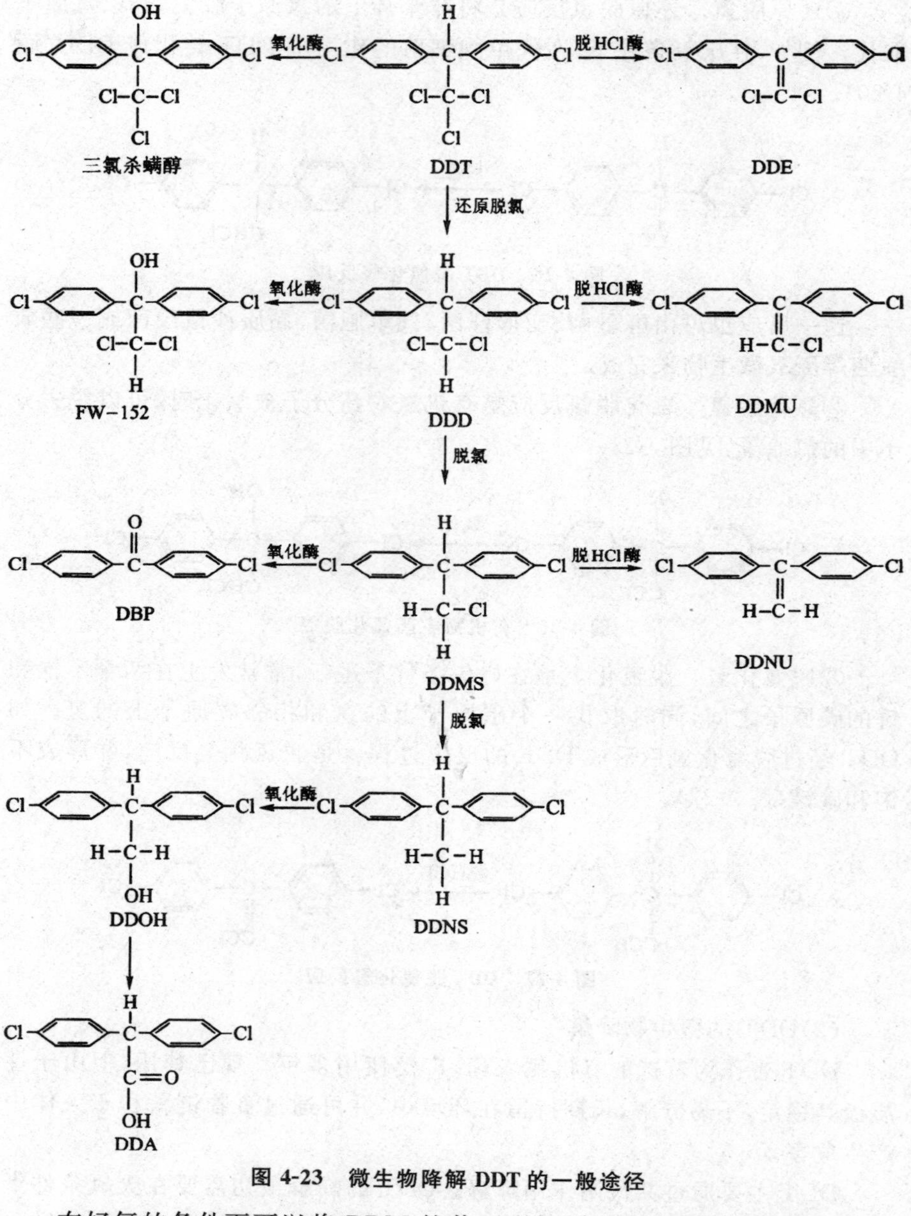

图 4-23　微生物降解 DDT 的一般途径

　　在好氧的条件下可以将 DDM 的苯环裂解,但完全氧化要由其他微生物完成。如链孢霉菌和氢单胞菌一起便可将 DDM 氧化成 CO_2 和 H_2O。在厌氧和好氧结合的条件下,DDT 可能完全矿化。其过程是 DDT 在厌氧条件下代谢产生二氯二苯基甲烷,然后经过一系列的还原性脱氯,再在好氧条件下经其他微生物作用使苯环裂解(图 4-24)。

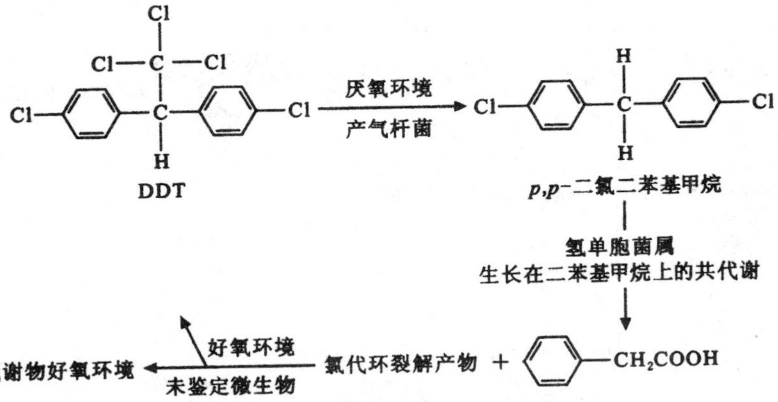

图 4-24　DDT 的好氧和厌氧代谢方式

　　一些真菌对 DDT 的降解能力也较强,DDT 经真菌代谢产物也可产生 DDM、DBH,藻类和原生动物降解 DDT 的能力较弱。

　　2. 除草剂的生物降解

　　(1)苯氧羧酸的生物降解

　　2,4-D 是最早开发的苯氧羧酸类除草剂,杀草活性高选择性强,现在广泛使用。2,4,5-T 效果虽好但是在合成过程中有二噁英产生,许多国家已经禁用。由于 2,4-D 基本结构是苯环,而且被双氯氯化,所以其结构很稳定,加大了自然界和生物降解的难度。

　　但是,仍有许多微生物可以降解 2,4-D 等大多数苯氧羧酸类物质,而 2,4,5-T 降解菌少且很难分离。转化的主要方式有苯环羟化、长链脂肪酸的 β-氧化以及苯环或醚键的裂解。由于 2,4-D 是被两个相间位上氯所氯化的芳香族,所以在生物降解过程中由于氯元素之间的相互作用,脱氯的难度比单个元素的氯化更难,一般降解过程都不能将两个氯同时脱掉。微生物降解 2,4-D 的途径见图 4-25。

　　(2)阿特拉津

　　阿特拉津(Atrazine)是应用最广的一种均三氮苯类除草剂。均三氮苯类除草剂结构稳定,具有明显生物难降解性,已引起严重的生态问题。

　　降解阿特拉津的微生物有假单胞菌属、诺卡氏菌属和红球菌属中的某些种。其降解途径如图 4-26 所示,主要包括 3 个过程:脱烷基、水解、开环。

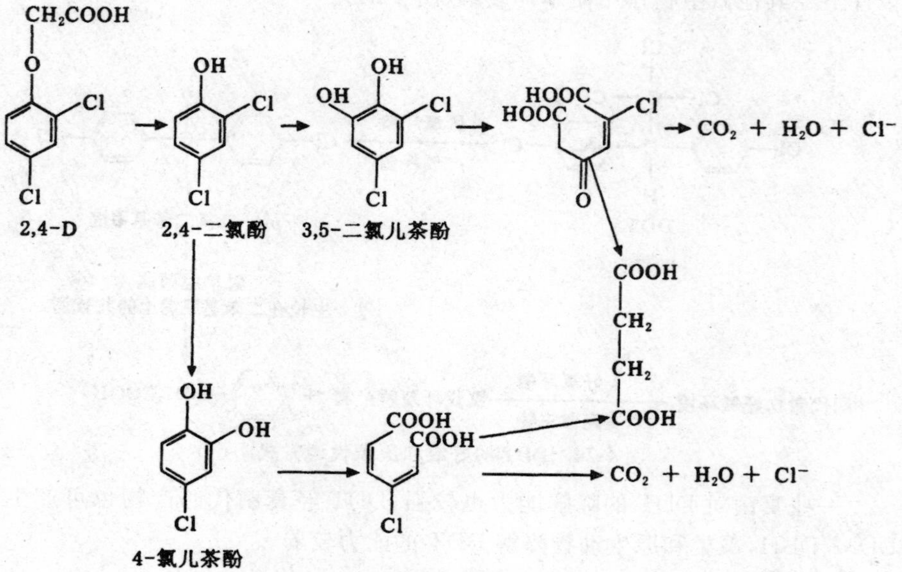

图 4-25 2,4-D 的生物降解

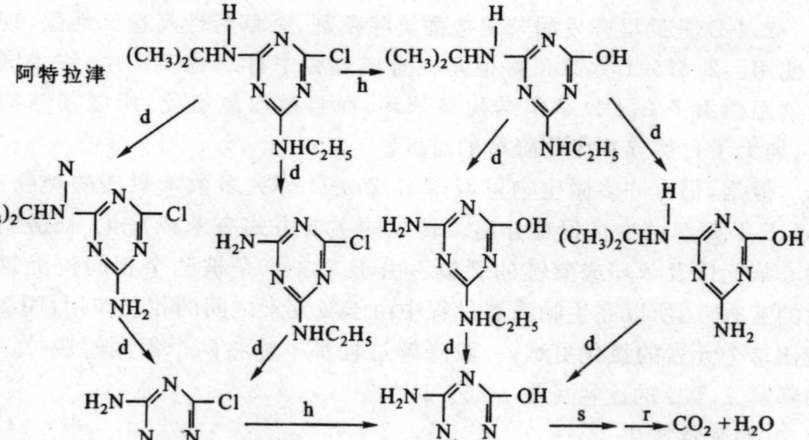

图 4-26 阿特拉津生物降解途径示意图

d—脱烷基;h—水解;s—键修饰,r—开环

（3）酰胺类农药的微生物降解

酰胺类农药主要是除草剂,一般可完全矿化。含有酰苯胺的酰胺类农药,如 N-丙酰-3,4-二氯苯胺在土壤中容易代谢,中间代谢物 3,4-二氯苯胺

(DCA),容易聚合成 3,3,4,4-四氯偶氮苯(TCAB),大部分的苯胺基团可以被完全降解。

二甲酰亚胺类杀菌剂经历不同的微生物转化。异菌脲和乙烯菌核利比甲菌利和腐菌利更容易降解,转化产物有 3,5-二氯苯胺。最适降解 pH=6.5,pH<5.5 时不能降解,pH>7.5 时化学水解占据主导地位。

3. 有机磷农药的降解

有机磷农药是一类高效农药,在环境中稳定性大,属于剧毒高残留农药。由于有机磷农药都含有 P=O 或 P=S 基团,许多细菌、真菌、藻类可以通过水解反应参与这些基团的水解而降解有机磷农药。水解反应式如图 4-27 所示。

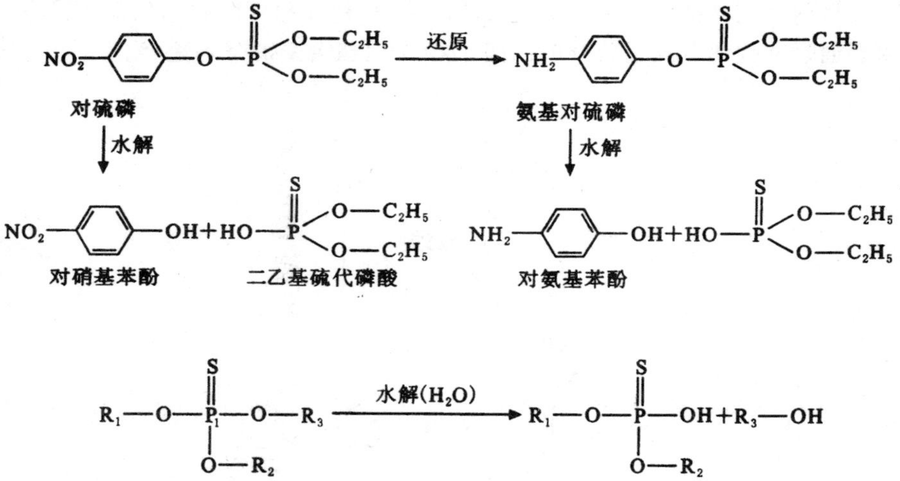

图 4-27　对硫磷的微生物降解过程

参与对硫磷降解的菌株有:无色杆菌、金黄节杆菌 TW17,黄杆菌 ATCC27551,诺卡氏菌(*Nocardia*)B-1 和 TW2,缺陷短波单胞菌(*Brevundimonas diminuta*)MG 等。

4. 拟除虫菊酯类

现在拟除虫菊酯类农药的使用量已占到整个农药总量 25% 以上。它对昆虫高毒而对哺乳动物低毒,逐渐替代了一些高毒农药的使用。

拟除虫菊酯类农药母体及代表性产品结构见图 4-28。

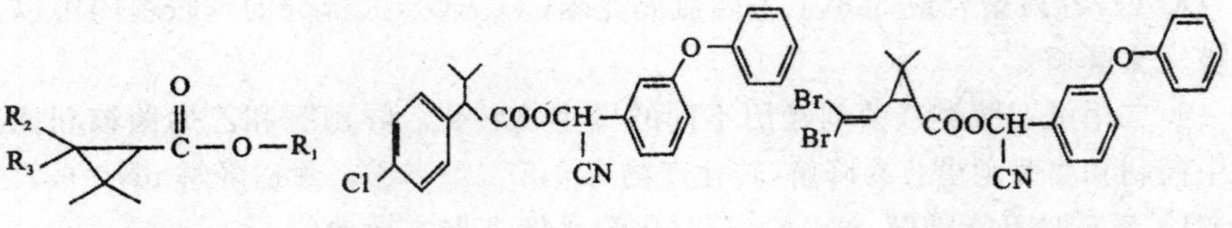

a.拟除虫菊酯类农药的母体结构　　b.杀灭菊酯　　　　　　　　c.溴氰菊酯

图 4-28　拟除虫菊酯类农药母体及代表性产品结构

拟除虫菊酯类农药在环境中的降解方式有水降解、光降解和生物降解。

拟除虫菊酯类农药在土壤中的半衰期一般为 2～12 周。通过在土壤中添加呼吸抑制剂叠氮化钠，可以抑制菊酯类农药的进一步降解，表明微生物参与了降解过程。

目前分离到的降解菌有荧光假单胞菌、蜡样芽孢杆菌和无色杆菌属等。主要通过共代谢方式进行降解。图 4-29 为对氯菊酯的降解途经。

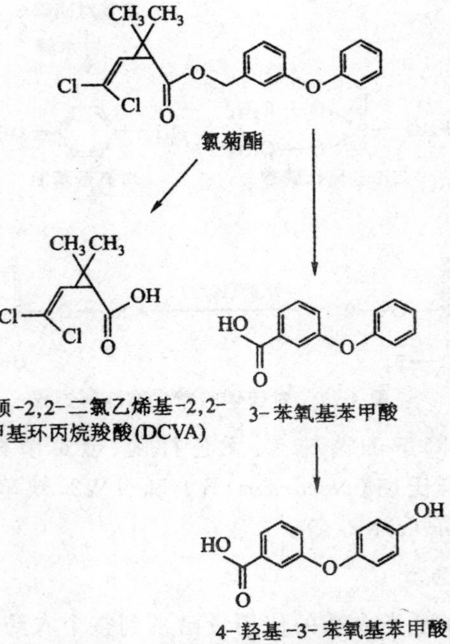

图 4-29　氯菊酯的降解途经

4.3.5　芳香族与氯代烃的降解

1. 多氯联苯的降解

多氯联苯简称 PCBs。对 PCBs 的生物降解的研究发现，好氧和厌氧代谢都可以对 PCBs 进行生物转化。其中白腐真菌研究的最多,也是对芳香族化合物和卤代芳香烃化合物降解能力最强的微生物。

PCBs 的好氧降解途径(图 4-30)中,最初双加氧酶催化氧化反应形成对应的儿萘酚,再进行降解。好氧降解的主要菌株有不动杆菌和真菌黄泡原毛平革菌等。

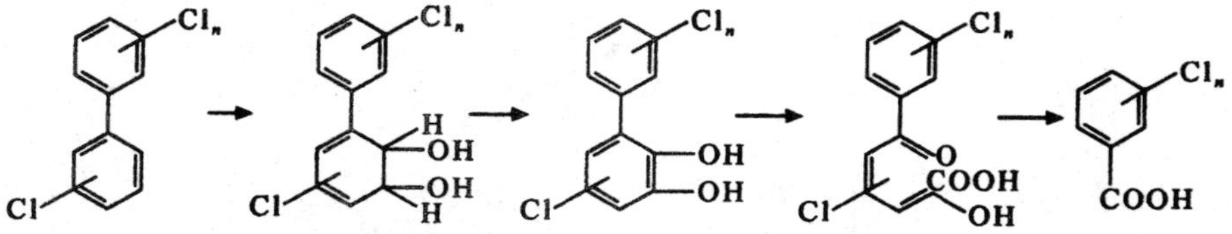

图 4-30　好氧条件下多氯联苯的降解

PCBs 的有效降解常发生在厌氧-好氧系统中。厌氧反应去除限制好氧降解的氯原子,产物更容易在好氧下降解。如在好氧条件下不能降解的 PCB-1260 就是如此。

2. 二噁英

二噁英指的是多氯二苯并二噁英(polychlorinated dibenzo-p-dioxins,PCDD)、多氯二苯并呋喃(polychlorinated dibenzofurans,PCDF)的统称。其中毒性最强的是四氯二苯并二噁英,被称为"地球上毒性最强的毒物",它的毒性相当于氰化钾的 1000 倍以上。

二噁英的人为来源有如下 3 种:

①对含氯有机物垃圾进行焚烧时形成。

②农药生产过程中以副产品或杂质的形式生成。

③在纸浆的氯气漂白过程中形成。

其中垃圾焚烧是最主要的来源。PCDD 引起一系列的生化和毒性反应包括免疫抑制、肝毒性、发育和生殖毒性及致癌性等。人们越来越意识到二噁英对人类的威胁。

目前已分离到假单胞菌属、地杆菌属(Terrabacter)、鞘氨醇单胞菌属(Sphingomonas)和白腐菌(Phanerochaete sordida)等可利用二苯并二噁英、二苯并呋喃(图 4-31)。还发现河底污泥中的微生物在产 CH_4 条件下可以使 PCDD 类化合物还原脱氯。

3. 邻苯二甲酸酯类的生物降解

邻苯二甲酸酯是一类普遍使用的化学工业品。由于邻苯二甲酸酯类化合物的大量生产与广泛应用,已在大气、水体、土壤、生物体乃至人体中普遍发现,因此成为一种全球性的重要环境污染物。

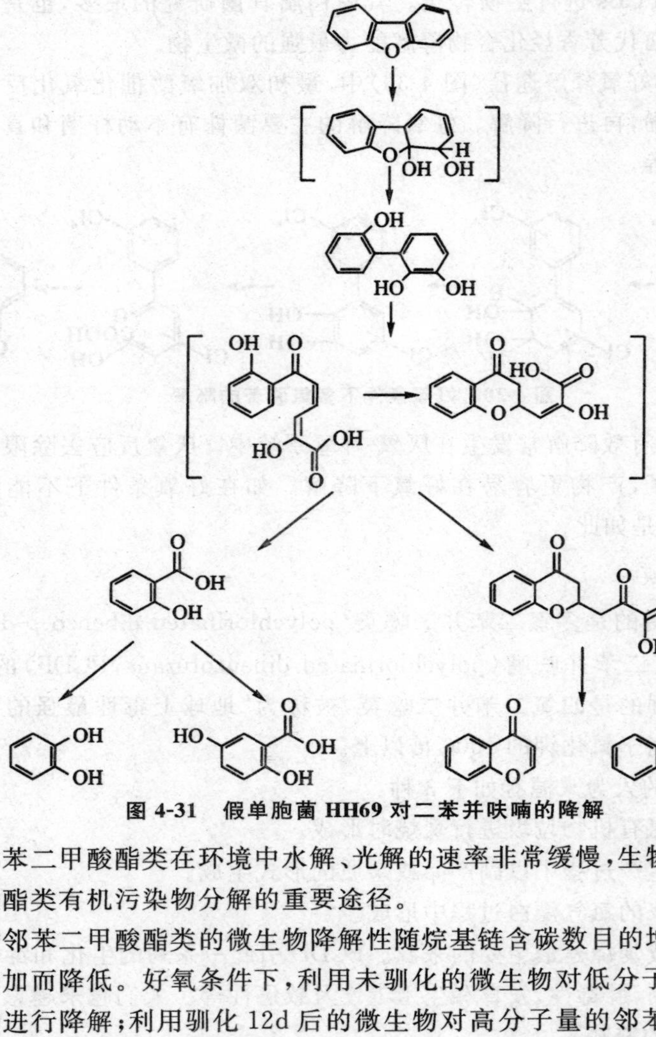

图 4-31　假单胞菌 HH69 对二苯并呋喃的降解

邻苯二甲酸酯类在环境中水解、光解的速率非常缓慢,生物降解是邻苯二甲酸酯类有机污染物分解的重要途径。

对邻苯二甲酸酯类的微生物降解性随烷基链含碳数目的增加和分支侧链的增加而降低。好氧条件下,利用未驯化的微生物对低分子量的邻苯二甲酸酯进行降解;利用驯化 12d 后的微生物对高分子量的邻苯二甲酸酯进行降解,降解率都达 90% 及以上。其原理是邻苯二甲酸酯在微生物作用下,水解成邻苯二甲酸单酯,再生成邻苯二甲酸和相应的醇。邻苯二甲酸在加氧酶的作用下生成 3,4-二羟基邻苯二甲酸或 4,5-二羟基邻苯二甲酸后,形成原儿茶酸等双酚化合物,芳香链开裂形成相应的有机酸,进而转化成丙酮酸、琥珀酸、延胡索酸等进入三羧酸循环,最终转化为 CO_2 和 H_2O。邻苯二甲酸酯的生物降解见图 4-32。

在厌氧条件下邻苯二甲酸酯类有机污染物的生物降解率较低,生物降解途径研究较少,但也可观察到邻苯二甲酸单酯和邻苯二甲酸生成后,进一步降解成苯甲酸,直至 CO_2 和 H_2O 的生成。

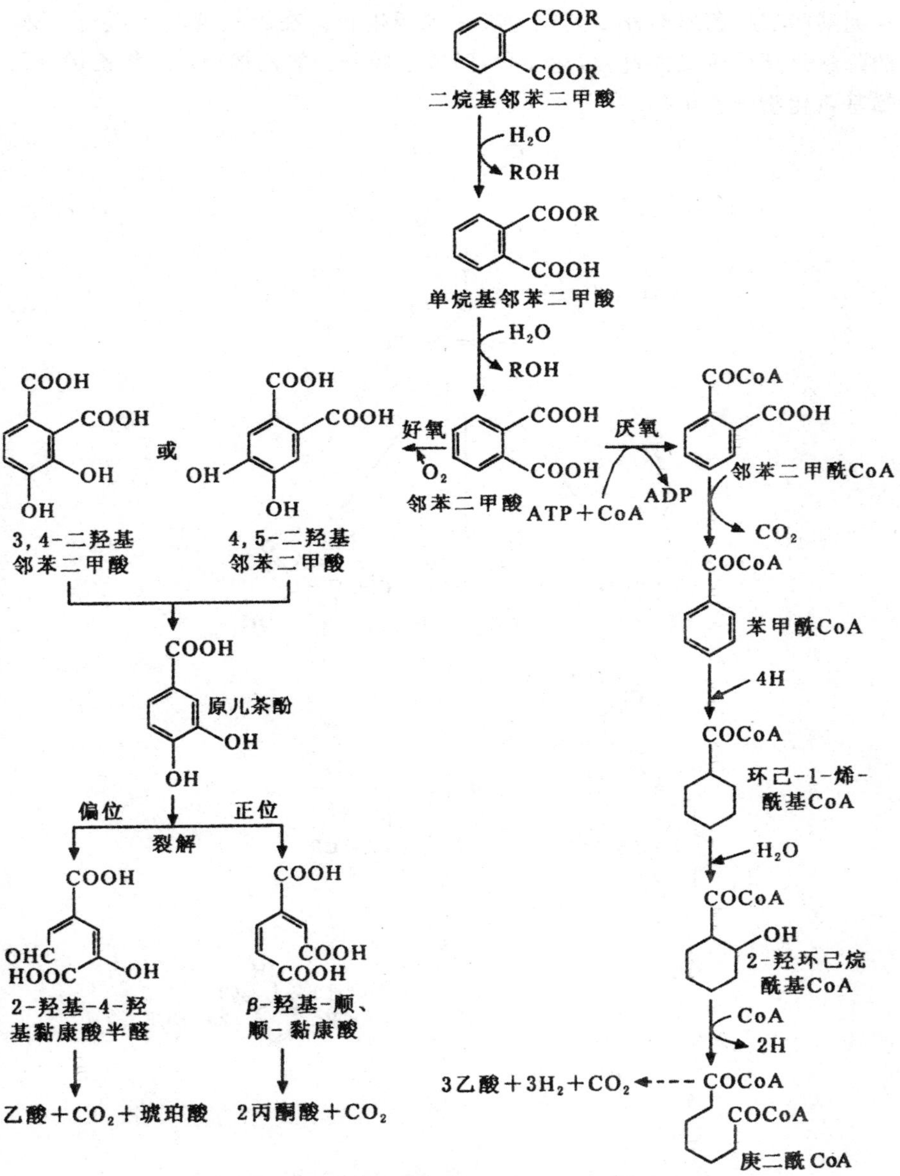

图 4-32　邻苯二甲酸酯的生物降解过程

4. 三氯乙烯和五氯氨

　　三氯乙烯(TCE)的有氧降解可有多种机制,铵氧化酶、甲苯双氧化酶、甲烷单氧化酶都可使 TCE 氧化。其中单氧化酶催化降解途径如图 4-33 (A)所示,其主要产物为甲酸、乙醛酸和二氯乙酸。TCE 的降解以共代谢为主,即在 TCE 存在的环境中还要有可利用的氨、甲苯等物质。现在也分离到某些节杆菌属菌株以其作为唯一碳源生长。在厌氧情况下,氯代乙烯的降解是还原脱氯的过程,途径是:四氯乙烯→三氯乙烯→2-二氯乙烯→乙烯基氯化物→乙烯。

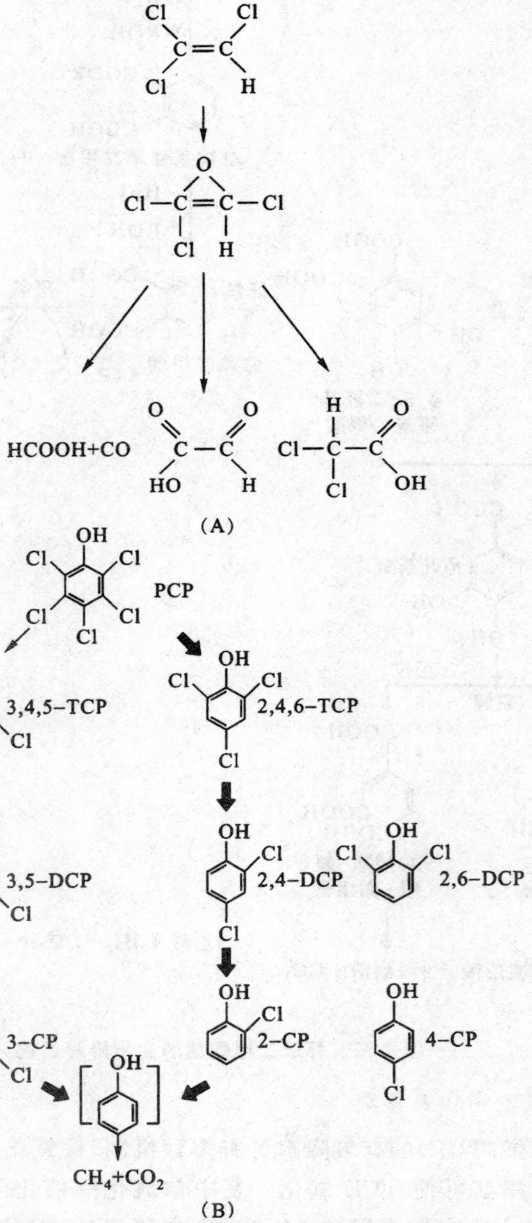

图 4-33　TCE(A)和 PCP(B)的降解途径

目前人们对五氯氛(PCP)在厌氧条件下的降解过程比较清楚,如图 4-33 (B),图中促建投为主要反应途径。反应过程是:2,4,6-三氯酚(2,4, 6-TCP)→4 氯酚最后转化为 CH_4 和 CO_2,间位是脱氯的起始步骤。

5. TNT 的降解

TNT(2,4,5-三硝基甲苯)是主要的常规炸药品种,对许多生物体有毒性和致癌性,多种微生物可以降解 TNT。中国科学院微生物研究所杨彦希等从 TNT 污染的土壤中分离到能转化 TNT 的 6 个属细菌,包括:芽孢杆菌属(*Bacillus*)、假单胞菌属、柠檬酸杆菌属(*Citrobacter*)、肠杆菌属(*Enterobacter*)、克雷伯氏菌属(*Klebsiella*)和埃希氏菌属共 47 株细菌;尹萍等还分离到能降解 TNT 的 13 株酵母分别属于汉逊酵母属(*Hansenula*)和假丝酵母属(*Candida*),以及 4 株白地霉(*Geotrichum candidum*)。据报道,放线菌中链霉菌属(*Streptomyces*)的 16 株菌以及真菌中降解木质素的黄孢原毛平革菌都能降解 DNT 和 TNT。

目前,还没有发现有效的矿化 TNT 的途径。但是通常认为,TNT 的降解是在厌氧和微好氧条件下,TNT 的硝基被逐个还原为氨基,但随后的还原作用越来越缓慢和不完全(图 4-34)。如果条件转变为好氧,则苯环裂解开环,部分还原的中间产物形成更复杂的致癌的偶氮缩合产物。

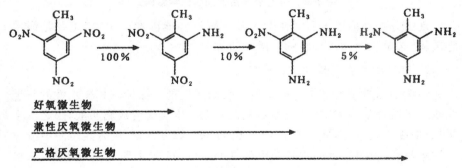

图 4-34　TNT 的还原性转化

4.3.6　合成洗涤剂的微生物降解

1. 合成洗涤剂的概述及分类

表面活性剂是洗涤剂的主要成分,我国的合成洗涤剂主要含直链烷基苯磺酸盐(LAS)。洗涤剂合成厂、洗衣厂、工业用洗涤剂清洗水以及生活污水中洗涤剂含量很高,对水体污染构成很大的威胁。

表面活性剂是能显著改变液体表面张力或两相间界面张力的物质,它的种类很多,一般分为阳离子型、阴离子型和非离子型,另外还有两性表面活性剂。几种表面活性剂的化学结构见图 4-35。

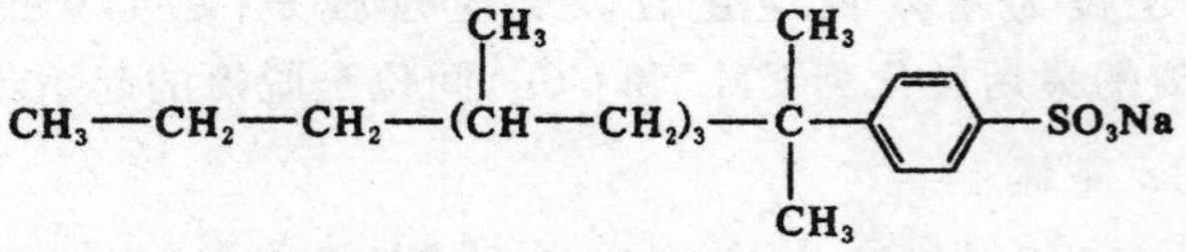

$$CH_3-CH_2-CH_2-(CH-CH_2)_3-\overset{\overset{\displaystyle CH_3}{|}}{\underset{\underset{\displaystyle CH_3}{|}}{C}}-\langle\!\!\!\bigcirc\!\!\!\rangle-SO_3Na$$

烷基苯磺酸盐（ABS），阴离子型

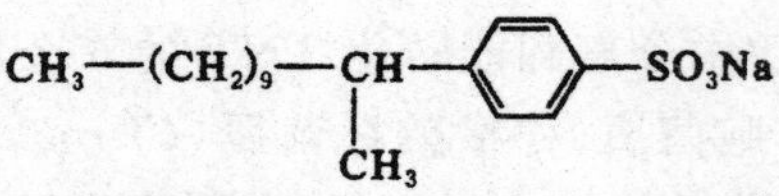

$$CH_3-(CH_2)_9-\overset{}{\underset{\underset{\displaystyle CH_3}{|}}{CH}}-\langle\!\!\!\bigcirc\!\!\!\rangle-SO_3Na$$

直链烷基苯磺酸盐（LAS），阴离子型

$$CH_3-CH_2-(CH_2)_n-CH_2-SO_3Na \qquad\qquad R-O-(C_2H_4O)_n-H$$

烷基磺酸盐（AS），阴离子型 　　　　　脂肪醇聚氧乙烯醚，非离子型

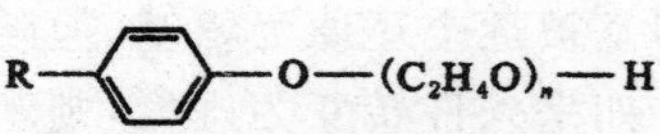

$$R-\langle\!\!\!\bigcirc\!\!\!\rangle-O-(C_2H_4O)_n-H \qquad\qquad C_{16}H_{33}-\overset{\overset{\displaystyle CH_3}{|}}{\underset{\underset{\displaystyle CH_3}{|}}{N}}-CH_3Br^-$$

烷基苯酚聚氧乙烯醚，非离子型 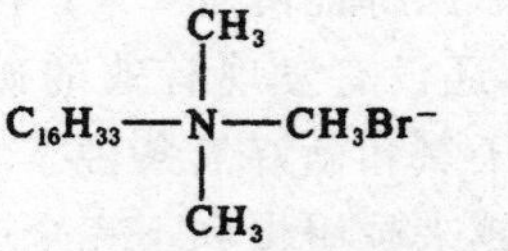　　　十六烷基三甲基季铵溴化物，阳离子型

图 4-35　几种表面活性刑的化学结构式

　　现已分离到能以表面活性剂为唯一碳源和能源的微生物，主要是假单胞菌属、邻单胞菌属、产碱杆菌、诺卡菌等。

　　2. 阳离子型表面活性剂的降解

　　环境中的微生物能够降解阳离子表面活性剂。据推测其疏水性的长链烷基也是按通常的方式降解，即首先在末端发生氧化变成脂肪酸，随之发生氧化，生成乙酸单元，最后变成 CO_2 和 H_2O。如 TDBA 在活性污泥中经过生物降解后，检出的中间物是苯甲酸、CH_3COOH 和十四烷基二甲胺，未检出伯胺和仲胺。

　　3. 阴离子型表面活性剂的降解

　　阴离子表面活性剂中，高级脂肪酸盐类最易受微生物分解。其分解过程最初为烷链经微生物作用，形成高级醇类，然后进一步被氧化，最终成为 CO_2 和 H_2O。代谢的第一步都发生在烷基侧链的末端甲基上，使甲基氧化成为相应的醇、醛，最后生成羧酸。

$$RCH_2CH_3 \xrightarrow{O_2} RCH_2CH_2OH \longrightarrow RCH_2CHO \longrightarrow RCH_2COOH$$

　　由于第一步反应有分子氧参加，因而此过程必须在有氧通气条件下进行。

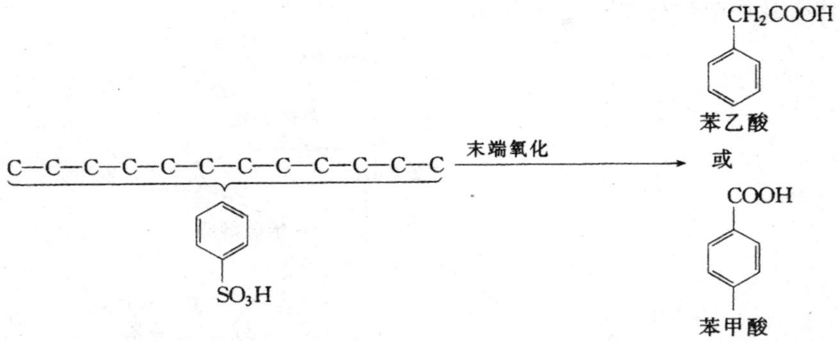

现在广泛使用的合成剂的主要成分是直链烷基苯磺酸盐（LAS），在 LAS 中降解速率随磺酸基与烷基链末端间的距离的增加而加快，烷基碳原子在 6～12h 降解速率快，支链会影响降解速率。

4. 非离子型表面活性剂的降解

非离子表面活性剂主要为脂肪醇聚氧乙烯醚和烷基苯酚聚氧乙烯醚两大类，在环境中都比较容易降解。脂肪醇聚氧乙烯醚类和烷基苯酚聚氧乙烯醚类降解的第一步是分子裂解为相应的醇、酸和聚乙二醇，醇通常被氧化成酸，而后经 β-氧化进一步降解。

4.3.7　塑料的微生物降解

塑料制品[①]因其容易生产，用途广泛，不易变质，日益成为生产及生活中的必需品，其数量成倍增长。然而，也正因为它不易衰变，持久性很强，塑料废弃物带来的所谓"白色污染"已成为最严重的环境问题之一。

1. 可降解塑料

可降解塑料主要包括光降解塑料、淀粉基生物可降解塑料、微生物发酵合成的可降解塑料、天然高分子合成的可降解塑料，以聚 β-羟基烷酸（PHAs）为原料的新型塑料可以被多种微生物完全降解。目前国外已经商品化生产的可降解塑料种类有脂肪族聚酯、淀粉聚乙烯、热塑性淀粉共性物、聚乳酸和聚己内酯等。

可降解塑料中，以聚 β-羟基丁酸（PHB）最常见，这类塑料能够被环境中很多微生物降解，一般在厌氧的污水中降解最快。

PHB 的降解可分为两步，第一步可降解塑料是 PHB 表面的—OH

---

① 王家玲. 环境微生物学. 北京：高等教育出版社，2004.

和—COOH 基团数量增加;第二步是细菌解聚反应,酶将高聚物降解成为单体。其代谢过程如图 4-36 所示。

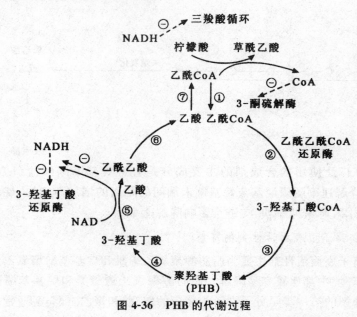

图 4-36　PHB 的代谢过程

2. 光降解塑料

光降解塑料是在塑料高分子结构中引入光敏基团(如$\underset{/}{\overset{\backslash}{C}}=O$,—NH—NH—,—S—,—O—,—CN—N—等)或铁、镍等过渡金属化合物等光敏剂。光降解塑料在阳光下吸收紫外线,发生光引发,使键能减弱,长链分裂成相对分子质量低的碎片,这些碎片在空气中进一步氧化,自由基断链,降解成能被微生物分解的化合物,最后被彻底氧化为 CO_2 和 H_2O。整个降解过程是由光降解和自由基断链氧化反应相结合的 Norish 反应引发:

$$\sim\!\!\sim\!\!\sim -CH_2CH_2\overset{O}{\overset{\|}{C}}CH_2CH_2CH- \qquad \sim\!\!\sim\!\!\sim \xrightarrow[\text{Norish}]{h\nu} -CH_2CH_2\overset{O}{\overset{\|}{C}}CH_3 + CH_2=\!\!=CH$$

$$\text{Norish}\downarrow h\nu$$

$$CH_2CH_2C + CH_2CH_2CH_2$$

$$\downarrow O_2/RH \qquad \xrightarrow{\text{生物降解}} CO_2 + H_2O$$

$$CH_3CH_2COOH$$

4.4 微生物对重金属的转化机制

4.4.1 汞的微生物转化

汞在自然界以金属汞、无机汞和有机汞的形式存在,有机汞的毒性最大。而烷基汞①是迄今所知毒性最剧的汞化物,甲基汞毒性比无机汞高 50~100 倍,并易被植物吸收,通过食物链在生物体逐级浓集,对生物和人体造成危害。汞在自然界中的循环图见图 4-37。

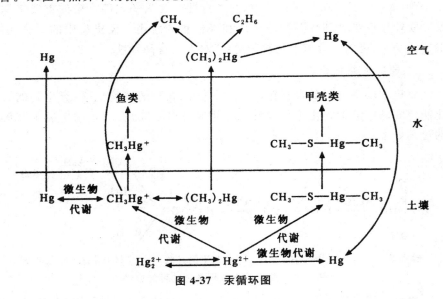

图 4-37 汞循环图

1. 甲基化作用

有些微生物能将无机汞经甲基化生成甲基汞。如果是嫌气条件,无机汞甲烷生成菌、荧光假单胞菌、酿酒酵母等微生物的作用下,或在甲基维生素 B_{12} 存在下,转变为甲基汞或乙基汞化合物。其过程:

$$Hg^{2+} \xrightarrow{\quad RCH_3 \quad R \quad} CH_3Hg^+ \xrightarrow{\quad RCH_3 \quad R \quad} (CH_3)_2Hg \uparrow$$

2. 还原作用

自然界存在另一类能使有机汞和无机汞化物还原为元素的汞的微生

---

① 和文祥,洪坚平.环境微生物学.北京:中国农业大学出版社,2007.

物,统称为抗汞微生物。其还原过程:

$$HgCl_2 + 2H \xrightarrow{\text{还原}} Hg + 2HCl$$

抗汞微生物中以假单胞菌常见。我国曾分离筛选驯化出 3 株使甲基汞还原的假单胞菌,经实验证明,对 1mg/L 和 5mg/L 的 CH_3HgCl 消除率达到 100%,10mg/L 和 20mg/L 的 CH_3HgCl 消除率达到 90%,清除氯化甲基汞的效率较高。

4.4.2　砷的微生物转化

砷(As)广泛分布与大自然中,它的毒性广为人知。砷污染的重要来源是工农业生产中含砷废弃物的排放和砷化物的应用。无机盐中的 As^{3+} 的毒性比 As^{5+} 更大。有机砷化物中 As^{3+} 对人具有高毒性。

1. 砷的甲基化作用

有机农药中一般都含有砷,经过 ^{14}C 标记农药的试验证明,微生物的转化能使农药中的砷转化为挥发性的三甲砷(图 4-38)。微生物生成甲基砷的过程如下:

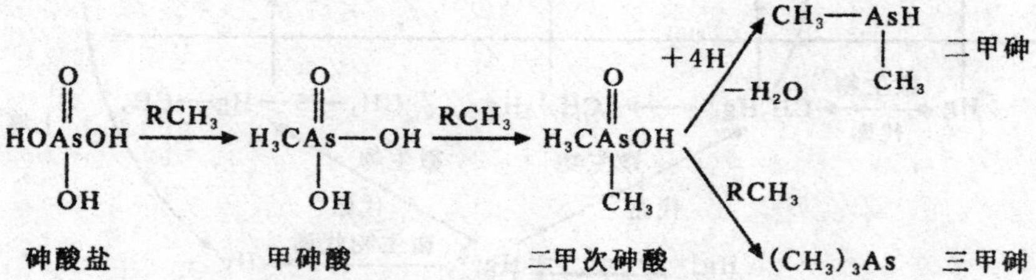

图 4-38　微生物生成甲基砷的可能途径

参与形成三甲砷的微生物以真菌为主,包括帚霉属、曲霉属、毛霉属、链胞霉属、青霉属,土生假丝酵母、粉红粘帚霉等。

2. 微生物对 As^{3+} 和 As^{5+} 转化

土壤中砷酸和亚砷酸的相互转化还与微生物如五色杆菌属、假单胞菌、节杆菌属和产碱菌属的活动有关。有人将 Bacillus ursenoxdans 在含有 1% 的亚砷酸培养基中生长,能把亚砷酸氧化成砷酸,同时消耗一定量的氧气。

$$NaAsO_2 + O_2 + H_2O \longrightarrow 2NaH_2AsO_2$$

3. 微生物对 As^{5+} 还原为 As^{3+}

另一些异养型微生物可以将砷酸盐还原为亚砷酸盐,如酵母菌、微球菌。砷在自然界的循环过程见图 4-39。

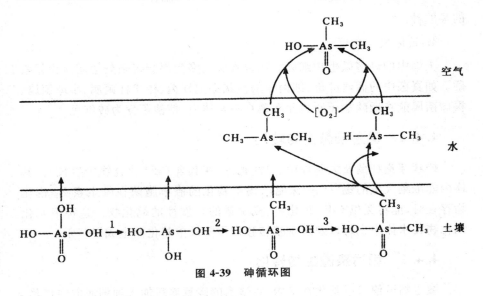

图 4-39 砷循环图

4.4.3 硒污染微生物降解

1. 环境中的硒

硒是硫族的一个元素,常见的价态有$-2,0,+4,+6$,具有与硫非常相似的生化性质,完全呈非金属性。它用于电器、涂料及橡胶行业中。硒是生物必需的微量元素,缺硒会引起地方病如大骨节病、克山病等疾病,但硒又是毒物,而且毒性很强,其中以亚硒酸盐最大,其次为硒酸盐,元素硒毒性最小。

2. 有机硒化物矿化为无机硒

土壤中的硒化物被植物吸收同化后,植物蛋白中的硫常为硒所取代。在植物死亡后,可释出硒蛋氨酸 $CH_3SeCH_2CH_2CH(NH_2)COOH$ 及甲硒半胱氨酸 $CH_3SeCH_2CH(NH_2)COOH$。此外植物体内还含有硒胱硫醚以及二甲硒化物 CH_3SeCH_3,均可被微生物矿化成无机硒酸盐或亚硒酸盐。

3. 硒化物甲基化

硒的某些化学性质与砷相似,也可以同样方式被微生物代谢。土壤及湖底淤泥中的有机无机硒化物,经微生物转化为稳定性的二甲基硒化物 (CH_3SeCH_3),然后释放到空气中。如果碳源充足可能生成 CH_3SeCH_3 挥发。真菌是硒化物甲基化的生化过程。参与硒甲基化的微生物有:裂褶菌 (*Schizophyllum commune*)、假丝酵母、短扫帚霉 (*Scopulariopsis brevi-caulis*)、头孢霉 (*Cephalosporium*)、气单胞菌属 (*Aeromonas*)、假单胞菌属的某些种。

4. 还原成元素硒

土壤中的许多微生物细菌放线菌真菌大多数都能将硒酸盐还原为元素硒。如真菌中的假丝酵母、细菌中的梭状芽孢杆菌、棒状杆菌属、小球菌属、根瘤菌属能将硒酸盐还原为元素硒存在与体内,使菌落变为砖红色。

4.4.4 镉污染微生物转化

蜡状芽孢杆菌及大肠杆菌、黑曲霉等,在其含 Cd^{2+} 化合物中生长时,其体内能浓集大量的镉[1]。一株能以锡甲基化的假单胞菌在维生素 B_{12} 镉化物存在时,能将无机 Cd^{2+} 转化,生成少量的挥发性的镉化物。这种甲基化镉化物在水体中也可以通过烷基转移作用使汞甲基化而生成甲基汞。

4.4.5 铅污染微生物转化

微生物可使铅甲基化在室内,将适当的碳氮养料加入到湖底泥中培养,假单胞菌属、产碱杆菌属、黄色杆菌属及气单胞菌属中的某些种能将乙酸三甲基铅转化成 $(CH_3)_4Pb$,如果 $Pb(NO_3)_2$、乙酸三甲基铅多,则转化成的 $(CH_3)_4Pb$ 就多。

4.4.6 氰化物的微生物转化

氰化物在环境中的稳定性变化很大,取决于其化学形态、浓度、温度及其他化学成分的特性。当环境呈酸性,且充分曝气,则大部分 HCN 呈气态转入大气中。CN^- 与溶液中 CO_2 作用,可生成气态 HCN。

$$CN^- + CO_2 + H_2O \longrightarrow HCN \uparrow + HCO_3^-$$

微生物可以从氰化物中取得 C、N 养料,有的微生物甚至以它作为唯一的 C 源和 N 源。

分解氰化物的微生物有:诺卡氏菌、腐皮镰霉、木霉、假单胞菌等。

---

① 和文祥,洪坚平. 环境微生物学. 北京:中国农业大学出版社,2007.

第5章　微生物在环境污染治理中的作用

微生物作为生态系统中的分解者,其降解和转化作用是生物圈物质循环的重要环节,本章讨论了微生物在环境污染治理中的作用及相关技术。通过了解生物在环境治理中的作用原理、应用实例及其工艺特点,可以更好地发挥微生物在环境污染治理中的功能。

5.1　微生物在水污染治理中的作用

5.1.1　水体污染现状

在世界范围内,水体污染相当严峻。第十三届世界水污染防治学术大会及理事会指出:"今后 25 年世界将出现淡水短缺,在北非、中东和亚溯可能会因为水资源短缺而引发战争"。

我国地表水污染很严重,尤其以流经城市的河流有机物污染形势更加严峻,如图 5-1 所示,湖泊富营养化问题突出。如图 5-2 所示,地下水受到点源和面源污染,并且近岸海域污染状况还在逐年加剧。

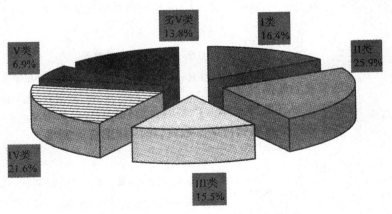

图 5-1　七大流域水质类别比例现状(2005 年)

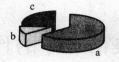  

20世纪70年代后期　　　　20世纪80年代后期　　　　20世纪90年代后期

图 5-2　我国湖泊类水体水质变化情况（2005 年）

（a）中营养；（b）贫营养；（c）富营养

从图 5-1 和 5-2 可以看出，我国水体污染形势严峻，自然水体大都受到不同程度污染。目前，我国已经成为世界上湖泊富营养化最严重的国家之一。若按照这样的趋势发展下去，我国将在全国范围内出现水体重富营养化的情况。

5.1.2　污水微生物处理的类型与基本原理

在污水排放前对污水中的污染物进行处理时水环境保护中的重要的有效措施。其中，微生物法是处理污水的主要手段。

1. 污水生物处理的类型

根据污水处理过程中所利用的微生物类群对氧的需求不同，可将污水生物处理技术分为好氧生物处理和厌氧生物处理两大类型；厌氧生物处理又可以分为活性污泥法和生物膜法两种亚类型。此外，根据生物处理系统①的运行方式，可分为连续式和间歇式；根据主体设备的水流状态，可分为推流式和完全混合式等类型。常用的污水生物处理方法如图 5-3 所示。

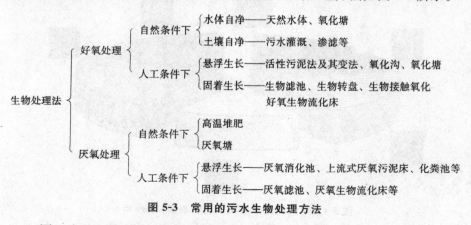

图 5-3　常用的污水生物处理方法

同一有机污染物在好氧和厌氧条件下的转化是不同的。

---

① 王有志．环境微生物技术．广州：华南理工大学出版社，2008.

（1）起作用的微生物群

好氧生物处理是好氧微生物和兼性微生物群体起作用；厌氧生物处理先是厌氧产酸菌和兼性厌氧菌作用，然后是产甲烷菌进一步消化。

（2）反应速度

好氧生化反应有 O_2 做最终电子受体，转化速度快，需要时间短；厌氧生化反应的电子受体是丙酮酸、乙醛等小分子有机物或含氧无机物，反应速度慢，需要时间长。

（3）产物

在好氧生物处理有机物被转化为 CO_2、H_2O、NH_3、PO_4^{2-} 和 SO_4^{2-} 等；厌氧生物处理有机物先被转化为中间有机物，然后再继续分解，最终产物主要是 CH_4 和 H_2S 等，产物复杂，有异臭。

（4）对环境要求

好氧生物处理要求有足够的 O_2，对环境要求不太严格；厌氧生物处理要求绝对厌氧环境，对环境条件要求苛刻，如 pH、温度 T 等。

好氧生物处理与厌氧生物处理都能够完成有机污染物的稳定化，好氧生物处理广泛应用于处理城市污水和有机性工业废水；厌氧生物处理多用于处理高浓度有机废水与污水处理过程中产生的污泥，近年来也用于处理城市污水和低浓度有机废水。

2. 污水生物处理的基本原理

污水生物处理工艺是多变的，根据微生物去除有机污染物的过程可归纳为絮凝、吸附、氧化和沉淀等四个连续阶段。

（1）生物絮凝

在污水生物处理系统中，具有荚膜和粘液层的细菌相互粘连形成菌胶团，菌胶团再互相粘连，就形成了污泥絮体，如果粘附在载体上即形成了生物膜。

（2）生物吸附

微生物个体很小，活性污泥的比表面积在 $2000\sim10000\text{m}^2/\text{m}^3$ 的范围内，具有胶体粒子的许多特性，很容易吸附污染物。对于悬浮固体和胶体含量较高的污水，通过吸附作用可去除 $70\%\sim80\%$ 的有机物。废水中的重金属离子，如 Fe^{3+}、Cu^{2+}、Cd^{2+}、Sn^{4+}、Pb^{2+}、Hg^{2+} 也可吸附。通过生物吸附作用，废水中 $30\%\sim90\%$ 的重金属离子可以被去除。

（3）生物氧化

被吸附的大分子有机物质，在酶的作用下，水解为小分子有机物，然后进入微生物细胞内。这些有机物在酶的作用下，被氧化分解或者转化为微生物细胞的组成物质。相对于吸附过程，生物氧化学要的时间较长，有的需要几个甚至十几个小时才能完成。因此,为生物氧化也可以除去污水中的有机污染。

(4)沉淀作用

污水中有机污染物在活性污泥和生物膜的氧化分解及转化作用下被去除,但活性污泥和生物膜本身也是污水污染物的重要组成部分,必须进行泥水分离。这一工艺过程一般需要借助沉淀池来完成。在沉淀池中,具有良好絮凝和沉降性能的活性污泥或生物膜在重力作用下沉降至池底,而上清液则是污水生物处理系统的最终出水。

5.1.3 好氧生物处理

1. 活性污泥法

(1)活性污泥法的基本原理

①活性污泥的形态和组成。活性污泥法是利用悬浮生长的活性污泥微生物处理有机污水的一类好氧生物处理方法,是目前污水生物处理领域中应用较为广泛的技术之一。它由好氧微生物(真菌、细菌、原生动物和后生动物)以及代谢和吸附的有机物、无机物组成。活性污泥通常为黄褐色絮绒状颗粒,也称为"菌胶团"或"生物絮凝体",其粒径一般为 $0.02\sim0.2$mm;含水率一般为 $99.2\%\sim99.8\%$,密度因含水率不同而异,一般为 $1.002\sim1.006$g/cm³;活性污泥具有较大的比表面积,一般为 $20\sim100$cm²/mL。

活性污泥由有机物和无机物两部分组成,活性污泥中有机成分主要由生长在活性污泥中的微生物组成。因此,两者的组成比例因污泥性质的不同而异。例如,城市污水处理系统中的活性污泥,其有机成分占 $75\%\sim85\%$,无机成分仅占 $15\%\sim25\%$。在活性污泥上还吸附污水中的固体物质,在有机固体物质中的某些物质难以被微生物降解。

②活性污泥法工艺流程。活性污泥法处理工艺主要由曝气池、二次沉淀池、曝气与空气扩散系统和污泥回流系统等组成。其基本工艺流程如图5-4 所示。

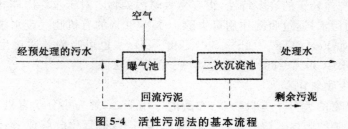

图5-4 活性污泥法的基本流程

经适当预处理的污水与二次沉淀池回流的活性污泥同时进入曝气池,

由曝气与空气扩散系统送出的空气,除向污水充氧外,同时使污水和污泥处于剧烈的搅拌状态,使得活性污泥与污水充分接触。

曝气池是活性污泥法的心脏设备,是微生物生长繁殖的场所,也是微生物通过分解、氧化、利用和絮凝作用净化污水的主要场所。目前曝气池已经形成了多种形式(见图 5-5)。曝气池中的供氧方式有两种:一是表面曝气;二是鼓风曝气。在活性污泥中,污泥回流系统的功能是将二次沉淀中的部分浓缩污泥送回曝气池中,使曝气池中的微生物浓度保持稳定。

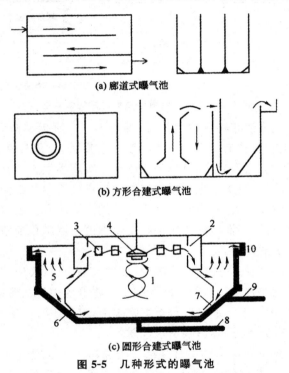

(a) 廊道式曝气池

(b) 方形合建式曝气池

(c) 圆形合建式曝气池

图 5-5　几种形式的曝气池

活性污泥反应的结果是污水中有机污染物得到降解和去除,污水得到净化,同时由于微生物的生长和繁殖,活性污泥也得到增长。曝气池中混合液(活性污泥和污水、空气的混合液体)进入二次沉淀池进行沉淀分离,上层出水排放,分离后的污泥一部分返回曝气池,使曝气池内保持一定浓度的活性污泥,其余为剩余污泥,由系统排出。

③活性污泥中的微生物。活性污泥中的微生物是由以好氧微生物(真菌、细菌、原生动物和后生动物)组成的混合培养体。原生动物以细菌为食,后生动物以细菌和原生动物为食。在活性污泥中的有机物、细菌、原生动物和后生动物构成了二个相对稳定的小生态系统。

活性污泥中的微生物可分为形成活性污泥絮体的微生物、腐生生物、捕食者及有害生物等多种类型。活性污泥微生物集合体的食物链见图 5-6。

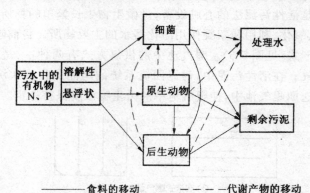

————食料的移动　　————代谢产物的移动

图 5-6　活性污泥微生物集合体的食物链

腐生生物是降解有机物的生物,以细菌为主。腐生细菌大多数为革兰氏阴性杆菌,主要菌种有动胶杆菌属、假单胞菌属、芽孢杆菌属、产碱杆菌属、无色杆菌属等。腐生生物可分为初级和二级腐生生物,初级腐生生物用于降解原始基质,二级腐生生物以初级腐生生物的代谢产物为食物。

活性污泥中存在的大量细菌,其主要作用是降解有机物,是有机物净化功能的中心。同时,活性污泥中还存在硝化细菌与反硝化细菌,在生物脱氮中起着十分重要的作用。

一般认为,活性污泥中的丝状细菌,如球衣细菌、贝氏硫菌、丝硫菌和真菌对活性污泥沉降效果有影响。即在整个生物群落中丝状菌的数量所占的百分比很小时,污泥絮体的密度也会下降很多,以至于污泥很难用重力沉淀法来有效地进行分离,最终影响出水水质。

④活性污泥中微生物的演替规律。当原污水进入曝气池后,在污水处理的初期[1],由于营养充足,细菌、肉足虫类和部分鞭毛虫大量繁殖,在微生物群落中占据优势地位。其中,异养菌分泌胞外酶将大分子物质降解并加以利用;鞭毛类能将溶于水中的有机质吸收到体内加以利用;而肉足虫靠吞食有机颗粒、细菌为生,也得以大量生长繁殖。

由于有机质的消耗、微生物种群的扩大,曝气池内营养体系发生了巨大变化,各类微生物为了生存,进行食物竞争。最后鞭毛和肉足竞争失败,细菌挣得最后的胜利,得以生存。

异养细菌的大量繁殖,为纤毛虫提供了食料来源,纤毛虫掠食细菌的能

①　王有志. 环境微生物技术. 广州:华南理工大学出版社,2008.

力大于动鞭毛虫,因此,纤毛虫继动鞭毛虫之后成为优势类群。

随着有机质的消耗,游离菌随之减少,游泳型纤毛虫和吸管虫数量也随之减少,优势地位被可以生长在细菌少、有机物含量低的环境中固着型纤毛虫取代。细菌和有机质继续减少,造成固着型纤毛虫食物缺乏,随之现了以有机残渣、死细菌等为食的轮虫。它的适量出现指示着又一个相对稳定的生态系统的建立。

在微生物群落演替过程中,曝气池运行初期常出现鞭毛虫和肉足虫。如果固着型纤毛虫减少,游泳型纤毛虫突然增多,说明污水处理设施运行不正常;如果固着型纤毛虫出现且数量较多,则说明活性污泥已成熟,充氧正常。因此,根据污水中微生物的活动规律可以判断水质和污水处理程度。因为,随着水质条件和细菌与原生动物的种类以及数量的变化遵循着如图5-7 所示的演替规律。其演替顺序为:细菌→植物性鞭毛虫→动物性鞭毛虫→变形虫→游泳型纤毛虫、吸管虫→固着型纤毛虫→轮虫。

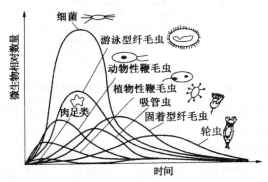

图 5-7　活性污泥中的微生物演替过程

(2)活性污泥法的工艺类型及其特征

①推流式活性污泥法。废水和回流污泥从曝气池的一端同时进入反应体系,水流呈推流式(flow-through)。推流式活性污泥法又称传统活性污泥法或普通活性污泥法,是很多新方法的基础,是早期开始使用并沿用至今的运行方式,标准活性污泥的基本工艺流程见图 5-8。它包括初沉池、曝气池、二沉池和污泥回流装置 4 个单元。污水与回流污泥从长方形曝气池的首端同步流入,污水与回流污泥形成的混合液在池内呈推流形式由池末端流出池外,进入二次沉淀池,处理后的污水与活性污泥在二次沉淀池内分离,部分污泥回流曝气池,剩余污泥排出系统。推流式活性污泥法的动力来源为水体的流动,随水体的流动,活性污泥与污水混合并对污水中的污染物进行吸附和降解。

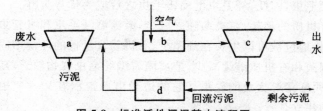

图 5-8　标准活性污泥基本流程图

(a)初沉池;(b)曝气池;(c)二沉池;(d)污泥回流池

在曝气池内,有机污染物浓度和需氧速度都是沿曝气池池长而逐渐降低,如图 5-9 所示。活性污泥的生长也呈周期性变化:池首端呈对数增长,后来又减速增长到池末端的内源呼吸。

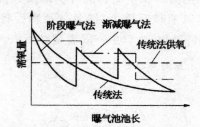

图 5-9　曝气池内需氧量的变化示意图

传统活性污泥法系统适用于处理净化程度高而水质较稳定的污水,处理效果好,可去除 BOD_5 达 90% 以上。

传统活性污泥法系统存在下列各项问题:

一是曝气池首端有机污染物负荷高,需氧量大,为了避免氧气不足,进水有机物负荷不宜过高。因此,曝气池基建面积大、容积大、投资高。

二是需氧量沿池长变化,而供氧速率很难和池前段供氧大、后段供氧少的需求相适应。为了在一定程度上解决这一问题,采用如图 5-10 所示的渐减供氧方式。

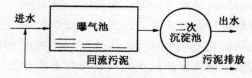

图 5-10　渐减曝气活性污泥法

三是传统活性污泥法系统对进水水质、水量变化的适应性较低,运行效果受其影响较大。

②渐减曝气活性污泥法。渐减曝气活性污泥法是针对传统活性污泥法有机物浓度和需氧量沿池长减小的特点而改进的,其工艺流程如图 5-10 所

示。这种曝气方式比均匀供气的曝气方式更为经济,它通过合理布置曝气装置,使供气量沿池长逐渐减小,与池内需氧量的变化相符合。

③阶段曝气活性污泥法。在阶段曝气活性污泥法中为了均衡池内有机负荷,污水沿曝气池长分多点进入,克服了推流式活性污泥法系统供氧弊病(图 5-9),有助于能耗的降低,活性污泥的降解功能也得以充分发挥。其工艺流程如图 5-11 所示。分散进水使得污水在池内得到很大程度上的稀释,混合液污泥浓度也沿池长降低,从而有利于二次沉淀池的泥水分离。此外,与推流式活性污泥法相比,阶段曝气活性污泥法处理相同的污水,所需池容积可减小 30%,同时,BOD_5 的去除率一般也达到了 90%。

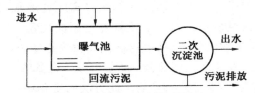

图 5-11　阶段曝气活性污泥法

④吸附-再生活性污泥法处理系统。吸附-再生活性污泥法又称生物吸附活性污泥法或接触稳定法,是由普通的推流式曝气池法演变来的。这种运行方式是将活性污泥降解有机污染物的吸附和代谢过程分别在各自的反应池中进行,其工艺流程如图 5-12 所示。

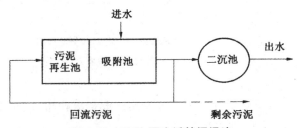

图 5-12　吸附-再生活性污泥法

污水和高浓度的活性污泥同步进入吸附池,在吸附池中充分接触、混合 15~60min,污水中有机污染物被活性污泥所吸附,经过吸附污水得到净化,排出体系之外。由二次沉淀池分离出的污泥进入再生池,活性污泥微生物在这里将所吸附的有机物代谢,并进入内源呼吸期,使其活性和吸附功能得到充分恢复,然后再与污水一起进入吸附池,从而进入第二个吸附-再生循环。

吸附-再生活性污泥法系统能够承受一定的冲击负荷,当吸附池的活性污泥遭到破坏时,可由再生池的污泥予以补救。本方法对于处理废水中的胶状污染物较为理想,并可以使吸附池和再生池的总体积减小一半以上。

本方法的处理效率,低于传统活性污泥法。此外,对溶解性有机物高的污水,处理效果差。

⑤完全氧化活性污泥法。本工艺可称为污水、污泥综合处理工艺。主要特点是有机负荷低,污泥持续处于内源呼吸状态,剩余污泥少且稳定,不需再进行消化处理。具有处理水质稳定性高,对污水冲击负荷有较强适应性和不需设初次沉淀池等优点。本方法适用于处理水质要求高,流量较小的城镇污水和工业废水。

⑥完全混合活性污泥法。本工艺在污水与回流污泥进入曝气池后,立即与池内混合液充分接触,完全混合,使浓污水得到很大程度上的稀释,可以认为池内混合液是已经处理而未经泥水分离的处理水,避免了推流式活性污泥法在前阶段供氧不足而后阶段供养过剩的现象。因此,池内混合液的组成、食物与微生物的比值、微生物群体和数量是完全均匀一致的。整个处理过程在污泥增长曲线上的位置仅是一个点,这意味着这种处理方法能忍受较大的污染负荷,而且充氧均匀。此方法的主要缺点是连续进出水,可能产生短流,出水水质不如传统法,易发生污泥膨胀。完全混合活性污泥法的工艺流程见图 5-13。

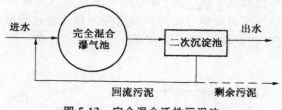

图 5-13　完全混合活性污泥法

完全混合活性

污泥法的特点 { a. 曝气池内混合液对污水起稀释作用,能承受相对较大的冲击负荷

b. 全池需氧均匀,节省动力

c. 曝气池和沉淀池可合建,不单独设回流系统,便于管理

⑦序批式活性污泥法。又称间歇式活性污泥法工艺,简称 SBR 工艺,是近年来的活性污泥法新工艺。由于这项工艺在技术上具有某些独特的优越性以及曝气池混合液的 DO、pH、电导率、ORP 等都能通过自动检测仪表做到自控操作,因此,受到世界范围内的广泛关注,在污水处理领域应用广泛。

SBR 工艺采用间歇运行方式,污水间歇进入系统并间歇排出。系统内只设一个处理单元,该单元在不同的时间发挥不同的作用,污水进入该单元后,按顺序进行不同的处理。SBR 工艺的一个运行周期是由流入、反应、沉淀、排放、待机等 5 个工序组成,见图 5-14。

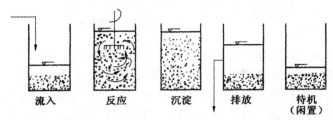

流入　　反应　　沉淀　　排放　　待机
（闲置）

图 5-14　间歇式活性污泥法曝气池运行操作示意图

　　流入工序是反应池接纳污水的过程。在污水流入之前是前一周期的排水或待机状态,反应池内剩有高浓度的活性污泥混合液,相当于传统活性污泥法的回流污泥,此时反应池水位最低。

SBR 工艺特征

a. 构筑物少、结构简单、占地小、设备费、运行管理费少

b. 静止沉淀,分离效果好,不产生污泥膨胀现象,出水质量高

c. 大多数情况下,不需要流量调节池,曝气池容积较连续式小

d. 通过对运行方式的调节,在单一的曝气池内能够进行脱氮和除磷反应

e. 在空间上完全混合,时间上完全推流式,反应速率快

　　⑧氧化沟。氧化沟是一种改良的活性污泥法,属于悬浮生长生物处理技术。其机制类似延时曝气工艺。一般用于处理小城镇的生活污水。

　　其曝气池呈封闭环状沟渠形,污水和活性污泥混合液在其中循环流动,又称环形曝气池,见图 5-15。

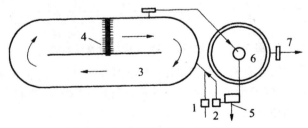

图 5-15　氧化沟系统工艺流程

1—污水泵站;2—回流污泥泵站;3—氧化沟;4—转刷曝气器;
5—剩余污泥排放;6—二次沉淀池;7—处理水排放

　　氧化沟一般呈环形沟渠状,平面多为环形或椭圆形。混合液在氧化沟内产生循环流,进水在循环流中被处理,出水经沉淀池分离出活性污泥,其中部分污泥回流到氧化沟内。

　　在流态上,氧化沟介于完全混合与推流之间。氧化沟的这种水流状态,

有利于活性污泥的生物凝聚作用,而且可以形成好氧区、缺氧区。通过对系统的合理设计与控制,能够取得良好的脱氮效果。

2. 生物膜法

生物膜法是以生物膜为净化主体的生物处理法。生物膜[1]是在固体物表面上生长的微生物及所吸附的有机污染物和无机污染物形成的一层具有较高生物活性的黏膜。生物膜中器净化作用的生物与活性污泥中相似,主要是细菌和微型动物。但是生物膜法中,反应器可见到光的部分占藻类生长,其中还可以生长蚊蝇。因此,生物膜中的生物群落比活性污泥中更复杂,二者的食物链比较见图 5-16。

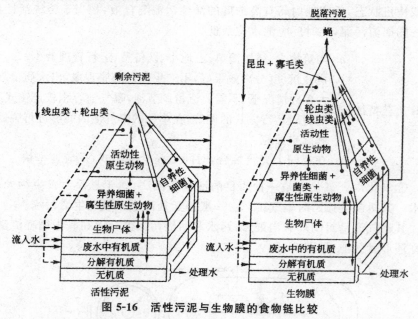

图 5-16　活性污泥与生物膜的食物链比较

用生物膜法去除有机污染物的过程如图 5-17 所示。根据载体与污水的不同接触方式,以及构筑物的不同形式,可以分为四种,下面一一讨论。

(1)普通生物滤池

普通生物滤池是最早应用的污水处理的生物膜法,平面一般呈圆形、方形或矩形。其核心工艺过程包括一沉池、生物滤池和二沉池。污水通过布水器均匀分布在滤料表面,经过一段时间后,生物膜沿水流方向分布,经一次沉淀的的污水沿膜流下,依靠生物膜吸附-氧化废水中有机物。经处理过的出水直接外排或进入沉淀池处理。工艺流程图见图 5-18。

---

① 王兰. 现代环境微生物学. 北京:化学工业出版社,2006.

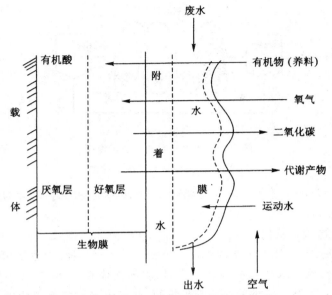

图 5-17　生物膜去除有机物过程示意图

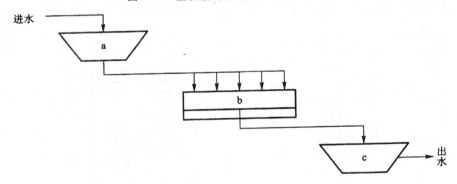

图 5-18　普通生物滤池工艺流程图

（a）一沉池；（b）生物滤池；（c）二沉池

（2）生物转盘

生物转盘又称浸没生物滤池，是由普通的生物滤池演变而来的。由固定于转轴上的盘片组、氧化槽、动力及减速装置组成。转盘下半部浸没于污水槽内，上半部敞露于空气中，以 2～5r/min 的速度转动。其生物膜的形成、生长繁殖以及降解有机物的机理，与生物池基本相同。转盘浸入污水时，盘面的生物膜吸附污水中的有机物，在电机的带动下，盘片组在水槽内缓慢转动，盘面露出污水后吸收空气中的氧，不断循环交替，使污水中有机物得到净化。其工艺流程示意图如图 5-19 所示。

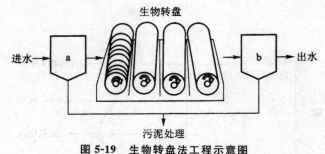

图 5-19 生物转盘法工程示意图

（a）一次沉淀池；（b）二次沉淀池

生物转盘的工艺特点是动力能耗低、抗冲击负荷能力强、无需回流污泥及管理方便等。

（3）生物接触氧化

生物接触氧化工艺的主体处理构筑物是接触氧化池，因滤池淹没在污水中，故又称为淹没式生物滤池。工作时，填料淹没在污水中，并不断鼓入空气。经过一段时间，填料表面长满生物膜，并对流经它的污水中的有机物质进行降解，从而使污水得到净化。图 5-20 是生物接触氧化装置的几种类型。

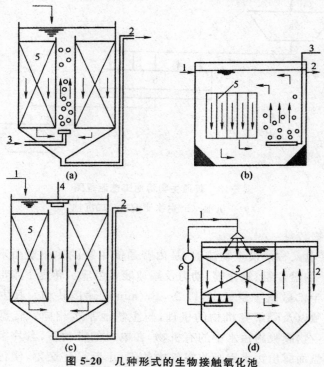

图 5-20 几种形式的生物接触氧化池

1—进水管；2—出水管；3—进气管；4—叶轮；5—填料；6—泵

滤池所用填料有多种类型,主要有蜂窝填料、软性纤维填料、弹性填料及组合填料等。其特点是能够承受较高的有机负荷。

(4)塔式生物滤池

滤池填料放在高 18～24m,直径 3～4m 的塔内,污水由塔上部灌入,经填料中微生物作用后,从下部放出。滤池所用填料有塑料波纹板、酚醛树脂浸泡过的纸蜂窝、泡沫玻璃板等。其特点是能耗较低,抗冲击负荷较强,管理方便。

(5)生物流化床

按载体流化的动力来源不同,生物流化床可分为三种工艺类型,分别为液流动力流化床、气流动力流化床和机械搅拌流化床。图 5-21 所示为液流动力流化床的工艺流程。本工艺以纯氧或空气为氧源,使污水与回流水在充氧设备中与纯氧或空气相接触,氧转移至污水中,使污水中溶解氧含量得以提高。由于在流化床内只有污水(液相)和载体(固相)相接触,而在单独的设备内对污水进行充氧,完全依靠水流使载体流化,故又称为二相流化床。

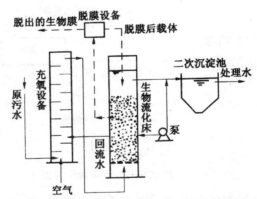

图 5-21　液流动力流化床的工艺流程(二相流化床)

经过充氧后的污水从底部通过布水器进入生物流化床[①],推动载体处于流化状态,污水中的有机物在载体上生物膜的作用进行生物降解,处理后的污水从上部流出床外,进入二次沉淀池,分离脱落的生物膜,处理水得到澄清。

5.1.4　厌氧生物处理

厌氧生物法是一种既节能又产能的污水生物处理技术,不仅用于处理

---

① 王有志.环境微生物技术.广州:华南理工大学出版社,2008.

有机污泥、高浓度有机废水,而且还能有效地处理低浓度污水,如城市污水等。

1. 厌氧生物处理的微生物学原理

厌氧生物处理是在厌氧条件下由多种微生物共同作用,使有机物分解并生成 CH_4 和 CO_2 的过程。对于有机物厌氧消化微生物学过程的解释,其重点是甲烷形成的机理。目前,被普遍接受的是三阶段和四种群学说的过程,如图 5-22 所示。

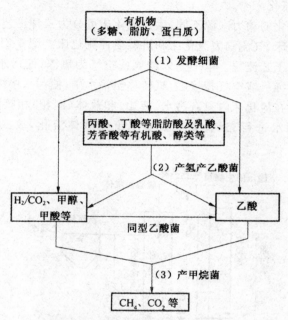

图 5-22 三阶段和四种群学说示意图

第一阶段为水解发酵阶段,复杂有机物如纤维素、淀粉、蛋白质、脂肪等在水解发酵细菌作用下降解为简单的有机物如脂肪酸、醇类等;第二阶段为产 H_2 产 CH_3COOH 阶段,由产 H_2 产 CH_3COOH 细菌将脂肪酸等转化成 CH_3COOH、H_2 和 CO_2 也可由同型产 CH_3COOH 细菌转化为 CH_3COOH;第三阶段是产甲烷阶段,在产 CH_4 细菌作用下将 CH_3COOH、CO_2、H_2 转化为 CH_4。

2. 厌氧生物处理工艺类型及其设备

厌氧生物处理主要在高浓度、难降解有机废水和有机污泥的处理中应用。长期以来,由于所需时间长,处理效率低,受环境因素影响大,而影响其迅速推广。20 世纪 60 年代后期,随着环境污染的加剧和能源危机的出现,可以产生生物能源甲烷的厌氧生物处理技术受到重视,相继开发出各种新型厌氧生物处理工艺和设备,极大地缩短了生化反应时间,从而提高了处理效率。

(1)厌氧接触法

厌氧接触法的工艺流程如图 5-23 所示。废水进入消化池后,迅速地与池内混合液混合,充分接触。同时在消化池后设沉淀池,污泥进行回流,使消化池内维持较高的污泥浓度,延长了污泥在池内的停留时间,因而加快了有机物的分解速率,缩短了水停留时间。在消化池与沉淀池之间加设除气泡减压装置,可以改善污泥的沉降性能。

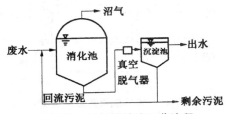

图 5-23　厌氧接触法工艺流程

(2)升流式厌氧污泥床(UASB)反应器

UASB 反应器集生物反应和沉淀于一体,是一种结构紧凑的厌氧反应器,见图 5-24。

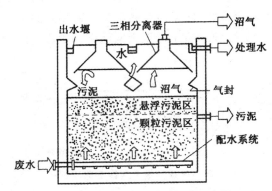

图 5-24　升流式厌氧污泥床示意图

废水通过进水配水系统从厌氧污泥床底部流入,均匀地分配到反应器的整个断面,并均匀上升,同时也起到水力搅拌作用。废水在反应区(颗粒污泥区和悬浮污泥区)与颗粒污泥层中的污泥进行接触混合,污泥中的微生物分解污水中的有机物产生沼气,微小沼气泡在上升过程中,不断合并逐渐形成较大的气泡。由于气泡上升产生较强烈的搅动,在颗粒污泥层上部形成悬浮污泥层。通过三相分离器将气体(沼气)、固体(污泥)和液体(水)等三相物质进行分离。沼气进入气室，污泥在沉淀区沉淀后，返回到反应区。经沉淀澄清后的废水排出反应器。

（3）厌氧生物转盘和厌氧挡板反应器

厌氧生物转盘的构造与好氧生物转盘相似，如图 5-25 所示。不同之处在于盘片大部分（70%以上）或全部浸没在废水中，整个生物转盘设在一个密闭的容器内。对废水的净化靠盘片表面的生物膜和悬浮在反应槽中的厌氧微生物完成，产生的沼气从反应槽顶部排出。由于盘片的转动，作用在生物膜上的剪切力可将老化的生物膜剥落，在水中呈悬浮状态。

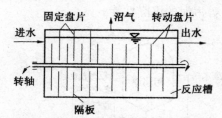

图 5-25　厌氧生物转盘构造图

厌氧挡板反应器是从厌氧生物转盘发展而来的，生物转盘不转动即变成厌氧挡板反应器。与生物转盘相比，厌氧挡板反应器可减少盘的片数和省去转动装置，其工艺流程如图 5-26 所示。在反应器内垂直于水流方向设多块挡板来维持较高的污泥浓度。挡板把反应器分为若干上向流和下向流室，上向流室比下向流室宽，便于污泥的聚集。通往上向流的挡板下部边缘处加 50°倾角的导流板，便于将水送至上向流室的中心，使泥水充分混合。

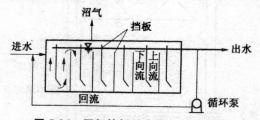

图 5-26　厌氧挡板反应器工艺流程图

因而无需混合搅拌装置，避免了厌氧滤池和厌氧流化床的堵塞问题和能耗较大的缺点，且启动期较短。

3. 污水生物处理对水质的要求

污水生物处理是利用微生物的作用来完成的，水质条件极其重要。因此，需要给微生物创造适宜其生长繁殖的环境条件。

（1）pH

好氧生物处理，污水的 pH＝6.5～8.5 为宜。对于厌氧生物处理，

pH＝6.5～7.8。pH 过低或过高的污水在进入生物处理装置前应调整其 pH。在运行过程中,pH 不能突然变化太大,以防微生物生长繁殖受到抑制或死亡,而影响处理效果。

（2）温度

适宜的温度,能够促进、强化微生物的生理活动。一般好氧生物处理要求水温在 20℃～40℃,但实际工艺多在 15℃～30℃之间运行。厌氧生物处理多在 20℃～40℃,也有一些工业废水在 50℃～55℃之间运行。采用何种温度,在实际工作中要考虑污水的原有温度及改变这种温度在经济上是否可行。

（3）营养

微生物的生长繁殖需要各种营养。好氧微生物群体要求 BOD_5：N：P＝100：5：1,厌氧微生物群体略低于好氧微生物,一般要求 BOD_5：N：P＝200：5：1。城市生活污水能满足活性污泥的营养要求,但有些工业废水除含有机物外一般缺乏某些营养元素,特别是 N 和 P,所以在用生物法处理这类污水时,需要投加适量的氮、磷等化合物。此外,还需考虑污水中所含有机物的浓度,过高或过低皆不宜。一般来说,好氧生物处理法进水有机质 BOD_5 浓度不宜超过 500～1000mg/L;厌氧生物法处理高浓度有机污水,BOD_5 可高达 5000～10000mg/L。

（4）有毒物质

对微生物有害的有毒物质都会影响污水的生物处理,如重金属离子、H_2S、氰化物、酚类等。工业废水中往往含有许多有毒物质,微生物群体经过培养驯化可以成为以该种废水中污染物质为主要营养的降解菌,但当污水中的有毒物质超过一定浓度时,仍能破坏微生物的正常代谢。因此,对某种污水进行生物处理时,必须根据具体情况确定处理方法。

（5）溶解氧

好氧生物处理时,如果溶解氧不足,微生物代谢活动受影响,处理效果明显下降,甚至造成局部厌氧分解,产生污泥膨胀现象。通常在活性污泥法中,维持曝气池溶解氧在 2mg/L 左右。厌氧生物处理溶解氧的存在是有害的,但实际上由于有机物和污泥在水中浓度较高,微量的溶解氧都会自发地被兼性厌氧菌迅速消耗,从而为厌氧菌提供适宜的条件。

5.1.5　污水的自然生物处理

1. 稳定塘

稳定塘又称氧化塘或生物塘,是经过人工修整的土地,设围堤和防渗层的污水池塘。它是一种构造简单、易于管理、处理效果稳定可靠的污水自然生物处理设施,常用于生活污水、城市污水和有机性工业废水的处理。

(1)稳定塘对污水的净化机理

在稳定塘中生活着各种类型的生物,它们是细菌、藻类、原生动物和微型后生动物、水生植物和高级水生动物等,与稳定塘的物化环境共同构成了稳定塘生态系统。塘内的细菌将有机污染物降解成 CO_2 和 H_2O,同时也消耗水中的溶解氧;而塘内的藻类则利用太阳光能进行光合作用,以 CO_2 作为碳源,合成其自身机体所需要的成分并释放出氧气,细菌和藻类之间互相依存、互相制约,形成菌藻共生生态系统。这种生态体系是稳定塘的最基本的生态结构,而其他水生植物和水生动物则起辅助作用,它们从不同途径强化污水的净化过程。当稳定塘的有机物负荷高,塘的底部或整个塘都没有溶解氧时,则主要利用厌氧细菌的厌氧发酵作用降解塘内溶解性或固态有机污染物。图 5-27 所示为典型的兼性稳定塘的生态系统,其中包括好氧区、兼性区和厌氧区。

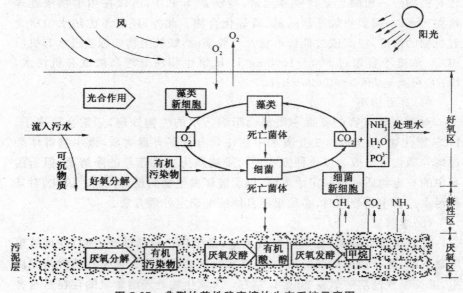

图 5-27 典型的兼性稳定塘的生态系统示意图

在稳定塘内光合细菌、藻类和水生植物是生产者,原生动物及支角类动物是初级消费者,它们以细菌和藻类为食物并不断繁殖,又为鱼类所吞食;藻类,特别是大型藻类和某些水生植物即是鱼的饵料,也有可能成为鸭、鹅等水禽类的饲料。在稳定塘内,鱼、水禽处在最高营养级,如果各营养级之间保持适宜的数量关系,就能建立良好的生态平衡,使污水中的有机污染物降解,污水得到净化。

（2）稳定塘的主要类型

①好氧塘。好氧塘的水深一般在 0.5m 左右，阳光能够直透塘底。藻类是主要供氧者，全部塘水呈好氧状态，主要通过好氧微生物的代谢作用对有机污染物进行降解，使污水得到净化。

②兼性塘。兼性塘水深一般为 1.0～2.0m，塘内存在不同的区域。上层是阳光能透射到的区域，溶解氧充足，藻类光合作用旺盛，好氧微生物活跃，为好氧区；塘的底部有污泥积累，溶解氧几乎为零，厌氧微生物占优势，对沉淀于塘底的有机污染物进行代谢，为厌氧区；中部则为兼性区，溶解氧不足，兼性微生物占优势，随环境变化以不同方式对有机污染物进行分解代谢。

③厌氧塘。厌氧塘深一般在 2.5～5.0m，塘内呈厌氧状态，有水解产酸菌、产氢产乙酸菌和产甲烷菌在塘内共存。进入厌氧塘的可生物降解的颗粒性有机物，先被水解为可溶性有机物，再通过产氢产乙酸菌转化为 H_2、CH_3COOH、CO_2 等，通过产甲烷菌将 H_2、CH_3COOH、CO_2 转化为吼等最终产物。

厌氧塘多用于处理高浓度、水量不大的有机废水。如肉类加工、食品工业、牲畜饲养场等废水。此外，厌氧塘的处理水，有机物含量仍很高，还需要进一步通过兼性塘和好氧塘处理。

④曝气塘。曝气塘是经过人工强化的稳定塘。采用人工曝气设备向塘中污水供氧，并使塘水搅动，曝气塘又分为好氧曝气塘和兼性曝气塘。当曝气设备足以使塘内污水中所含全部生物污泥处于悬浮状态，并向塘内提供足够的溶解氧时，即为好氧曝气塘。如果曝气设备只能使部分固体物质处于悬浮状态，其余沉积塘底，进行厌氧分解，溶解氧也不满足全部需要，即为兼性曝气塘。

2. 湿地处理系统

湿地处理系统是将污水投放到土壤经常处于水饱和状态，而且生长有芦苇、香蒲等耐水植物的沼泽地上，污水沿一定方向流动，在流动过程中，在耐水植物和土壤联合作用下使污水得到净化。湿地处理系统的主要有 3 种类型。

（1）天然湿地系统

利用天然洼地、苇塘，并加以人工修整而成。中设导流土堤，使污水沿一定方向流动，水深一般在 0.30～0.80m 之间，不超过 1.0m。净化作用与好氧塘相似，适宜作污水深度处理，见图 5-28。

图 5-28 天然湿地处理系统示意图

(2)自由水面人工湿地

如图 5-29 所示,用人工筑成水池或沟槽状,底面铺设隔水层以防渗漏,再充填一定深度的土壤层,在土壤层中种植芦苇一类的维管束植物,污水由湿地的一端通过布水装置流入,并以较浅的水层在地表上以推流方式向前流动,从另一端溢出集水沟,在流动的过程中保持着自由水面,其出水可达二级处理水标准。

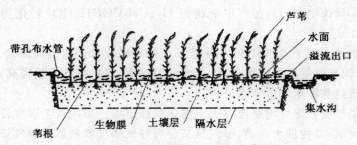

图 5-29 自由水面人工湿地示意图

(3)人工潜流湿地处理系统

人工潜流湿地处理系统是人工筑成的床槽,床内充填介质支持芦苇类的挺水植物生长。床底设粘土隔水层,并具有一定坡度。污水沿床宽度设置的布水装置进入,水平流动通过介质,与布满生物膜的介质表面及溶解氧充分接触而得到净化。

根据床内填充的介质不同,人工潜流湿地处理系统又可分为两种类型。一种如图 5-30 所示,床内介质由上下两层所组成,上层为土壤,种植芦苇等耐水植物,下层为易于使水流通的介质,如碎石等,则为植物的根系层三沿床宽设布水沟,内充填碎石,污水由布水管流入。在出水端碎石层的底部设多孔集水管并与出水管相连,出水管设闸阀,以便调节床内水位。

另一种类型的人工潜流湿地处理构筑物称为碎石床,即在床内充填的只是碎石、砾石一类的介质,耐水性植物直接种植于介质上。进水与出水装置与前一种类型的人工湿地基本相同。碎石充填深度应根据种植的植物根系能够达到的深度而定,一般芦苇为 60~70cm,介质粒径可在 10~30mm 之间。

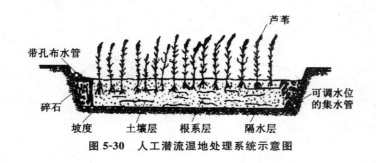

图 5-30　人工潜流湿地处理系统示意图

5.2　微生物在大气污染治理中的作用

大气污染主要是由于人类活动而造成的。随着现代工业的迅速发展，进入大气的有机物越来越多，这些有机物中往往含有许多有毒、有害的污染物质，常带有恶臭、强刺激、强腐蚀和易燃、易爆等成分，导致大气污染的加剧，不但给工农业生产带来影响，也对人体和自然环境产生极大危害。许多发达国家已经立法，采取一定的治理措施。我国于 2000 年 4 月 29 日重新修订通过了《中华人民共和国大气污染防治法》，对大气污染物的控制和排放等做出了相应的法律规定。

废气的微生物处理主要是利用微生物的生化作用，以废气中的有机成分作为其生命活动的能源和营养物质，通过分解代谢和合成代谢，使有机物降解、转化为简单的无机物，同时合成微生物自身细胞物质。由于废气的生物处理具有设备简单、安全可靠、效果好、不产生二次污染、投资省、运行费用低等特点，使得这一方法在工业废气净化处理中得到了迅速的发展。

5.2.1　工业废气生物处理原理

微生物能氧化和降解废气中的有毒、有害物质，生成二氧化碳、水等无机物和自身细胞物质。但是，这一过程难以在气相中进行，因此需要先将气态物质由气相转移到液相或固体表面的液膜中，然后才能被液相或固相表面的微生物吸收并降解，通常经历以下三个过程(参见图 5-31)：

①首先废气中的有机污染物与水接触，并溶解于水中，完成由气膜扩散进入液膜的过程。

②有机污染物组分溶解于液膜后，在浓度差的推动下进一步扩散到生物膜，被微生物所吸附。

③微生物利用有机物进行分解代谢和合成代谢，生成的代谢产物一部

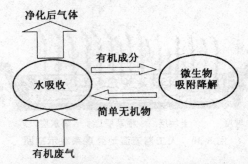

图 5-31　生物化学法净化处理工业废气过程示意图

分进入液相,一部分合成为细胞物质或细胞代谢能源;另外,生成的气体如二氧化碳等,则析出到空气中。废气中的有机污染物在上述过程中不断减少,进而得到净化。

　　废气中不同种类的污染物质有其各自特定的适宜处理的微生物群落。根据营养来源划分,能降解气态污染物的微生物分为自养菌和异养菌两类。自养菌可在无有机碳和氮的条件下依靠氨、硝酸盐、硫、硫化氢和铁离子的氧化来获得能量,进行生长繁殖,如硝化菌、反硝化菌和硫酸菌等,主要适合于进行无机物的转化,其生存所必需的碳由二氧化碳通过循环提供。但是,自养菌的新陈代谢活动比较慢,只适用于较低浓度的脱臭场合,一般用来转化硫化氢和氨等。异养菌则是通过有机物的氧化代谢来获得能量和营养物质的,在适当的 pH、温度和有氧条件下,能较快地降解污染物,进行有机物的转化。因此,异养菌多用于有机废气的净化处理。由于微生物的种类繁多,几乎所有的无机和有机污染物都能够被转化。目前,适合于生物处理的气态污染物主要有乙醇、硫醇、酚、甲酚、吲哚、脂肪酸、乙醛、酮、二氧化碳、氨和胺等。

5.2.2　工业废气生物处理工艺类型

　　根据工业废气处理过程中微生物的存在形式,可将其处理方法按悬浮态和固着态分为微生物吸收工艺和微生物过滤工艺。

　　微生物吸收工艺是利用以悬浮态生长的微生物、营养物和水组成的吸收液处理废气,适合于吸收可溶性气态污染物。吸收了废气的微生物混合液再进行好氧生物处理,去除混合液中吸收的污染物,经处理后的吸收液再重复使用。吸收设备借鉴成熟的化工单元操作技术,通常采用喷淋塔、筛板塔和鼓泡塔等。

　　微生物过滤工艺是利用固着生长微生物的固体介质吸收废气中的污染物,然后由微生物将其转化为无害物质。在生物过滤工艺中,废气通过由介质构成的固定床层时被吸附、吸收,并被微生物所氧化降解。通常采用土壤、堆肥等材料构成生物滤床。

1. 微生物吸收工艺

微生物吸收工艺又称微生物洗涤工艺,该工艺通常由吸收装置和吸收液反应装置组成,其工艺流程如图 5-32 所示。含有微生物和营养物质的吸收液由塔顶喷淋而下,与废气在塔内逆向接触,实现气液传质过程,废气中的污染物转入液相后,随吸收液流入生物反应器中,被吸收的有机污染物通过微生物的氧化作用从液相中除去。生物反应器一般为好氧处理装置,常用活性污泥法或生物膜法,在去除污染物的同时,吸收液中的活性污泥也得到了再生,可以直接进入吸收塔循环使用。

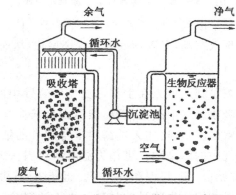

图 5-32　微生物吸附法工艺流程示意图

微生物吸收工艺处理工业废气,其去除效率除了与污泥浓度、溶解氧、pH 等因素有关外,还与污泥的驯化、营养物质投加量有关。一般,当活性污泥浓度控制在 $5000 \sim 10000 \text{mg/L}$、气速小于 20m/h 时,装置的负荷与去除率均较理想。

2. 微生物滴滤工艺

微生物滴滤工艺是一种介于生物吸附和生物过滤之间的处理工艺,其流程如图 5-33 所示。生物滴滤反应塔为该工艺的主体设备,塔内布多层喷淋装置与填料床,废气从塔底部进入,在上升的过程中与喷淋的循环水充分接触而被吸收,在反应塔下部设置空气扩散装置进行曝气,形成废水处理系统。利用填料上的生物膜的代谢作用将废水中吸收的有机物氧化降解,从而去除;也可以在循环水中添加 K_2HPO_4 和 NH_4NO_3 等物质,为微生物提供 N、P 等营养元素。

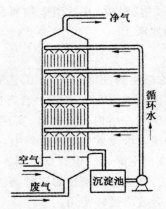

图 5-33　微生物滴滤法工艺流程示意图

　　该工艺的特点是集废气吸收和废水处理装置于一体,工艺简单,易于操作,运行成本低,处理效率高,可以使处理装置小型化,从而降低设备投资。

　　3. 微生物过滤工艺

　　微生物过滤工艺是利用填充在生物过滤反应装置中的、有生物活性的天然滤料来吸附和吸收废气中的污染物,然后由生长在滤料上的各种微生物来氧化降解。通常情况下,这些天然滤料本身固有的细菌和其他微生物就足以用来除去废气中的污染物。可作为滤料的材料一般为天然材料,如木屑、树皮、泥炭、堆肥、土壤、煤泥和贝壳等。近年来,有机或无机的人工合成材料也逐渐被开发和用作生物过滤材料。由于滤料含有一定的水分,表面生长着各种微生物,当废气进入滤床时,废气中的污染物从气相主体扩散到滤料外层的水膜而被吸收,同时氧气也由气相进入水膜,滤料表面所附着的微生物进行有氧代谢,将污染物分解为二氧化碳、水和无机盐等。微生物所需要的营养物质则由滤料自身供给或另外补充。

　　生物过滤反应装置一般由滤料床层、砂砾层和多孔布气管等组成。多孔布气管安装在砂砾层中,在装置底部设有排水管以排除多余的积水。根据所用固体滤料的不同,生物过滤装置通常分为土壤滤池、堆肥滤池和微生物过滤箱等。

　　(1)土壤滤池

　　土壤是有机物和无机物组成的多孔混合物,其孔隙率为 $40\% \sim 50\%$,比表面积为 $1 \sim 100 \mathrm{m}^2/\mathrm{g}$。其中有机物含量为 $1\% \sim 5\%$,主要分布在无机物的表面上。土壤内含有大量的微生物,具有较高的生物活性。每克土壤约含 10^9 个细菌、10^7 个放线菌和 10^5 个真菌。细菌易于分解小分子有机污染物,也能降解某些芳香族化合物和卤代物;放线菌能降解芳香族化合物;

真菌能降解三氯甲烷,其分泌的胞外酶亦能使复杂分子聚合物的化学键断裂。另外,土壤颗粒表面所具有的生物活性物质对废气中污染物的降解也有一定的催化作用。

土壤滤池由气体分配层和土壤滤层两部分构成。气体分配层的下部由粗石子、细石子或轻质陶粒骨料组成,上部由黄沙和细粒骨料组成,总厚度为 400～500mm;土壤滤层的混配比例和组成一般为:粘土 1.2%、有机质沃土 15.3%、细沙土 53.9%、粗砂 29.6%;厚度 0.5～1.0m。土壤滤层使用一年后会逐渐酸化,需及时用石灰调整 pH。敞开式土壤滤池结构如图 5-34 所示。

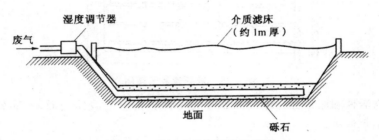

图 5-34　敞开式土壤滤池示意图

土壤滤池已用于处理肉类加工厂、动物饲养场和堆肥场等产生的废气,处理低浓度含氨、硫化氢、甲硫醇、二甲基硫、乙醛、三甲胺等带有强烈臭味的废气,其脱臭率均大于 99%。

(2)堆肥滤池

堆肥中含有 50%～80%的部分腐化的有机质,其孔隙率为 50%～80%,比表面积为 1～100m²/g。堆肥的生物活性与土壤一样,含有大量的微生物,并具有不同的降解性能。

堆肥滤池的结构如图 5-35 所示。在地面挖浅坑或筑池,池底设排水管。在池的一侧或中央设输气总管,由总管上接出直径约 125mm 的多孔配气支管,并覆盖砂石等材料,构成 50～100mm 厚的气体分配层,在气体分配层上铺设 500～600mm 厚的堆肥,构成过滤层。

堆肥滤池中的微生物比土壤滤池中多,对废气的去除率较高,接触时间只是土壤滤池的 1/4～1/2,因此适用于处理含易生物降解的污染物和废气量大的场合。对于生物降解较慢的气体,则需要较长的反应时间。

堆肥滤池占地较少,在温湿气候条件下不易干燥,工艺比较成熟。

(3)微生物过滤箱

微生物过滤箱如图 5-36 所示。主要由箱体、生物活性床层和喷水器构成,为封闭式装置。床层由多种有机物混合制成的颗粒状载体组成,有较强

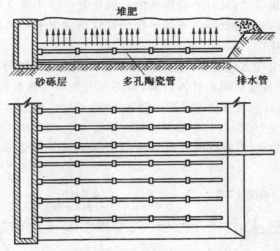

图 5-35　堆肥滤池示意图

的生物活性和耐用性。箱内的微生物一部分附着于载体表面,一部分悬浮于床层水体中。

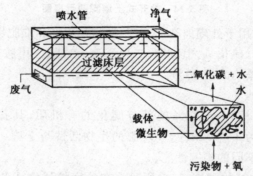

图 5-36　微生物过滤箱示意图

当废气通过床层时,污染物部分被载体吸附,部分被水吸收,然后由微生物氧化降解。床层厚度按需要确定,一般为 0.5～1.0m。床层对易降解碳氢化合物的降解能力约为 200g/(m³·h),过滤负荷大于 600g/(m³·h)。

可以按需要控制微生物过滤箱的净化过程,通过选择适当的条件,充分发挥微生物的作用。微生物过滤箱已经成功地应用于化工厂、食品厂、污水泵站等方面的废气净化和脱臭。

5.2.3　大气污染的防治

大气污染的防治包括三个阶段的工作:源头防治、末端治理和污染修复。

1. 源头防治

提到大气污染防治,很多人想到的是对废气的处理、对被污染大气的净化。但这些都是大气污染物已经形成以后的治理,只包括"治"的部分,"防"没有体现出来。真正完整的大气污染治理,实际上应该从大气污染的源头开始,也就是污染物还没有形成的时候就开始。源头防治是大气污染防治的首要阶段,即在大气污染物还没有形成之前,从燃料入手,利用物理、化学、生物等方法来降低燃料燃烧后生成大气污染物的量。

2. 末端治理

当大气污染物已经形成,就要进入大气污染防治的第二个阶段——末端治理。这里所谓的"末端",是指有害气体已经形成,但还未排放到大气中造成污染的阶段。会造成大气污染的气体在这个阶段中经过处理,有害成分得到有效削减,无法削减的部分才通过烟囱或其他排气口等排放到大气中。废气处理的方法有很多类,主要分为物理化学法和生物法。生物法处理有害烟气的机制是:废气中的污染物首先与水接触并溶解到水中,进而被微生物捕获或吸收,通过微生物对污染物进行氧化分解和同化合成,使污染物从气体中去除。

微生物处理废气的方法主要有以下几种:

(1)微生物过滤法

该法研究最早,技术相对比较成熟。一般废气从反应器的下部进入,通过附着在填料上的微生物,被氧化分解为无害的物质,达到净化的目的。常用的填料主要有木片、土壤和堆肥。废气通过填料层,部分被水吸收,后由微生物进行降解。其工艺流程见图 5-37。

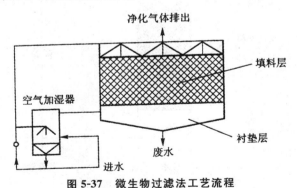

图 5-37　微生物过滤法工艺流程

(2)微生物吸收法

微生物吸收法是利用微生物、营养物和水组成的微生物吸收液处理废气中可溶性的气态污染物。吸收了污染物的微生物混合液再进行好氧处理,降解去除液体中吸收的污染物,经处理后的吸收液再重复使用。该法由两部分工艺组成(图 5-38)。一部分为废气吸收段,另一部分为悬浮液再生段,即活性污泥曝气池。由于该工艺的吸收和生物氧化在两个单元中进行,易于分别控制,达到各自的最佳运行状态。

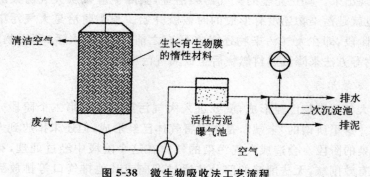

图 5-38　微生物吸收法工艺流程

(3)微生物滴滤法

微生物滴滤法集生物吸收和生物氧化于一体。像微生物吸收法一样,吸收液在吸收反应器中循环,与进入反应器的废气接触,吸收废气中的污染物,达到废气净化的目的(图 5-39)。反应器一般使用塑料球(环)、塑料蜂窝状填料、塑料波纹板填料、粗碎石或木片等,不具吸附性或吸附性很差,填料之间的空隙很大。微生物附着在填料表面生长形成生物膜。废气从下向上流动,而循环水则由滴滤池上部喷淋到填料床层上,并沿填料上的生物膜滴流而下。因此,污染物的吸收和降解是在同一个反应器中进行的,设备和操作简单,效率高。

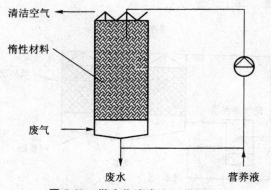

图 5-39　微生物滴滤法工艺流程

(4)微生物洗涤法

微生物洗涤法的特点是利用污水处理厂剩余的活性污泥配置混合液,作为吸收剂处理废气。把臭气氧化成 CO_2 和 H_2O,脱臭效率可达 99%。

可以处理含有微粒的废气,甚至能脱除很难治理的焦臭。

3. 污染修复

有害气体排放到大气中,浓度达到有害程度,就形成了大气污染,这时就要进入大气污染防治的第三阶段——污染修复。对被污染的大气进行修复时,主要是利用植物来实现。近年来微生物吸收、固定空气中污染物的现象和机制也已成为研究的热点。

5.2.4　微生物在防治"酸雨"中的作用

酸雨中含有多种无机酸和有机酸,其中绝大部分是硫酸和硝酸。人为排放的 SO_2 和 NO 在大气中经氧化后溶于水形成硫酸、硝酸和亚硝酸,是造成酸雨的主要原因。对此人们提出了相应的减缓对策,其中大幅度削减二氧化硫和氮氧化物等大气污染物的排放是最为重要的一条。

SO_2 的削减包括燃料脱硫和 SO_2 烟气脱硫两个方面。除传统的物理化学方法之外,微生物在削减 SO_2、防治"酸雨"中所起到的作用,正日渐受到人们的重视。

1. 煤的微生物脱硫

煤中的硫主要以无机硫和有机硫两种形式存在。其中无机硫占 60%～70%,主要有硫铁矿硫和硫酸盐硫,有时还含有微量的元素硫。硫化物绝大部分以黄铁矿硫的形式存在,硫酸盐硫含量很少(<0.1%);有机硫常以噻吩基、巯基、单硫链和多硫链的形式存在,种类多、结构复杂,但含量较低。

世界上许多国家已经对微生物脱硫技术投入了大量的人力、物力进行研究,也取得了显著的成果。例如:日本三池煤矿利用氧化铁硫杆菌脱除煤中的硫,无机硫脱除率高达 94% 以上,有机硫脱除率也有 7.1%;美国大西洋研究公司(ARC)从煤矿周围的土壤中提取细菌,选择其中对有机硫有降解能力的细菌进行人工培养、驯化,使之对有机硫的脱除率可达 25%～47%;捷克和波兰等国家也有类似的研究和应用。我国煤炭生物脱硫研究起步较晚,但也取得了可喜的进展。

我国的大气污染类型属于煤烟型污染,煤炭燃烧释放出的 SO_2 严重污染环境,成为造成酸雨的首要元凶。这就决定了在我国煤的脱硫是燃料脱硫中最主要的方面。我国煤的含硫量一般为 0.38%～5.32%,平均为 1.72%。开发经济有效的脱硫技术已成为当今最紧迫的任务之一,对提高煤的利用效率、改善生态环境,尤其是预防酸雨的产生,具有重要的现实意义。

煤的工业脱硫方法主要是浮选、磁分离和油团聚等物理或物理化学过程,工艺较简单,投资较少。但物理方法不能脱除有机硫,且黄铁矿的脱除率只有50％左右；化学方法能脱除无机硫和部分有机硫，脱出率高于物理方法，但在较强的反应条件下，煤的结构、黏结性被破坏，热值损失，同时高温、高压和强氧化-还原条件使设备及操作费用显著提高，影响了工艺的经济竞争力。由生物湿法冶金技术发展而来的微生物脱硫，是利用微生物代谢过程中的氧化-还原反应达到脱硫的目的或利用微生物酶类使特定的脱硫反应加速，释放出硫，并保持烃类不受破坏的一种新型脱硫技术。它可以在低于100℃的温度和常压下进行，并可将石油和煤中的硫转化为可溶性产品。该技术能耗较低，投资少，不造成煤粉损失，且能减少煤中灰分，脱硫效果可观。

（1）生物脱硫机制

①无机硫脱除机制。微生物脱除煤中的无机硫主要是针对黄铁矿硫。黄铁矿硫的微生物脱除，是基于微生物的氧化分解作用。当有水和氧存在时，黄铁矿可被氧化，但反应很缓慢；当存在某些嗜酸的硫杆菌时，黄铁矿的氧化过程将大大加快。微生物对黄铁矿的氧化是通过细胞与晶体表面的接触，在细胞外膜和黄铁矿表面之间发生氧化。目前一般认为微生物对黄铁矿硫的脱除机制有两种途径：一是直接氧化机制，二是间接作用机制。

实际上直接氧化和间接作用两种形式是同时作用的。细菌直接侵袭黄铁矿表面（直接作用）的生成物可以加速氧化还原反应的溶解过程，生成物为高价铁离子和硫酸根。直接作用过程生成的三价铁离子可以作为强氧化剂与黄铁矿作用使二价铁再生，然后在细菌的作用下将二价铁氧化为三价铁，同时生成的元素硫在细菌作用下氧化为硫酸，这一系列循环式氧化还原反应称为间接作用。这两个过程同时起作用，促进了黄铁矿硫的氧化溶解。

②煤中有机硫脱除机制。根据秦煜民等的报道，煤中有机硫主要以噻吩基、巯基、硫醚和多硫链等形式存在于煤的大分子结构中，通过物理方法很难脱除，利用微生物脱除则可以收到较好的效果。

微生物氧化有机硫化合物的生化机制也有两种途径：一是芳烃化合物的同系化，随后转移至细胞内；二是芳环在细胞外解离，转化为可溶性产物后进入细胞内。前一途径是微生物与典型的不溶性基质相互作用，后一途径则要求微生物必须具有所需的胞外酶。

现在研究一般以DBT作为有机硫的标准化合物，它是煤炭中含量高、较无机硫更难脱除的有机硫化物之一。微生物分解DBT有两条途径：

一是碳代谢。微生物不直接作用于DBT的硫原子，而是通过氧化分解DBT中碳分子结构，使其溶于水。这种过程是以碳代谢为目的的Kodama途径，微生物以DBT中的碳为代谢对象，使DBT的芳环结构分解，但有机硫原子仍残留在分解产物中。对于煤脱硫来说，由于芳环分解和溶出，使煤中的含碳量明显下降,煤质结构将有较大程度的破坏,其热值损失较大。而且,微生物虽能使 DBT 溶于水,但存在着水的后续处理问题。

二是硫代谢。这种过程是以硫代谢为目的的 4-S 途径,DBT 中的硫经过 4 步氧化,最终生成 SO_4^{2-} 和 2,2-二羟基联苯。微生物直接作用于 DBT 的硫原子而不破坏碳分子结构,使硫变成硫酸,从而达到脱硫的目的。这种途径碳原子骨架不发生降解,有机物碳含量保持不变,相对来说煤的热值损失小,能将煤中的硫高效地脱除。

(2)微生物脱除煤中硫的方法和工艺

世界上许多国家都在积极研究煤炭微生物脱硫,所涉及的方法和工艺,大体有以下两种类型:

①细菌浸出法。利用微生物的生化反应把煤中不同类型的硫分解成可溶的铁盐和硫酸,然后滤出煤粉即可达到脱硫的目的。该方法又分为堆浸法和空气搅拌法两种。

堆浸法是利用地形堆积煤块,用耐酸泵将细菌浸出液喷淋到煤堆上,浸出后收集废液,除去废酸和铁离子。该方法操作程序简单、设备成本较低,但是需要较长的处理时间,处理能力低,需环境温度适宜,浸出的废液需及时处理。

空气搅拌法可缩短反应时间,且提高脱硫效率。此法是在一定的反应器中,使含细菌的浸出液与煤粉充分接触混合反应,同时搅拌混入空气,为细菌提供必要的二氧化碳和氧气,经 1~2 周反应期,即可获得较好效果。在两极反应系统中,第一个反应器加入硫杆菌和无机培养基,几乎可完全脱除无机硫;第二个反应器加入假单胞菌(或硫化叶菌)和有机营养,能脱除 40% 以上的有机硫。

②表面改性法。传统的煤炭微生物脱硫方法的主要缺点是脱除黄铁矿硫需要的反应时间很长,这将导致设备庞大和投资高。如果能减少处理时间,就可大大降低成本。而用表面改性法只需将黄铁矿表面改性即可达到脱硫效果,所以处理时间较短。

表面改性法就是利用细菌的氧化作用或附着作用改变黄铁矿表面性质,提高其与煤分的分离能力,进而从煤中将黄铁矿脱除。另外,该方法在把煤中黄铁矿脱除时,灰分能够同时沉淀,所以兼有脱除灰分的效果。日本中央电力研究所在研究水煤浆(CWN)表面改性脱硫过程中,采用硫分为 2%~3%、灰分为 10% 左右的美国匹兹堡煤,经 1min 左右的细菌预处理,就除去了 70% 的黄铁矿和 60% 的灰分。

需要说明的是,细菌浸出法适用于脱除无机和有机硫,表面改性法仅适用于脱除无机硫。

新的概念和方法还在不断提出,如微生物表面吸附与浮选相结合脱除黄铁矿、厌氧菌用于煤脱硫和采用非水有机溶剂为介质的微生物脱有机硫等。例如,国外提出一种二段法微生物脱硫工艺,流程如图 5-40 所示。含硫量较高的煤先进行酸预处理,含硫量较低的煤则通过浮选和磨细,然后进入生物处理阶段。第一段使用以 CO_2 作为碳源的自养微生物脱除黄铁矿硫;第二段用异养微生物脱除煤中有机硫,这些异养微生物从外部化合物获得碳源。如在第一段用烟道气中的 CO_2 作碳源与 O_2 同鼓气,用酸性水进行再循环,则能使工艺过程更为经济、有效。

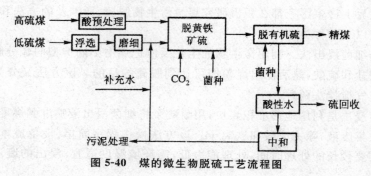

图 5-40 煤的微生物脱硫工艺流程图

2. 石油的微生物脱硫

石油是另一种重要的含硫燃料。石油的总含硫量在 $0.03\% \sim 7.89\%$ 之间,除元素硫、硫化物等,还有硫醇、噻吩、苯并噻吩、二苯并噻吩类及更复杂的含硫有机化合物约 200 种。

早在 1935 年,就有报道用某种硫还原菌脱除粗油中的硫。后来的 30 年中,由于相关技术缺乏,研究内容被局限在寻找能够有效脱硫的微生物上。从 20 世纪 50 年代公布了第一份石油生物脱硫专利开始,陆续发表了许多专利,但都未能实现工业化;70 年代,研究方向转到生物脱硫代谢机制上;80 年代,随着基因工程技术的发展,简单的寻找脱硫微生物的工作已被提高到利用 DNA 技术克隆能高效、专一脱硫的微生物或通过有效的分离技术提取高活性脱硫酶。20 世纪末,许多生物学家和化学工程师开始合作研究脱硫过程中的工程问题,并进行了中试。研究者从炼油厂污水处理设施的活性污泥或附近的土壤、温泉、实验室培养菌种中筛选出一些可用于脱硫的微生物,它们对脱除无机硫及非杂环硫较有效,对杂环硫的脱除效果甚微。少数可脱除杂环中有机硫的微生物有两种氧化方式:C—C 键断裂氧化和 C—S 键断裂氧化。在前一途径中,DBT 的一个芳香环被氧化降解,杂环硫不从环中脱除,而是生成水溶性 3-羟基-2-醛基-苯噻吩除去,导致烃燃烧值降低。而在后一途径中杂环硫被脱出但不引起芳香环碳骨架的断裂,这是一个较为理想的途径,因此受到重视。

石油的微生物脱硫虽早有研究,但均处在实验室阶段。由于存在碳氢化合物大量损失和废水处理费用高昂等缺点,至今尚未规模地投入生产。

3. 含 SO_2 废气的微生物脱硫

SO_2 的排放是形成酸雨的主要因素,它的危害已经成为当今世界空气污染三大环境问题之一,开发、推广、应用各种脱硫技术势在必行。

(1)微生物去除 SO_2 的机制

硫是自然界中存在的重要元素之一,也是构成微生物有机体必不可少的一种元素。微生物参与硫素循环的各个过程,并获得能量。可以根据微生物参与硫循环这一特点,利用微生物进行烟气脱硫。其原理主要有以下几种:

①微生物间接氧化。在有氧条件下,通过脱硫微生物的间接氧化作用,将烟气中的 SO_2,氧化成硫酸,微生物从中获取能量。

②异化硫酸盐还原。硫酸盐还原菌等微生物能利用各种有机物作为电子供体使亚硫酸盐和硫酸盐作为最终电子受体并将其还原为硫化物,这一过程称为异化硫酸盐还原。

硫酸盐还原菌还原气体 SO_2 为 H_2S 等硫化物。SO_2 作为电子受体,乳酸盐、乙醇等;有机物作为电子供体,NH_3 作为氮源。

生成的 H_2S 等硫化物又作为硫杆菌和光合细菌的电子供体,在这些自养菌体内进行进一步的代谢,最终产生元素硫和硫酸盐。

(2)微生物去除 SO_2 的方法和工艺

自从 1988 年 Kerry 开始微生物法去除 SO_2 的首次研究,陆续有不少人尝试了微生物法去除 SO_2 的应用研究工作,形成了一些不同的方法,归纳起来有以下几种:

①连续发酵法。在带有搅拌装置的自动发酵罐中通入 SO_2,利用异养厌氧微生物的作用,几秒钟内 SO_2 还原为 H_2S,生成的 H_2S 进入 H_2S 氧化反应器,作为硫杆菌的电子供体和能源被进一步氧化为硫和硫酸盐,最后回收单细胞蛋白。这是最早出现的微生物法去除 SO_2 的工艺。这种方法初期实验时,使用的菌种营养要求十分严格,影响大规模操作的经济性;后来进行了不断的改进和完善,如多种微生物混合培养、采用葡萄糖和活性污泥等成本较低的碳源等。

②溶解 SO_2 生物去除法。该工艺包括以下步骤:第一步,使废气与初始溶液相接触,SO_2 溶解于水形成亚硫酸盐。第二步,在厌氧反应器中,亚硫酸盐被硫酸盐还原菌还原为硫化物。第三步,在硫化物反应器中,硫化物被硫氧化细菌氧化为元素硫。第四步,从液相中分离元素硫。第五步,剩下

的滤液循环进入第一步。在厌氧反应器中,硫酸盐还原菌可利用 H_2、CO、有机物作为电子供体,亚硫酸盐作为电子受体被还原为硫化物。该工艺生成了可再利用的硫,在对火电厂烟气的脱硫试验中,其基建投资为传统方法的 $1/2$,运行费用是传统方法的 $5/9$,而且还可以去除废气中的飞灰和气相或液相中的重金属。

③固定化细胞生物法。指利用固定化细胞生物反应器对 SO_2 及亚硫酸盐还原的。

④铁离子催化法。用含有脱硫菌的溶液作循环吸收液,以粉煤灰中 Fe_2O_3 被离子化后产生的铁离子作催化剂和反应介质,建立两个生化反应器:一个为吸收塔,用含微生物的吸收液作喷淋水,与进入反应器内的烟道气发生生化反应;另一个为三层滤料生物滤池,在粒状填料表面,微生物经驯化、培育和挂膜后形成一层生物膜,与吸收塔出来的气水混合物进一步发生反应,使烟气中剩余的 SO_2 很快被脱除,同时生物滤膜填料对循环吸收液起净化作用,防止喷淋水堵塞喷嘴。工艺流程见图 5-41。

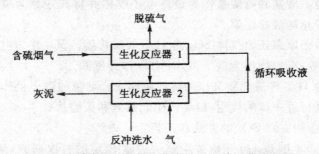

图 5-41　铁离子催化微生物去除 SO_2 的工艺流程图

4. 含 H_2S 废气的微生物脱硫

硫化物的释放是厌氧处理含硫酸盐或亚硫酸盐废水时伴生的主要问题。硫化氢虽然不会直接造成酸雨的产生,但有可能在一定的条件下氧化成 SO_2,因此它也是形成酸雨的一个潜在因素。而且 H_2S 具有剧毒、强腐蚀性与恶臭气味,属必须消除或控制的大气污染物。

H_2S 脱除技术,尤其是可同时实现硫回收的资源化工艺,一直是近百年来研究者不断追求的目标,各种方法层出不穷。典型的工艺有克劳斯法、氧化铁法、液体吸收法与湿式氧化法。这些传统的物理化学方法一般需要高温高压,或者要消耗大量的化学药剂与催化剂,投资与运行费用较大。而利用微生物方法脱除硫化氢的技术是近年兴起的研究热点,与传统物理化学方法相比,微生物方法反应条件温和、化学品与能源的消耗大大降低、运行成本低,并且无二次污染产生,因而具有极大的发展前景。

（1）微生物去除 H_2S 的原理

微生物去除 H_2S 的基本原理是：将 H_2S 溶解于水中，利用微生物对 H_2S 的氧化作用将之从酸性气体中脱除。具体的原理可分为以下几种：

①VanNiel 反应。光合硫细菌以硫化物或硫代硫酸盐作为电子供体，从光源中获得能量，依靠体内特殊的光合色素，同化 CO_2 进行光合作用，生成水和元素硫。反应式如下：

$$CO_2 + 2H_2S \xrightarrow{\text{微生物}} [CH_2O] + H_2O + 2S$$

②微生物催化氧化。脱氮硫杆菌是一种严格自养和兼性厌氧型细菌，能在好氧或厌氧条件下将 H_2S 催化氧化成硫酸盐。

在好氧条件下，氧化反应式为：

$$2O_2 + HS^- \xrightarrow{\text{微生物}} H^+ + SO_4^{2-}$$

在厌氧条件下，脱氮硫杆菌利用 NO_3^- 为电子最终受体，将硝态氮还原成游离氮，同时把硫化氢氧化成硫酸根，其反应式为：

$$5HS^- + 8NO_3^- + 3H^+ \xrightarrow{\text{微生物}} 5SO_4^{2-} + 4N_2 \uparrow + 4H_2O$$

③结合 Fe^{3+} 氧化。该原理利用的是氧化亚铁硫杆菌的间接氧化作用。先用硫酸铁脱除 H_2S，再用氧化亚铁硫杆菌将 Fe^{2+} 氧化成 Fe^{3+}。其脱硫过程如下：硫酸铁先与含 H_2S 的酸性气体接触，高铁离子将 H_2S 氧化生成元素硫，高铁离子自身也被还原成亚铁离子，元素硫析出；然后氧化亚铁硫杆菌催化氧化亚铁离子生成 Fe^{3+}，再次与 H_2S 反应，从而实现了循环式 H_2S 脱除与硫回收。具体可用以下反应式表示：

$$H_2S + Fe_2(SO_4)_3 \longrightarrow S + 2FeSO_4 + H_2SO_4$$

$$2FeSO_4 + H_4SO_4 + \frac{1}{2}O_2 \xrightarrow{\text{微生物}} Fe_2(SO_4)_3 + H_2O$$

（2）微生物去除 H_2S 的方法和工艺

尽管硫化物氧化细菌在许多废水生物处理系统中广泛存在，但到 21 世纪初才真正地利用它发展了 H_2S 气体的生物脱硫工艺，国内还未见试验报道。其方法和工艺主要有以下三种：

①脱硫除氮工艺。该工艺先将含 H_2S 的废气溶于水，以水中的 NO_3^- 为电子受体，利用脱氮硫杆菌（*Thiobacillus denitrificans*）等微生物，将硫化物氧化为元素硫，NO_3^- 则被还原为 N_2，反应器对废水中硫化物、CH_3COOH 和 NO_3^- 的去除效果都较好。该工艺中氧化生成的元素硫被进一步氧化为 SO_4^{2-} 的情况很少发生，减少了硫酸等副产物的产生。

②元素硫生产工艺。为避免将硫酸盐排入环境，新型生物脱硫工艺力求仅将硫化物氧化为元素硫，尽量减少 SO_4^{2-} 等生成。一个典型的例子就

是日本钢管公司制作所开发的 Bio-SR 工艺。该工艺脱硫过程如下:在吸收塔中脱硫吸收液中螯合铁与含 H_2S 的酸性气体接触,高铁离子将 H_2S 氧化生成元素硫,高铁离子自身也被还原成亚铁离子,吸收液固液分离并回收得到硫磺产品,然后吸收液被泵入生物氧化塔,氧化亚铁硫杆菌(*Thiobacillus ferrooxidans*)催化氧化亚铁离子生成 Fe^{3+},吸收液再次进入吸收塔与 H_2S 反应,如此循环反应。工艺流程见图 5-42。

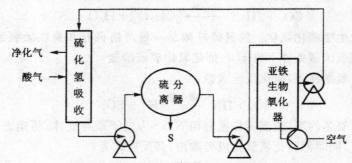

图 5-42　Bio-SR 法脱除 H_2S 的工艺流程

③利用光合硫细菌的生物脱硫工艺。光合硫细菌中的绿菌科与着色菌科能够在厌氧条件下催化 VanNiel 反应,将 H_2S 转化成元素硫。利用这一反应,科学家开发出了一种新型的 H_2S 脱除工艺,向接种了光合硫细菌的反应器中通入 H_2S 气体,结果发现去除率高达 99.9%,其中 67.1% 的 H_2S 转化成元素硫,其余的转化为硫酸盐。该工艺的反应流程见图 5-43。

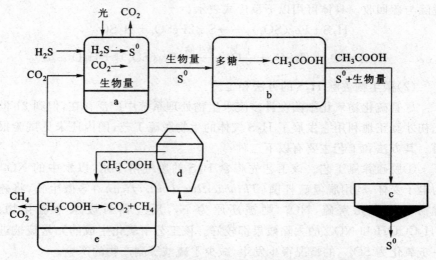

图 5-43　利用光合硫细菌脱除酸气中硫化氢的反应流程图

(a)光合反应器;(b)暗反应器;(c)沉淀池;(d)离心;(e)厌氧发酵产生甲烷

5.2.5　微生物在减轻"温室效应"中的作用

1. 微生物固定 CO_2 机制

人们对 CO_2 固定途径的认识始于对绿色植物光合作用固定 CO_2 的研究,1954 年卡尔文等人提出了 CO_2 固定的途径——卡尔文循环(Calvin cycle)。后来发现这个循环在许多自氧微生物中均存在,但近年来的研究表明,自养微生物固定 CO_2 的生化机制除了卡尔文循环外,还有其他的途径。现已比较清楚的微生物固定 CO_2 的生化途径主要有以下几种。

(1)卡尔文循环

卡尔文循环一般可分为三阶段:CO_2 的固定,固定的 CO_2 的还原,CO_2 受体的再生。其中由 CO_2 受体、5-磷酸核酮糖到 3-磷酸甘油酸是 CO_2 的固定反应,由 3-磷酸甘油醛到 5-磷酸核酮糖是 CO_2 受体的再生反应,这两步反应是卡尔文循环所特有的。一些光合细菌和蓝细菌都是以卡尔文循环固定 CO_2。另外,在嗜热假单胞菌、氧化硫硫杆菌、排硫杆菌、氧化亚铁硫杆菌、脱氮硫杆菌等化能自养菌中均发现了卡尔文循环的两大关键酶——1,5-二磷酸核酮糖羧化酶和 5-磷酸核酮糖激酶。整个卡尔文循环过程如图 5-44 所示。

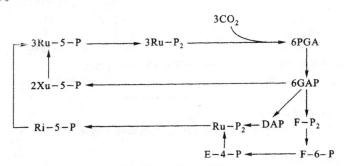

图 5-44　卡尔文循环

Ru-P_2:1,5-二磷酸核酮糖;GAP:3-磷酸甘油醛;

PGA:3-磷酸甘油酸;DAP:磷酸二羟丙酮;

F-P2:1,6-二磷酸果糖;F-6-P:6-磷酸果糖;

E-4-P:4-磷酸赤藓糖;Xu-5-P:5-磷酸木酮糖;

Ri-5-P:5-磷酸核糖;Ru-5-P:5-磷酸核酮糖

(2)还原三羧酸循环

由图 5-45 可见,还原三羧酸循环旋转一次,便有 4 分子 CO_2 被固定。现已发现嗜热氢细菌(*Hydrogenobacter thermophilus*)、绿色硫磺细菌(*Chlorobium limicola*)、嗜硫化硫酸绿硫菌(*Chlorobium thiosul tophilum*)

等都是以还原三羧酸循环来固定 CO_2。

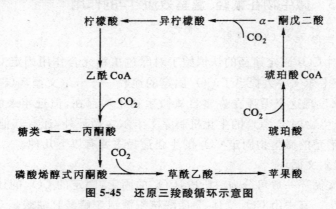

图 5-45　还原三羧酸循环示意图

（3）乙酰辅酶 A 途径

乙酰辅酶 A 途径固定 CO_2 的过程如图 5-46 所示。甲烷菌、厌氧醋酸菌等厌氧细菌一般以乙酰辅酶 A 途径固定 CO_2。

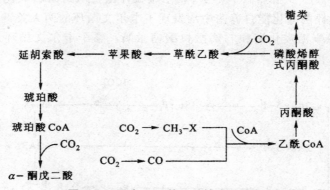

图 5-46　固定 CO_2 的乙酰辅酶 A 途径

（4）甘氨酸途径

厌氧醋酸菌从 CO_2 形成 CH_3COOH 的生化机制一般有两种，除上述的乙酰辅酶 A 途径外，还有图 5-47 所示的甘氨酸途径。

2. 固定 CO_2 的微生物种类

固定 CO_2 的微生物一般有两类：光能自养型微生物和化能自养型微生物。前者主要包括藻类和光合细菌，它们都含有叶绿素，以光为能源，CO_2 为碳源合成菌体物质或代谢产物；后者以 CO_2 为碳源，能源主要有 H_2、H_2S、$S_2O_3^{2-}$、NH_4^+、NO_2^- 及 Fe^{2+} 等。

藻类种类很多，国内外已实现大规模培养的微藻有螺旋藻（*Spirulina*）、小球藻（*Chlorella*）、栅藻（*Scenedesmus*）及盐藻（*Dunaliella*）等。人工

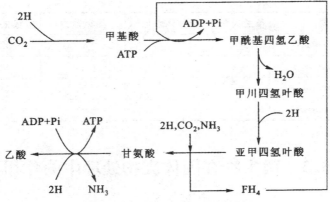

图 5-47　固定 CO_2 的甘氨酸途径

培育的有固碳潜能的有紫球藻($Porphyridium$)、聚球藻($Synechococcus$)、褐指藻($Phaeodoctylum$)、衣藻($Chlamydomonas$)、四片藻($Tetraselmis$)、鱼腥藻($Anabaene$)和念珠藻($Nostoc$)等。

氢细菌可作为化能自养菌固定 CO_2 的代表。目前已发现的氢细菌有 18 个属，近 40 个种，如表 5-1 所示。

表 5-1　固定 CO_2 的氢细菌

细菌	革兰氏阳性(＋)/阴性(－)	固氮能力	适宜生长温度/℃
$Alcaligenes$	－	－	30～37
$Aquaspirillum$	－	－	30～37
$Arthrobacter$	＋	－	30～37
$Azospirillum$	－	＋	30～37
$Bacillus$	－	－	50～70
$Colderobacterium$	－	－	70
$Derxia$	－	＋	30～37
$Flavobacterium$	－	－	50
$Hydrogenobacter$	－	－	70
$Hydrogenovibrio$	－	－	30～37
$Microcyclus$	－	＋	30～37
$Mycobacterium$	－	－	30～37
$Nocardia$	＋	－	30～37
$Paracoccus$	－	－	30～37

续表

细菌	革兰氏阳性(＋)/阴性(－)	固氮能力	适宜生长温度/℃
Pseudomonas	－	－	30～37 或 50～70
Renobacter	－	＋	30～37
Rhizobium	－	＋	30～37
Xanthobacter	－	＋	30～37

5.3　微生物在固体废物处理中的作用

5.3.1　固体废弃物的分类

固体废弃物的分类方法有很多种,按其化学组成可分为有机废物和无机废物;按其危害性可分为一般性固体废弃物和危险性固体废弃物[①];按其形态可分为固态废弃物(粉状、粒状、块状)和半固态(污泥)废弃物;按其来源可分为矿业废弃物、工业废弃物、城市垃圾、农业废弃物和放射性废弃物等。西方经济发达国家将固体废物分为工业固体废物、放射性废物、城市生活垃圾和农业固体废弃物 4 类(图 5-48)。而《中华人民共和国固体废弃物污染防治法》(1995 年)将固体废物分为工业固体废物、危险废物和城市生活垃圾等。

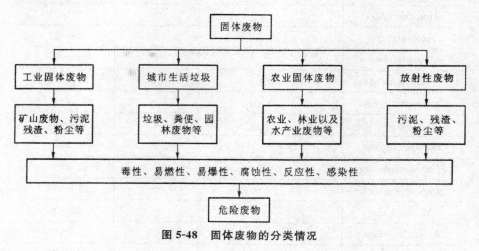

图 5-48　固体废物的分类情况

---

①　常学秀,张汉波,袁嘉丽．环境污染微生物学．北京:高等教育出版社,2006.

5.3.2　微生物在有机固体废弃物处理中的应用

堆肥是指在一定条件下,利用微生物对固体和半固体有机废物进行中温或高温分解,并产生腐殖质的过程,达到无害化和资源化,这是有机固体废物处理利用的一条重要途径。

堆肥按堆制过程的需氧程度可分为好氧法和厌氧法。通常习惯把好氧法称好氧堆肥,而厌氧法常称为厌氧发酵。

1. 有机固体废弃物的好氧堆肥

(1)好氧堆肥的原理

好氧堆肥是在有氧条件下,借助好氧微生物的作用进行的。在堆肥过程[①]中,有机固体废物中的溶解性有机物质透过微生物的细胞壁和细胞膜而被微生物吸收;固体的和胶体的有机物先附着在微生物体外,由微生物所分泌的胞外酶分解为溶解性物质,再渗入细胞。微生物通过自身的氧化、还原、合成等生命活动,把一部分被吸收的有机物氧化成简单的无机物,并释放出生物生长活动所需要的能量,把另一部分有机物转化为生物体所必需的营养物质,合成新的细胞物质,于是,微生物逐渐生长繁殖,产生更多的生物体,如图 5-49 所示。

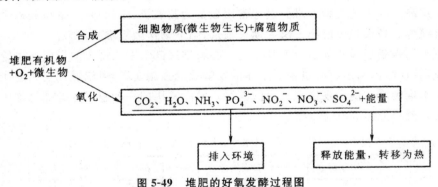

图 5-49　堆肥的好氧发酵过程图

(2)好氧堆肥中有机物的氧化和合成过程

①有机物的氧化:

a. 不含 N 有机物($C_xH_yO_z$)的氧化

$$C_xH_yO_z+(x+\frac{1}{4}y-\frac{1}{2}z)O_2 \longrightarrow xCO_2+\frac{1}{2}yH_2O+能量$$

---

① 常学秀,张汉波,袁嘉丽. 环境污染微生物学. 北京:高等教育出版社,2006.

b. 含 N 有机物($C_sH_tN_uO_v \cdot aH_2O$)的氧化

$$C_sH_tN_uO_v \cdot aH_2O + bO_2 \longrightarrow C_wH_xN_yO_z \cdot cH_2O(堆肥) + dH_2O(气) +$$
$$eH_2O(液) + fCO_2 + NH_3 + 能量$$

②细胞质的合成(以 NH_3 为氮源):

$$n(C_xH_yO_z) + NH_3 + (nx + \frac{1}{4}ny - \frac{1}{2}nz - 5x)O_2 \longrightarrow C_5H_7NO_2(细胞质) +$$
$$(nx - 5)CO_2 + \frac{1}{2}(ny - 4)H_2O + 能量$$

③细胞质的氧化:

$$C_5H_7NO_2(细胞质) + 5O_2 \longrightarrow 5CO_2 + 2H_2O(液) + NH_3 + 能量$$

以纤维素为例,好氧堆肥中纤维素的分解反应如下:

$$(C_6H_{12}O_6)_n \xrightarrow{\text{纤维素酶}} nC_6H_{12}O_6(葡萄糖)$$

$$nC_6H_{12}O_6 + 6nO_2 \xrightarrow{\text{微生物}} nCO_2 + 6nH_2O + 能量$$
$$或(C_6H_{12}O_6)_n + 6nO_2 \longrightarrow 6nCO_2 + 6nH_2O + 能量$$

(3)好氧堆肥的典型工艺

①自然通风静态堆肥工艺。该工艺是一种最简单的堆肥方式,将物料堆成高 2m 的长条形。这种堆肥方式成本较低,是我国城市垃圾堆肥处理应用最广的工艺类型。堆肥过程常用设备为装载机、滚筒筛、皮带机和磁选滚筒等。垃圾经过腐熟发酵后通过筛选,筛下物作为粗堆肥出售。

②强制通风式固定垛发酵工艺。在料堆底部沿着长度方向设置通风管或通风槽,由高压离心机根据堆体的发酵状况强制通风,可以避免自然通风静态堆肥堆体内出现供氧不足的弊端。国内常用的一种仓式静态通风堆肥工艺流程如图 5-50 所示。

图 5-50　仓式静态通风堆肥工艺流程图

③机械翻堆条形(垛式)发酵工艺。此工艺中,物料堆置成垛状,排列成多条平行的条垛。在大规模的条垛系统中,通过可移动翻堆设备对垛进行翻动。该种工艺具有生产率高,成本低,但占地面积较大等特点。其工艺流程见图 5-51。

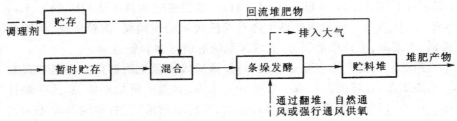

图5-51　搅拌翻堆条垛式系统工艺流程图

2. 有机固体废弃物的厌氧发酵

厌氧发酵是废物在厌氧条件下通过厌氧微生物的代谢活动而被分解转化,同时伴有 CH_4 和 CO_2 的产生的过程。

(1)厌氧发酵的过程

有机物厌氧发酵的过程先后提出了二阶段说、三阶段说及四阶段说等发酵理论,这三个理论一个比一个完善。

二阶段说认为,当有机物厌氧分解时,主要经历酸性发酵阶段和碱性发酵阶段两个阶段,如图5-52所示。

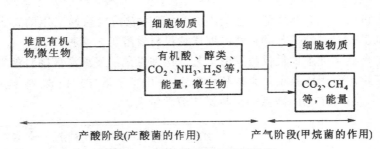

图5-52　有机物的厌氧堆肥分解

而三阶段说认为厌氧发酵过程依次分为液化、产酸、产甲烷三个阶段。液化阶段主要是由厌氧有机物分解菌分泌的胞外酶水解有机污染物。产酸阶段利用乙酸细菌和某些芽孢杆菌等产酸类细菌,降解较高级的脂肪酸如长链脂肪酸中的硬脂酸,生成乙酸和氢。产甲烷阶段由产甲烷菌利用 CO_2 和 H_2,或 CO 和氢合成甲烷;或由产甲烷菌利用 $HCOOH$、CH_3COOH、CH_3OH 及甲基胺裂解生成 CH_4。

目前,应用较多的甲烷发酵理论是 Bryant 于1979年提出的四阶段的发酵理论:

第一阶段是水解和发酵性细菌群将复杂的有机物(如纤维素、淀粉等)水解为单糖后,再发酵为丙酮酸;将蛋白质水解为氨基酸,并进一步脱氨基后形成有机酸和氨;脂质水解为各种低级脂肪酸和醇,例如 CH_3COOH、

CH_3CH_2COOH、$CH_3CH_2CH_2COOH$、长链脂肪酸、CH_3CH_2OH、CO_2、H_2、NH_3 和 H_2S 等。此阶段的微生物有专性厌氧的梭菌属、拟杆菌属、丁酸弧菌属、真细菌、双歧杆菌属等,兼性厌氧的有链球菌和肠道菌。

第二阶段的产物主要是乙酸和氢,该阶段的微生物群落主要是产氢和产乙酸细菌,这群细菌只有少数被分离出来,如奥式甲烷杆菌、布式甲烷杆菌。此外,还有分解三碳以上的有机酸、长链脂肪酸、芳香族酸及醇等为乙酸和氢气的细菌和硫酸盐还原菌,如脱硫弧菌。

第三阶段的微生物是两组生理功能不同的专性厌氧的产甲烷菌群,主要产生甲烷。

第四阶段为同型产乙酸阶段,是同型产乙酸细菌将 H_2 和 CO_2 转化为乙酸的过程,此阶段在厌氧消化中的作用仍在研究中。

1979 年贝尔奇提出的分类系统,将甲烷菌分为 3 目、4 科、7 属、13 种。代表菌有布氏甲烷杆菌、嗜树木甲烷短杆菌(*Methanobrevibacter arboriphilus*)、沃氏甲烷球菌(*Methanococcus vannielii*)、运动甲烷微菌(*Methanmicrobium mobile*)、亨氏甲烷螺菌(*Methanospirillum hungatei*)。

(2)有机固体废弃物厌氧发酵的典型工艺

有机固体废弃物发酵工艺类型较多,我国农村较普遍采用的有自然温度半批量投料发酵工艺和自然温度连续投料发酵工艺两种。

①自然温度半批量投料发酵工艺。这种工艺的发酵温度随自然温度变化而变化。所用原料主要为秸秆和粪便,采用半批量方式投放,基本流程见图 5-53。这种工艺的缺点是出料操作劳动量大。

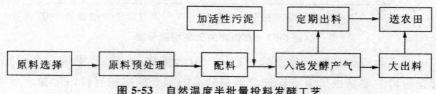

图 5-53　自然温度半批量投料发酵工艺

②自然温度连续投料发酵工艺。这种工艺是在自然温度条件下,定时定量投料和出料。目前,一些大中型沼气工程均采用这种发酵工艺,而且该种工艺在我国农村有较好的发展前景。

第 6 章 环境污染的微生物修复技术

生物修复技术是 1980 年代以来出现和发展的清除和治理环境污染的生物工程技术。该技术在萌芽阶段主要应用与环境中石油烃污染的治理，并取得成功。实践结果表明，生物修复技术是可行的、有效的和优越的，此后该技术被不断扩大应用与环境中其他污染的治理。本章针对生物修复技术的基本概念、原理以及生物修复工程做详细的介绍。

6.1 生物修复概述

6.1.1 生物修复的概念

生物修复(bioremediation)是指利用生物特别是微生物，将存在于土壤、地下水和海洋等环境中的有毒、有害的污染物降解为 CO_2 和 H_2O，或转化为无害物质，从而使污染生态环境修复为正常生态环境的工程技术体系。

严格意义上的生物修复，是指目标化合物在自然情况下被降解。这种微生物修复只要存在合适的环境条件、营养条件以及相应的微生物就可以发生。但这种严格意义上的生物修复一般进行的非常慢，远远不能满足生产实践的要求。在实际生产中，一般采用工程化手段来加速生物修复的进程，这种在受控条件下进行的生物修复又称强化的生物修复或工程化的生物修复。工程化的生物修复一般采用下列手段来加强修复的速度：①生物刺激，满足土著微生物生长所必需的环境条件；②通过各种手段，诱导参与降解环境污染物的微生物菌群的产生和扩增。[1]

不需要移动污染物而进行的生物修复称为原位生物修复。原位生物修复虽然在操作过程中通常较难维持，但原位生物修复的成本低，因此，通常优先采用这种方法。但是在污染程度较高的情况下，单纯采用这一种修复方法一般不能达到要求，这时就需要应用易位生物修复。在这种情况下，污染的土壤从污染环境挖出，通过采用固相法或泥浆反应器处理。

---

① 王家玲. 环境微生物学. 北京：高等教育出版社，2004.

6.1.2 生物修复的技术特点

生物修复实质上是对自净作用的强化。在实施生物修复时,应综合考虑微生物、有机污染物和被污染环境的特性。

1. 营养物质

在土壤和地下水中,尤其是在地下水中,氮、磷浓度一般较低,这已经成为限制微生物生长的主要因素。要使污染物原位降解,不但需要接种相应的微生物,更需要添加适量的营养物质。许多研究表明,外加氮、磷、酵母废液(或酵母膏),可以显著促进石油烃类化合物降解。通过添加营养物质来强化生物降解和生物转化的过程就是生物激活。

是否需要添加营养物质以及添加营养物质的效应,与受污染环境的养料含量、C/N 比例、所加营养物质的类型、添加速度等有关。有些研究发现,添加氮源会抑制芳烃和脂肪烃矿化。由此可见,营养物质对微生物修复的影响比较复杂,在选择养料及其配比时最好先做小试。国外研制的“亲油”型缓释肥料,将尿素或磷酸盐包埋于石蜡中,缓慢释放,肥效持续时间较长,已成功地应用于海洋石油污染的生物修复。

2. 电子受体

溶解氧、NO_3^-、SO_4^{2-}、高价铁、有机物分解的中间产物等都是自然界中存在的电子受体。微生物的代谢类型和代谢速率都随电子受体的不同而不同。电子受体一般处于供不应求的状态。

在好氧环境中,溶解氧通常是污染物生物降解与转化的限制因子。工程上采用的增氧措施有:①在被处理的地下水或土壤中布设通气管道,将压缩空气强制送入需氧部位;②投加氧发生剂(H_2O_2),经驯化的微生物可以耐受的 H_2O_2 浓度为 1000mg/L。

在厌氧环境中,NO_3^-、SO_4^{2-}、Fe^{2+} 等都可以作为污染物生物降解的电子受体。许多典型的有机污染物(如氯代苯系物)不能在好氧条件下降解,却可在厌氧条件下被矿化成 CO_2 和 HO_2。以 NO_3^- 作为电子受体时,应特别注意中间产物对地下水的二次污染。[①]

3. 共代谢基质

根据目前对共代谢的认识,只有存在微生物生长所需的能源和碳源时,才能进行某些有机污染物的生物降解和转化作用。已有人将共代谢原理应用于地下水的微生物修复。他们将 CH_4 和 O_2 注入地下水中,利用甲烷营

---

① 郑平. 环境微生物学. 杭州:浙江大学出版社,2002.

养菌的生长和代谢来净化地下水中的有机污染物,使地下水得到修复。

4. 有机污染物的理化特性

有机污染物的许多理化特性会影响土壤和地下水的生物修复,因此需要加以了解。这些理化特性为:①化学品的类型,如酸性、碱性、极性、非极性、有机物、无机物等。②化学品的性质,如相对分子质量、熔点、结构、水溶性、蒸汽压、Henry 常数等。③化学反应,如氧化、还原、水解、沉淀、聚合等。④环境介质吸附参数,如 Freudlich 吸附常数、辛醇-水分配系数(K_{OW})、有机碳吸附系数(K_{OC})。⑤降解性,如半衰期、一级速度常数、相对可生物降解性等。

污染物的理化性质与它的可生物降解性密切相关。疏水性污染物(如石油烃、PCB、卤代溶剂)形成独立的非水相,难以直接被微生物降解和转化,而易被沉积物、土壤颗粒吸附,并与其中有机复合体形成结合态。被土壤固相吸附的可降解有机物,解吸速率慢于生物降解速率,因此生物修复的总反应速率常常受控于解吸,而不是微生物的代谢。污染物进入环境的时间越长,其可生物利用性越低,即污染物老化(ageing)。污染物老化的原因并非是微生物的活性受到抑制,也不是营养物缺乏,而是在污染物与天然有机物质结合后或被土壤颗粒吸附后,传质受到限制。为了提高污染物的水溶性,从而加速污染物的生物降解,一些研究者使用了表面活性剂。表面活性剂应当有如下特性:①对微生物无毒害;②易被生物降解;③不造成环境物理性质的恶化等。

提高生物修复效果的综合对策见表 6-1。

表 6-1　提高生物修复效果的综合对策

	障碍因子	对策	实例
微生物	无降解性种群	外援接种	采用白腐菌强增油污染土壤 PHA 降解
	降解菌数量低	补充 N、P,原地富集固定降解菌(PU 微胶丸)	微胶丸包埋降解 PCP
污染物	低生物利用率	改变污染物的物理性质	加亲油剂增加油-细胞接触面
	非微生物生长基质	投加共基质	用苯甲酸作为降解 PCBs 菌株的共基质代谢 PCBs
	降解酶合成受抑制	用污染物类似物诱导	加联苯诱导强化土壤 PCBs 降解

续表

障碍因子	对策	实例
环境因子	极端物理条件（缺乏电子供体）	改变条件使之适宜微生物生长和代谢	投加产氧剂,建立丙(撑)二酸降解所需的好养环境。投加磷酸盐缓冲溶液和淀粉,建立 TNT 降解所需要的厌氧环境。投加短链脂肪酸,强化 2,4-D 还原脱氯降解速率。

6.1.3　生物修复的发展过程

20 世纪 80 年代以前,生物修复的基础研究集中在水体、土壤和石油生物降解的实验室研究。80 年代以后基础研究的成果被应用于大范围的环境污染治理,并取得了相当的成功,从而发展成为一种新的生物治理技术。

与化学、物理处理方法相比,生物修复技术具有下列的优点:①污染物在原地被降解清除。②修复时间较短。③操作简便,对周围环境干扰少。④费用少,仅为传统化学、物理修复经费的 30%～50%。⑤人类直接暴露在这些污染物下的机会减少。⑥不产生二次污染,遗留问题少。

根据不同环境的污染特点,近年来研究开发出以微生物为主,联合植物,并配合物理、化学措施的综合修复技术①。例如,降解微生物与植物联合修复技术,电化学强化生物修复技术等。菌根是高等植物营养根系与真菌菌丝共同形成的一种联合体,二者属共生关系。菌根真菌在植物根系数量远高于根外土壤,其旺盛生活不仅改善植物营养,而且能降解植物根际的某些污染物。20 世纪 90 年代以来,根际菌根生物修复技术作为一项新的生物修复技术,已成功应用于石油、多环芳烃、农药等有机污染的治理中。可以说,生物修复已发展成为一种新的可靠的环保技术并得到广泛应用,有人称之为生物处理技术的一个里程碑。

目前在生物修复领域中广受重视的几个研究方向是:
①分析污染物的有氧和厌氧降解生化机理。
②研究微生物群体结构及其对环境变化的反应动力学。
③对新的生物修复技术进行微观及中试研究,考察其实施费用及应用的可行性。
④通过遗传学手段改造菌株以提高其降解能力。

①　王家玲.环境微生物学.北京:高等教育出版社,2004.

6.2 生物修复技术生物学原理

6.2.1 生物修复技术基本原理

大多数环境中都进行着天然的微生物降解净化有毒有害有机污染的过程。研究表明,大多数下层土含有能降解低浓度芳香化合物(如苯、甲苯、乙基苯和二甲苯)的微生物,但是在自然条件下由于溶解氧不足、盐缺乏等限制因素,微生物生长缓慢,自然净化速度很慢,因此,需要采用各种方法来强化这一过程。如提供 O_2 或其他电子受体(如 NO_3^-、SO_4^{2-} 的盐类),接种经驯化培养的高效微生物等,以便能够迅速去除污染物。微生物修复技术不仅能有效降低环境中的有机污染物,而且能消除环境中的无机污染物。[①]

生物修复技术大致可分为原位生物修复和异位生物修复两类。原位生物处理中污染土壤不需移动,污染地下水不需用泵抽至地面。此方法的优点是处理费用低,但处理过程控制比较难;异位生物处理需要通过某种方法将污染介质转移到污染现场附近或之外,再进行处理,通常污染物搬动费用较大,但处理过程容易控制。

6.2.2 用生物修复的微生物

可以用来作为生物修复菌种的微生物分为三大类型:土著微生物、外来微生物和基因工程菌(GBM)。

1. 土著微生物

生物修复的基础就是其巨大的降解有机化物质的潜在能力。自然环境中存在多种多样的微生物,他们在受到有害的有机化合物污染后,就存在一个驯化选择过程,一些有特异功能的微生物在污染物诱导下产生分解污染物的酶系,进而将污染物降解转化。

目前,在许多生物修复工程中应用的都是土著微生物,这是因为土著微生物有降解污染物的潜力巨大,然而,接种的微生物在环境中难以保持较高的活性以及工程菌的应用受到较严格的限制,引进外来微生物和工程菌时必须注意这些微生物对该地土著微生物的影响。

当处理包括多种污染物(如直链烃、环烃和芳香烃)的污染时,单一微生物的降解能力非常有限。土壤微生态研究表明,很少有单一微生物具有降

---

① 苏锡南. 环境微生物学. 北京:中国环境科学出版社,2002.

解所有这些污染物的能力。另外,有机化合物的生物降解通常是分步进行的,在这个过程中包括了多种酶的作用和多种微生物的作用,一种酶或微生物的产物可能成为另一种酶或微生物的底物。因此,在污染物的处理中,必须考虑接种多种微生物或者激发多种土著微生物,已实现对有机污染物的彻底降解过程。土壤微生物具有多样性的特点,任何一个种群只占整个微生物区系的一部分,群落中的优势种会随土壤温度、湿度以及污染物特性等条件发生变化。

2. 外来微生物

土著微生物生长速度缓慢,代谢活性低;土著微生物的数量也会由于污染物的影响急剧下降。在这种情况下,往往需要引入外来的降解有机化合物的微生物。接种外来微生物时,都会引起土著微生物的竞争,因此外来微生物的接种数目必须足量,才能成为优势菌种,从而才能快速的降解这些污染物。这些接种在环境中用来启动生物修复的微生物称为先锋生物,它们是催化生物修复的过程的主要限制因素。

现在国内外的研究者正在努力扩展生物修复的应用范围。一方面,研究工作者在积极寻找具有广谱降解特性、活性较高的天然微生物;另一方面,正在研究可以在极端环境(如严寒、强酸、强碱)下生长的微生物,试图将其用于生物修复过程。这些微生物包括耐强酸或强碱、耐极端温度、耐有机溶剂等种类。这些可以在极端环境下生长的微生物若用于生物修复工程,将会使生物修复技术提高到一个新的水平。

目前用于生物修复的高效降解菌大多是多种微生物混合而成的复合菌群,其中不少已被制成商业化产品。如光合细菌,这是一大类在厌氧光照下进行不产氧光合作用的原核微生物的总称。目前广泛使用的 PSB 菌剂多为红螺菌科光合细菌的复合菌群,它们在厌氧光照及好氧黑暗条件下都能以小分子有机物为基质进行代谢和生长,因此对有机物具有很强的降解转化能力,同时对硫、氮素也起了很大的作用。目前国内许多高校、科研院所和微生物技术公司都有 PSB 菌液、浓缩液、粉剂及复合菌剂出售,这些复合菌群在水产养殖水体及天然有机物污染河道的应用中取得了一定的效果。日本 Anew 公司研制的 EM 生物制剂,由光合细菌、乳酸菌、酵母菌、放线菌等共约 10 个属 30 多种微生物组成,已被用于污染河道的生物修复。美国的 Polybac 公司推出的 20 多种复合微生物制剂,可分别用于不同种类有机物的降解、氨氮转化等。美国 CBS 公司开发的复合菌剂,内含光合细菌、乳酸菌、酵母菌、放线菌、硝化菌等多种生物,经对成都府南河、重庆桃花溪等严重有机污染河道的试验,对水体的 COD、BOD、NH_4^+-N、TP 及底泥的有机质有一定的降解转化效果。其他用于生物修复的微生物制剂尚有 DBC

及美国的 LLMO 生物制液,后者含芽孢杆菌、假单胞菌、气杆菌、红色假单胞菌等 7 种细菌。①

3. 基因工程菌

现代生物技术为基因工程菌的构建打下了坚实的基础,通过采用遗传工程的手段将降解多种污染物的降解基因转入到一种微生物细胞中,使其具有广谱降解能力;或者增加细胞内降解基因的拷贝数来增加降解酶的数量,以提高其降解污染物的能力。Chapracarty 等为消除海上石油污染,将假单胞菌中的不同菌株 CAM、OCT、Sal、NAH 4 种降解性质粒结合转移至一个菌之中,构建出一株能同时降解多环芳烃、芳香烃、萜烃和脂肪烃的“超级细菌”。该细菌能将浮油在数小时内消除,然而天然菌要经过一年多的时间才能将其降解。该菌已取得美国专利,这在污染降解工程菌的构建历史上是第一块里程碑。

R. J. Klenc 等从自然环境中分离到一株能在 5℃～10℃ 水温中生长的嗜冷菌恶臭假单胞菌 Q5,将嗜温菌所含的降解质粒 TOL 转入该菌株中,形成新的工程菌株 Q5T。该菌在温度低至 10℃ 时仍可利用质量浓度为 1000mg/L 的甲苯为异氧碳源正常生长,在实际的应用中价值很高。瑞士的 Kulla 分离到两株分别含有两种可降解偶氮染料的假单胞菌,应用质粒转移技术获得了含有两种质粒、可同时降解两种染料的脱色工程菌。

尽管利用遗传工程提高微生物生物降解能力的工作已取得了巨大的成功,但是目前美国、日本和其他大多数国家对工程菌的实际应用有严格的立法控制,在美国工程菌的使用受到“有毒物质控制法”(TSCA)的管制。因此尽管已有许多关于工程菌的实验室研究,但至今还未见现场应用的报道。

6.2.3　生物修复技术的影响因素

首先是生物因素,必须存在具有代谢活性的生物,它们能够以相当速度降解污染物,并使污染物浓度降低到环境要求的范围内。

微生物通过矿化分解和共代谢作用去除有机污染物。在纯培养、高基质浓度下,已经分离出很多具有降解活性的微生物,包括细菌、放线菌、丝状真菌、酵母以及一些微型藻类。但在实际生物修复过程中,多数需要两种或更多种类微生物的协同作用。这种协同作用的主要机理有:①一种或多种微生物为其他微生物提供氨基酸、维生素 B 及其他生长因素;②一种微生物以共代谢的形式分解目标化合物,其他微生物进一步分解代谢产物;③一

---

① 袁林江 . 环境工程微生物学 . 北京:化学工业出版社,2011.

种微生物分解目标化合物成中间代谢产物,其他微生物进一步分解。

生态条件中,影响最大、研究最充分的是 O_2 的作用。当 O_2 作为污染物降解的最终受体时,大多数有机物在好氧条件下的生物降解进行的较快。由于一些土壤孔隙较少,或者距离表层远,含氧量常常成为原位生物修复的限制因素。深层土壤的供氧技术,已经成为生物修复领域的一个极其活跃的研究方向。

许多有机物也能够在厌氧环境下被降解,但一般降解速度较慢。某些特定的微生物能够利用 NO_3^-、SO_4^{2-}、Fe^{3+}、Mn^{3+} 作为电子受体,从而在缺氧条件下降解有机污染物。人们已经发现某些物质例如卤代烃、硝基苯类化合物等在厌氧情况下降解得更加迅速和彻底。

其他生态因子,例如温度、pH、盐度、湿度、有毒物质、静水水压都能够影响有机物的生物降解性。

异氧细菌及真菌的生长除需要有机物提供的碳源和能源外,对营养物质和电子受体的需求也很高。最常见的无机营养物质是氮和磷。多数生物修复过程中需要添加氮磷以促进生物代谢。[1] 许多细菌和真菌还需要一些低浓度的生长因子,包括氨基酸、B 族和脂溶性维生素及其他有机分子。

污染物在环境中的浓度大小与微生物降解关系密切。有些物质在低浓度范围内时,不会对微生物代谢有抑制作用,有的甚至可以促进某些微生物的代谢繁殖,但在高浓度时,一般都会在一定程度上抑制微生物的生长代谢。Bollen 用 200mg/L 的对硫磷处理土壤,发现酵母菌和细菌的数量明显增加。这种刺激作用,一方面是由于农药抑制了其他敏感微生物的生长,导致不敏感的微生物缺少竞争对手而大量繁殖,另一方面是由于菌体遗骸为微生物代谢提供了营养,促进生长。但当农药浓度提高到 5000mg/L 时,所有微生物数目均急剧减少。有机化合物起始浓度为 47ng/L～47mg/L 时,对氯苯甲酸和氯乙酸的降解速度随浓度的降低显著下降。当 2,4-二氯苯氧乙酸、α-萘-N-甲基氨基甲酸浓度为 2～3μg/L 或更低时,几乎不被微生物降解,但当浓度较高时,6 天内 60% 以上被降解为 CO_2 而这些痕量的有机污染物可以通过食物链放大富集,最终危害人类的生命健康。

总之,要顺利完成一个圆满的生物修复工程,需要多方面专业技术人员的共同努力,其中涉及微生物学、化学、土壤学、毒理学、工程学以及管理学等诸多学科内容。

---

① 王家玲 . 环境微生物学 . 北京:高等教育出版社,2004.

6.3　生物修复工程

6.3.1　土壤的生物修复

污染土壤环境的微生物修复组要有原位生物处理和异味生物处理两类方法。

1. 土壤原位生物修复处理

（1）生物扩增菌株

在添加营养物条件下，用土著或接种菌降解环境中的有机污染物。生物扩增还涉及将非土著微生物引入到污染场所，这就需要投入已具有降解能力或适应所在地污染物的优势菌种。构建遗传工程菌可能是处理毒性较大污染物的一种有效手段。

（2）培养法

向污染环境中添加外源生物活性物质，比如，N、P 营养，O_2、NO_3^-、SO_4^{2-} 等电子受体，表面活性剂等可以上对生物修复在很大程度起到促进的作用。因为土壤中和水中微生物的数量和活性受到很多方面的制约，如营养物等。所以及时合理地添加营养物，可以大大促进微生物对污染物的降解功能。目前已开发出一种亲油肥料，不但含有 N、P 营养，而且还有许多易降解的碳源，即使在寒冷的气候条件下，使用该肥料后，烃降解菌的数量也大大增加，从而增加了烃的降解速率和程度。

（3）生物通气法

生物通气法是指在土壤含水层之上，即不饱和层通入空气，为好氧微生物提供最终电子受体。

通常的工艺是在污染物现场打井，通入空气或抽真空。生物通气法已经在实际生物修复中得到验证，在面积为 11500m。受柴油污染的土壤上，利用生物通气工艺进行修复。结果表明，在两年的时间内，大部分土壤中的柴油浓度降低了 55%～60%。其中微生物降解的贡献为 90%以上。生物通气修复方法还成功地应用于燃料油、发动机油、单一芳香烃污染的土壤。

如果被处理的污染物蒸气压太高，挥发太快，可能在被降解之前挥发了，而且容易被通入的空气携带到未污染的土层中。另外，渗透性太差的土壤对氧的扩散阻力大，不能保证好氧微生物对氧的需求。在这些情况下，不宜采用生物通气法。

与生物通气法相类似的还有生物注气法,是将空气通入地下水位以下,即在饱和层通入空气。通入空气可以将饱和层中的挥发性有机物转移到不饱和层内,从而被微生物降解。另外,一部分有机物也可以在饱和层中,在通入氧气的情况下被降解(图6-1)。

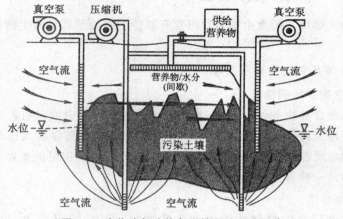

图6-1 生物注气法修复土壤和地下水污染

(4)生物翻耕法

土壤是微生物的大本营,其中含有很多具有降解功能的微生物。因此,处理污染物最简单的方法是利用土著微生物对污染物进行分解和去除。生物翻耕法通过对污染土壤进行翻耕,提高土壤通透性,创造污染物被氧化的条件。同时施入肥料,调整污染区域的酸碱度,改良微生物的生存环境,确保不同深度土壤中的污染物均能被较好地清除。

(5)植物修复

直接或间接利用高等植物去除污染物的技术被称为植物修复。植物修复过程包括植物对污染物质的吸收及植物根际附近土壤中微生物对污染物的降解。根际是植物修复主要部位,包括根及其附近土壤。该区域存在大量微生物,尤其是大量的细菌。植物修复通过3种机制去除环境中的有机污染物,即直接吸收、刺激根区微生物活性与转化作用、增强根区矿化作用。

植物,如豆、麦子、水稻、麦草、玉米等对许多有机物的降解都有促进作用,这些有机污染物包括农药、表面活性剂、除草剂等。有人将烷烃和多环芳烃的混合物加入土壤中,然后在上面种植黑麦草,黑麦草能有效提高碳氢化合物的去除速度和去除量(表6-2)。

表 6-2　黑麦草对土壤中碳氢化合物去除的影响

时间/周	碳氢化合物总浓度/$(mg \cdot kg^{-1})$	
	未种植	种植
0	4330	4330
5	3690	2140
12	2150	605
17	1270	223
22	792	112

　　植物修复技术对土壤和水体中重金属污染的治理具有特殊的优势,可以通过生长吸附积累重金属,然后通过收获植物,移走重金属污染。

　　植物修复技术的主要优势是费用低廉,当污染土壤的深度在 1～2m 或更深时,采用植物修复技术具有相当的保证。其缺点在于,通常速率较低,修复时间较长。而且,对于吸附力极强或已经老化或处于螯合状态的有机物不宜采用。[①]

　　2. 土壤异位生物修复处理

　　(1)泥浆反应器法

　　泥浆反应器法为通常采用的一种异地生物修复技术,是将污染土壤与液体混合起来形成泥浆,引入反应器进行处理。泥浆反应器(图 6-2)与活性污泥法中的反应器非常相似,可以在控制溶解氧、pH、温度、混合状态等参数的情况下进行处理。

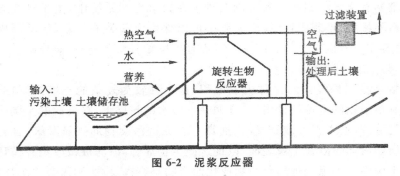

图 6-2　泥浆反应器

　　泥浆反应器能有效处理低相对分子质量多环芳烃、杂环化合物、酚等,

---

①　王家玲. 环境微生物学. 北京:高等教育出版社,2004.

可添加一些表面活性剂,以促进微生物与污染物的接触,加速污染物的降解。简单的泥浆反应器还可用低洼地、小池塘代替。

(2)预制床法

预制床是一种用于土壤修复的特制生物床反应器,包括供水及营养物喷淋系统、土壤底部的防渗衬层、渗滤液收集系统及供气系统等(图 6-3)。美国超级基金污染土壤生物修复计划中就使用了许多这类反应器。处理对象主要是多环芳烃、BTEX(benzene,toluene,ethylbenzene,xylenes,即苯、甲苯、乙基苯、二甲苯)等。

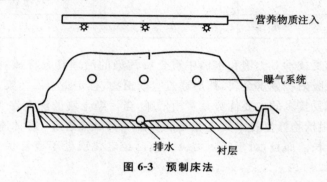

图 6-3 预制床法

(3)堆制法

堆制是在人工控制的条件下,使有机废物发生生物稳定作用的过程。一般是将污染物与容易分解的有机物,如新鲜稻草、木屑、树皮等混合堆放,并加入氮、磷及其他无机营养物质,也有辅助一些简单的搅拌、通气等装置。污染物经稳定化作用形成的堆肥,是一种腐殖质含量很高的疏松物质。污染物经过堆制化处理,体积可减少 30%～50%。

堆制有厌氧堆制和好氧堆制两种。在厌氧堆制系统中,由于空气与发酵原料不接触,堆制温度低,成品肥中可以保留大多数的氮素,但堆制周期长,需要 3 个月以上,有的甚至 1 年,而且污染物分解不充分,有异味。

(4)生物堆层修复技术

生物堆层修复技术又称土壤堆积,是一种较为复杂的土壤修复技术。将含有污染物的土壤挖掘出来,堆积在不透水的衬层上,在堆放的土壤中设置通气管道,通入空气或氧气,或抽真空以促进污染物的好氧降解,含有营养物质的液体喷淋在土壤表面,以促进微生物活性,渗滤液被收集并循环于堆积土壤中。如果处理的化合物或代谢产物具有挥发性,则需要收集气体。生物堆层法也有许多成功应用的实例,如修复含碳氢化合物、PCP 等污染物的土壤。有研究发现该方法可在 90 天内将土壤中 90% 的污染烃去除。

6.3.2　地下水的生物修复

地下水体受到污染后,由于处于封闭状态难以复氧,其中缺乏的营养物也难以补充。使地下水水质和功能的恢复比较困难。目前研究较多的技术有原位处理法和地上处理法。

1. 原位处理法

原位处理法是通过深井向地下水层中添加微生物净化过程必需的营养物和高氧化还原电位的化合物,如 O_2、H_2O_2 等,改变地下水体的营养状况和氧化还原状态,依靠土著微生物的作用促进地下水中污染物分解和氧化(图 6-4)。

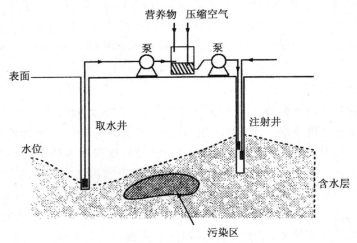

图 6-4　利用注射法进行地下水修复

2. 地上处理法

在一个区域内的地下水受到污染后,也可以打数眼深井,直至地下受污染水层,然后将地下水抽提出来在地面上用一种或多种工艺处理。地上处理的方法较多,其中研究最多的是生物膜反应器法。净化后的地下水通过两种方法回补地下水层:①通过深井直接注入地下水层;②排入渗滤区经土壤淋溶后返回地下水层。但实际应用中此方法很难将吸附在地下水层基质上的污染物提取出来,因此效率较低。目前地上处理法试验研究较多,应用较少。

在进行地下水生物修复时,应注意调查该地的水力地质学参数是否允许向地上抽取地下水并将处理后的地下水返注;地下水层的深度和范围;地下水的渗透能力和方向。同时也要确定地下水的水质参数如 pH、溶解氧、营养物、碱度及水温是否适合于运用生物修复技术。[①]

6.3.3 地表水的生物修复

目前,地表水体生物修复的方法主要有:

①物理方法。包括截污治污、挖泥法、换水稀释法等。

②化学方法。包括投加除藻剂、投加治磷剂等。

③设置人工湖、水系综合整治等其他方法。

④生物方法。包括水体曝气、投加微生物菌剂、种植水生植物、放养水生动物、湿地技术等。

与传统方法物理修复法和化学修复法相比,生物修复技术具有下列优点:污染在原位被降解解除;修复时间短;操作简便、对周围环境干扰小;费用低,仅为物理化学修复经费的 30%～50%;不产生二次污染等。因此,生物方法作为主要手段的生物修复技术,日益成为环保工作者的研究重点和热点。

1. 水体曝气

污染水体的生物修复工程能否顺利进行,在很大程度上取决于水体中是否有足够的溶解氧。水体曝气是根据水体受到污染后缺氧的特点,人工向水体中充入空气或氧气,加速水体复氧过程,以提高水体的溶解氧水平,恢复和增强水体中好氧微生物的活力,使水体中的污染物质得以净化,从而改善受污染水体的水质,进而恢复水体的生态系统。上海市环科院于新经港河道内三个断面各设置一个曝气点,并于 1998 年 11～12 月进行了生物修复曝气复氧实验,结果表明:人工曝气大大提高了原先呈厌氧水体的溶解氧,从而刺激了降解有机物的好氧土著微生物的生长,COD_{cr} 去除率达到 10.7%～22.3%,水体色泽由黑或者黑黄色变成乳白色,底泥亦由黑色转为乳白色,沉积物中的微生物由厌氧菌占优势转为兼性菌增多,并出现好氧菌。

2. 投加微生物菌剂

生物修复技术作用成功与否,很大程度上与具备降解能力的微生物在水中的数量和生长繁殖速度有关。当污染水体中降解菌很少,而时间又不允许在当地富集培养降解菌时,向水体环境引入降解菌是一种现实的选择。

有效微生物群(EM)是采用独特的发酵工艺仔细筛选出好氧和兼性微生物并加以混合后培养出的微生物群落。应用有效微生物群菌剂修复藻型

---

① 苏锡南. 环境微生物学. 北京:中国环境科学出版社,2006.

富营养化的湖泊,可使水体的透明度迅速提高,叶绿素 a 含量明显降低,有效抑制藻类的生长,防止了水华的发生。

3. 种植水生植物

植物修复就是利用植物根系(或茎叶)吸收、富集、降解或固定受污染水体中重金属离子或其他污染物,以实现消除或降低污染现场的污染强度,达到修复环境的目的。[①]

自然界可以净化环境的植物有 100 多种,比较常见的水生植物包括水葫芦、浮萍、芦苇、灯芯草、香蒲。可根据不同生态类型水生高等植物的净化能力及其微生境特点,设计建造了由漂浮、浮叶、沉水植物及其根际微生物等组成的人工复合生态系统,对富营养化湖水进行净化。

4. 放养水生动物

即"生物操纵",它是人为调节生态环境中各种生物的数量和密度,通过食物链中不同生物的相互竞争的关系,来抑制藻类的生长。

5. 人工湿地技术

人工湿地技术利用自然生态系统中物理、化学和生物的三重协同作用,通过过滤、吸附、共沉、离子交换、植物吸收和微生物分解来实现对污水的高效净化。

这种湿地系统是在一定长宽比及底面有坡度的洼地中,由土壤和填料(如卵石等)混合组成填料床,污染水可以在床体的填料缝隙中曲折地流动,或在床体表面流动。同时在床体的表面种植具有处理性能好、成活率高的水生植物(如芦苇等),形成一个独特的动植物生态环境,对有机污染物有较强的降解能力。水中的不溶性有机物通过湿地的沉淀、过滤作用,可以很快地被截留,进而被微生物利用,水中可溶性有机物则可通过植物根系生物膜的吸附、吸收及生物代谢降解过程而被分解去除。随着处理过程的不断进行,湿地床中的微生物也繁殖生长,通过对湿地床填料的定期更换及对湿地植物的收割,将新生的有机体从系统中去除。

6.3.4　海洋石油污染的生物修复

全世界每年有 10 亿吨原油经海上运输,其中约有 320 万吨因泄漏污染海洋;同时油库、输油管泄漏造成土壤污染事件也时有发生。20 世纪 80 年代以来生物修复技术开始应用于石油污染治理。

1989 年 3 月 24 日,Exxon 石油公司油轮 Valdez 在 Alaska 的 Prince

---

① 　袁林江 . 环境微生物学 . 北京:化学工业出版社,2011.

William 湾触礁,泄漏原油 42000m³,污染 2100km 海岸线。Exxon 公司尝试船只清污、热水冲洗等方法,效果不明显。美国环保局与 Exxon 公司协议进行生物修复试验。研究发现 N、P 的缺乏是限制微生物对原油降解的主要因素,因此喷撒了一种含 N、P 且不被海水冲走的肥料 Inipol EPA-22。该产品是一种亲脂性微滴乳化液,易与残油粘在一起。N 源是含尿素的油酸载体,P 源是月桂酸磷脂。施用该肥料后,极大地促进了石油降解微生物的生长,原油的降解速度提高 6～9 倍,16 个月内降解率达 60%～70%,而对海水养分、藻类生长并未造成影响。至 1992 年,原油污染已基本清除,治理时间由原先估计的 10～20 年缩短为 2～3 年。[①]

1984 年美国密苏里州西部发生地下石油运输管道泄漏。实施土壤生物修复过程中建立了一套处理系统,包括抽水井、油水分离器、曝气塔、营养物添加装置、注水井等;曝气以增加溶氧,添加的 N、P 营养则有助于石油降解微生物的生长繁殖,加快石油降解速度。经过 32 个月的运行,该地的苯、甲苯和二甲苯总浓度从 20～30mg/L 降低到 0.05～0.10mg/L,原油去除速度为每月 1.2～1.4t。此外阿根廷、科威特等国的土壤石油污染经类似的生物修复技术治理也取得成功。

---

① 王家玲. 环境微生物学. 北京:高等教育出版社,2004.

第7章 环境污染的微生物监测技术

近年来,随着分子生物技术、微电子技术的迅猛发展,微生物监测技术与传统方法相比也有了极大的变化,分子生物学技术、微生物传感器技术在微生物的分类与鉴定、环境污染物的检测与毒性分析方面取得很大进展,发展日新月异。本章主要针对微生物检测技术的原理以及在水、土壤、空气等方面的应用做了具体的介绍。

7.1 环境监测概述

7.1.1 环境监测的概述

1. 环境监测的概念

环境监测,是指依照国家的技术标准、规范和规程,对大气、水、海洋、森林、土壤、草原、生物等环境要素的质量,以及污染源、自然灾害、污染事故和战争等影响环境质量的因素进行监测、检测或观测活动的统称。

根据上述定义,环境监测具有以下几层含义:

①环境监测是一种检测或观测活动,包括现场调查—优化布点—样品采集—样品运输与保存—分析测试—数据处理—综合评价等全过程。

②环境监测是一种具有规范性的科学活动。这就是说,环境监测是按照统一的技术标准、规范和规程来进行的,执行同一技术规范的不同地区的监测结果是可比的。

③环境监测对象既涵盖环境要素的质量,也涵盖影响环境质量的因素(污染源)。

④环境监测具有定量化的特征。环境监测是运用现代科学技术手段检测或观测环境质量和污染源以获取代表性数据的过程,数据是环境监测成果的最主要的表现形式。[①]

2. 环境监测的目的和意义

环境监测的目的,是及时、准确、全面地反映环境质量和污染源现状及

---

① 常学秀,张汉波,袁嘉丽．环境污染微生物学．北京:高等教育出版社,2006.

发展趋势,为环境管理、环境规划、污染防治提供依据,为经济建设、社会发展、人民生活和科学研究服务。

环境监测的目的,可以简单概括为两个"说清",即说清环境质量现状及其发展趋势,说清污染物排放现状及其发展趋势。

环境监测的意义,具体体现在环境监测所具有的"三大功能"之中:技术支持、技术监督、技术服务。技术支持,是指环境监测信息可以为政府环境管理和污染防治决策提供技术支持;技术监督,是指环境监测部门在履行监督性监测和应急性监测时,事实上体现的是一种技术监督的职能;技术服务,除上述两种职能以外,环境监测还具有为政府、企业、研究机构、社会公众提供技术咨询和技术服务的功能。

7.1.2 环境检测的发展过程

环境监测是环境保护的重要手段,其发展史随着环境保护事业的发生、发展而发展的。从世界范围内来看,大约有 50 多年的历史。其发展过程大致可分为三个阶段。①

1. 污染监测阶段

第一阶段是污染监测阶段。20 世纪 50 年代,西方先进工业国家污染事件频频发生。当时由于缺乏对环境污染的全面认识,也由于受技术条件的限制,基本上是哪里发现污染就到哪里去调查监测。监测范围以局部的点、线为主,监测手段以人工监测为主,监测项目往往是人们能够估计到的项目。这一阶段的环境监测具有应急监测、被动监测的特点。

2. 环境监测阶段

第二阶段是环境监测阶段。20 世纪 70 年代,西方先进工业国家在饱尝了污染的危害以后,面对公众对污染的愤慨和抗议,政府对工业企业采取了一些限制排污的规定和措施。与此相适应,环境监测得以发展,开展了一些间断性的定时定点的监测。监测手段逐渐采用仪器监测,监测范围扩大到面和区域。由于受到采样手段的限制,这一阶段的环境监测只能说明环境质量状况,仍然不能够有效地监视排污状况的变化。这一阶段的环境监测初步具备了系统监测、主动监测的特点。

3. 污染防治检测阶段

第三阶段是污染防治监测阶段。20 世纪 80 年代以来,环境监测技术得到迅速发展。为适应污染防治的需要,美国、日本、荷兰等国先后建立了

---

① 常学秀,张汉波,袁嘉丽. 环境污染微生物学. 北京:高等教育出版社,2006.

自动连续监测系统,部分实现了对环境质量和排污状况的实时监控。监测范围继续扩大,从一个城市或一个地区发展到全国乃至全球;一些现代化的技术手段如航测、遥感遥测等开始在环境监测中应用;监测项目从常规的理化指标向具有"三致效应"的指标扩展;全球性的环境问题得到广泛关注,全球环境监测网络逐渐成形。

我国环境监测起步较晚,从 20 世纪 70 年代开始,也大致可以划分为三个阶段。20 世纪 70 年代为起步阶段,环境监测机构开始从工业卫生部门分离出来,开展了一些零星的环境监测工作,主要围绕大中城市及郊区、重污染企业、饮用水源进行监测。监测机构不健全、监测手段落后、监测项目少、缺乏统一的技术规范,是这一阶段的主要特点。在这一阶段,监测项目以常规理化指标为主,如水和废水监测项目基本上是"三氮"(硝酸盐氮、亚硝酸盐氮、氨氮)、"三氧"(化学需氧量、生化需氧量、溶解氧)加"五毒"(砷、汞、铅、镉、氰化物);空气和废气监测项目仅限于总悬浮颗粒物、二氧化硫和氮氧化物等少数几种污染物。监测手段十分落后,采样都是人工采样,实验室分析主要采用是重量法、电位法、容量法和分光光度法,基本没有大型仪器。[①]

20 世纪 80 年代,是我国环境监测事业打基础的阶段,有两个明显的变化:一是监测机构逐步建立健全,初步形成覆盖全国的环境监测网络;二是各种监测技术规范相继出台,有了全国统一的技术规范。这一阶段,监测手段有所改善,但仍然以人工监测为主;监测项目逐渐增多,但仍然以常规理化指标为主;实验室装备有了显著变化,拥有了原子吸收分光光度计、气相色谱仪等一批大型分析仪器。

20 世纪 90 年代以来,我国环境监测事业得到迅速发展,整体跃上了一个新的台阶。主要表现在:政府投入力度空前加强,监测手段日益现代化,仪器监测、自动监测、在线监测、遥感遥测等现代技术手段得到广泛应用;监测网络得到进一步扩展和强化;监测工作的准确性、规范性、时效性得到进一步提高;监测项目从常规理化指标向有机有毒污染物扩展,从浓度监测向总量监测扩展;从污染监测向生态监测发展;广泛开展与国际的交流与合作,环境监测逐步与国际接轨等。我国环境监测事业的发展与我国环境保护事业同步,是我国环境保护事业发展的一个缩影。根据不同的分类依据,环境监测有不同的分类结果。

---

①　常学秀,张汉波,袁嘉丽.环境污染微生物学.北京:高等教育出版社,2006.

7.1.3 环境监测的分类及特点

1. 根据监测目的划分

根据监测的目的,环境监测可以分为以下 5 种类型:

(1)监视性监测

监视性监测是指为了满足保护环境的行政管理需要,针对自然环境质量状况及其变化趋势所进行的环境监测活动。

监视性监测通常是按照一定要求进行的有计划的长期的定时定点的监测活动,因此具有计划性、规范性、长期性、稳定性的特点,又称常规监测或例行监测。例如,环境监测部门对湖泊藻类的监测就属于监视性监测。

(2)监督性检测

监督性监测是指为了监督和实施法律法规规定的环境管理制度和政策措施,针对人为活动对环境的影响而开展的环境监测活动。监督性监测代表一种政府行为,具有强制性特征。例如,环境监测部门对医院废水中细菌学指标的监测,就属于监督性监测。[1]

(3)应急性监测

应急性监测是指环境灾害、污染事故等突发事件发生时,为应急环境管理提供依据,降低突发事件对环境造成或可能造成的危害,减少损失所进行的环境监测活动。应急性监测具有突发性、临时性的特点。如 sARs 爆发期间,环境监测部门依法加强对医院废水的监测,就是一种应急性监测。

(4)研究性检测

研究性监测是指以满足科学研究需要为目的而开展的科学性、试验性环境监测活动。研究性监测大多具有针对性强、周期短的特点。如各种科学考察活动中进行的监测,就属于此类监测。

(5)服务性监测

服务性监测是指受市场委托,提供将硬性环境检测技术服务的环境监测活动。

2. 根据监测手段划分

根据监测手段的不同,环境监测又可以分为物理监测、化学监测、生物监测、生态监测等几个方面。

(1)物理监测

物理监测指应用环境物理计量技术对物理能量污染实施的监测,目前

---

[1] 常学秀,张汉波,袁嘉丽. 环境污染微生物学. 北京:高等教育出版社,2006.

主要包括噪声、振动、电磁辐射、放射性、光、热污染的监测。物理监测手段基本上都是利用各种物理检测仪器进行检测,如声级计、辐射测量仪、核辐射探测仪等。

（2）化学监测

化学监测指应用环境化学分析技术对化学污染物实施的监测,包括对空气、水体、土壤、生物体内各种化学物质含量的测定。环境中的化学污染物包括无机物和有机物两类,其中无机物又包括单质和化合物两类。自然界的无机物有 10 万多种。有机物有 600 多万种。常用的化学监测手段有重量法,容量法,电位法,分光光度法,极谱法,光谱法（包括吸收光谱和发射光谱）,色谱法（包括气相色谱,液相色谱和离子色谱）,质谱法,光谱-质谱法,色谱-质谱法,色谱-光谱法,酶免疫检测技术（EIA 法）等。①

（3）生物监测

生物监测指应用环境生物计量技术对生物个体、种群、群落实施的监测,主要监测环境污染所引起的生物反应,在此基础上利用生物反应特征来表征环境质量状况。目前生物监测工作主要有生物群落监测、生物残毒监测、细菌学监测、急性毒性试验以及致突变物监测等几个方面。生物群落监测是通过野外现场调查和室内研究找出各种环境中的指示生物（特有种与敏感种）受污染所造成的群落结构特征的变化,并用群落结构特征变化反过来表征环境质量状况;生物残毒监测是依据生物对污染物有一定的积累能力,通过测定污染物在生物体中的富集数量来监测环境污染的程度。如一般的水域在未污染的情况下细菌数量较少,当水体遭到污染后细菌数量相应增加,细菌总数越多说明污染愈严重,因此细菌学监测是一种很好的生物监测方法。

（4）生态监测

生态监测是指运用各种技术测定和分析生命系统各层次对自然和人为作用的反应或反馈效应的综合表征来判断和评价这些干扰对环境的影响、危害及其规律,为环境质量的评估、调控和环境管理提供科学依据的科学活动过程。换言之,生态监测是运用可比的方法,在时间或空间上对特定区域范围内生态系统或生态系统组合体的类型、结构和功能及其组成要素等进行系统地测定和观察的过程,监测的结果用于评价和预测人类活动对生态系统的影响,为合理利用资源、改善生态环境和自然保护提供决策依据。

生态监测根据空间尺度的不同,分为宏观生态监测和微观生态监测两种。宏观生态监测多采用卫星遥感和生态制图的技术手段,而微观生态监

---

① 　常学秀,张汉波,袁嘉丽. 环境污染微生物学. 北京:高等教育出版社,2006.

测则多采用物理、化学和生物学的监测手段。

对于生态监测和生物监测的相互关系,有人认为生态监测是生态系统层次上的生物监测,有人认为生态监测是比生物监测更复杂、更综合的一种监测技术,还有人认为生物监测包括生态监测。总之,目前没有统一的明确的区分。一般而言,传统意义上的生物监测主要针对生物个体、种群和群落的变化,近年来更呈现向分子生物学方向发展的趋势;而生态监测则多着眼于生态系统结构和功能的时空格局的度量,其监测内容既包括生物监测,也包括地球物理化学的监测。

根据监测的环境要素的不同,环境监测还可以分为空气和废气监测、水和废水监测、土壤监测、固体废弃物监测、生物监测、噪声/振动监测、电磁辐射监测、放射性监测等不同类型。①

7.1.4　环境污染的生物监测

生物监测是利用生物对环境污染所发出的各种信息作为判断环境污染状况的一种手段。生物长期生活在自然界中,不仅可反映多种因子污染的综合效应,而且还能反映环境污染的历史状况,故生物监测可弥补物理、化学监测方法的不足。特别是微生物具有得天独厚的特点,而且与环境关系极为密切,因此微生物监测在生物监测中占有特殊的地位。

1. 生物监测的特点

与理化监测相比,生物监测具有以下几个方面的特点。

(1)能够反映环境污染的综合效应

环境污染常常是多因子共同作用于环境而产生的复合污染。复合污染并不是各种污染物简单叠加的结果,而是一个机制极其复杂的物理、化学、生物变化过程。理化监测的结果,往往只能分别反映不同污染物对环境的单独作用,难于反映多种污染物共同作用的结果。而生物监测所利用的生物个体、种群、群落在环境中所承受的影响是环境中各种污染因素协同作用的结果,因此能更真实、直接地反映环境污染的综合效应。例如,为了判断某工业区外围农田里的农作物是否受到工业废气的污染,人们可以采用物理和(或)化学监测手段监测当地空气中各种污染物的浓度,并与保护农作物的空气质量标准进行比较而得出结论,但远不如直接利用农作物本身进行监测来得更真实和更准确。

(2)能够反映环境污染的累积效应

在生物的生命周期内,环境污染对生物的作用是连续的、长期的,因此

---

①　常学秀,张汉波,袁嘉丽. 环境污染微生物学. 北京:高等教育出版社,2006.

生物监测能够反映一定时期内环境污染的累积效应。而理化监测往往很难做到这一点。例如,某地城郊农作物中铅含量超标,而土壤、农灌用水和空气中铅含量都不高。调查后发现,附近原来有一家大型铜冶炼厂,后来因为污染而搬迁。植物体内的铅含量,实际反映出当地一定历史时期内环境污染的累积效应。

(3)具有连续监测的特点

理化监测结果往往只能反映当时当地的污染状况,而生物监测可以连续反映生物生命周期内当地环境污染状况的变化。通过观察树的年轮,人们可以了解以往若干年内气候的变化。

(4)具有经济性特点

与理化监测相比,生物监测无需复杂的仪器设备和大量的实验室分析工作,相对而言,比较简单易行,因而具有成本低的特点。

生物监测尽管具有上述优点,但也存在着定量困难、灵敏度低、选择性不强、时效性差等缺点。因此,生物监测并不能够替代理化监测,实践中往往结合使用。[1]

2. 生物监测的类型

按监测生物的类群划分,生物监测可以分为三类:植物监测、动物监测和微生物监测;按监测对象划分,生物监测也可以分为三类:空气和废气生物监测、水和废水生物监测、土壤和固体废弃物生物监测。

7.2　水中微生物的监测

7.2.1　水体中的微生物

1. 水体中微生物的来源

水体中的微生物种类复杂、数量众多,但其主要的来源有以下四个方面:

(1)水体中的固有微生物

水体中固有的微生物包括荧光杆菌、产红色和产紫色的灵杆菌、产色和不产色的球菌、不产色的好氧芽孢杆菌、丝状硫细菌、铁丝菌和放线菌等等。[2]

① 常学秀,张汉波,袁嘉丽.环境污染微生物学.北京:高等教育出版社,2006.
② 刘海春,臧玉红.环境微生物.北京:高等教育出版社,2008.

（2）来自土壤的微生物

通过雨水径流，可以将土壤中的微生物带入水中，这些微生物包括巨大芽孢杆菌、氨氧化细菌、硝化细菌、硫酸还原菌和枯草芽孢杆菌等。

（3）来自生产和生活的微生物

人类在生产和生活中同样会带入水中很多微生物。主要包括大肠杆菌、厌氧梭状芽孢杆菌、各种腐生性细菌等，治病的病原微生物有：霍乱弧菌、伤寒杆菌、痢疾杆菌、病毒和立克次氏体等。

（4）来自空气的微生物

空气中的微生物会通过淤血等将水过程被带入水中。另外，空气中尘埃的沉降，也会直接把空气中的微生物带入水中。

2.水体中常见的微生物

（1）淡水中微生物的分布和种类

淡水中的微生物主要存在于陆地上的江河、湖泊、池塘、水库和小溪中，分布规律与海洋微生物相似。在清洁的湖泊、池塘和水库中因为微生物和有机物的含量少，所以含有的微生物大部分是是以自养方式为主的清水型微生物种群。在停滞的塘水、污染的江河水以及下水道的沟水中，有机物含量高，微生物的种类和数量都很多，每毫升可达几千万至几亿个，其中以能分解各种有机物的一些腐生型细菌、真菌和原生动物为主。常见的细菌有变形杆菌、大肠杆菌、粪链球菌和生孢梭菌等各种芽孢杆菌，以及弧菌和螺菌等。真菌以水生藻状菌为主，另外还有相当数量的酵母菌存在。

（2）海水中微生物的分布和种类

相比较于淡水来说，海水最大的特点是盐度高（约 $32\sim40g/L$）、温度低、有机物含量低、深海静水压大等，但海水最大的特点是约占地球总水分99%。所以在浩瀚的大海中同样存在各种各样的微生物类群。并且海水水域广阔，其中的微生物总量远远超过陆地微生物总量。在近海每毫升含菌量可达 1×10^5 个，在远海，因有机物浓度低，每毫升含菌量仅为 $10\sim250$ 个。生活在海水中的微生物，这些微生物中，少数一部分是一些从雨水、汇流河水甚至污水等带来的临时种类外，绝大多数是耐盐或嗜冷、耐高渗透压和耐高静水压的种类。海水中常见的微生物有假单胞菌属、弧菌属、黄色杆菌属、无色杆菌属及芽孢杆菌属等。

海水中影响微生物分布的因素很多，例如：内陆气候和雨量等，除此之外也受潮汐的影响。主要表现在涨潮时含菌量明显减少，退潮时含菌量增加。[①]

---

① 刘海春，臧玉红．环境微生物．北京：高等教育出版社，2008．

在海水中,微生物的分布还与海水的深浅有关,距海面 0~10m 的浅水区,受阳光照射多,细菌含量少;10m 以下至 25~50m 处的微生物数量较多,微生物的数量随着海水深度的增加而增加,这种情况持续到大约 50m 深处;50m 以下微生物的数量随海水深度增加而减少;200m 以下,菌数更少。但在海底沉积物上,有大量种类繁多的微生物生存。

7.2.2　水体的细菌学检验

1. 细菌总数的检测

细菌总数是指 1mL 水样在营养琼脂培养基中,37℃培养 24h 后,所生长的细菌菌落总数。细菌总数是水质污染的生物指标之一,当水体被人畜粪便或其他有机物污染时,其细菌总数会急剧增加,菌数愈高,表示水体受有机物或粪便污染越严重,被病原菌污染的可能性亦愈大。因此,细菌总数可以作为检验水体受污染程度的指标。河流污染程度与细菌总数的关系见表 7-1。

表 7-1　河流污染程度与细菌总数的关系表

污染程度	重污染河段	中污染河段	轻污染河段	未污染河段
细菌总数（个/mL）	10 万以上	10 万以下	1 万以下	100 以下

测定细菌总数的方法是平板计数法,即以无菌操作方法,用无菌吸管吸取原水样或稀释后的水样 1mL 注入无菌平皿中,再倒入融化至约 46℃的营养琼脂培养基约 15mL,并立即摇动平皿,使水样与培养基充分混匀,待冷却凝固后,将平皿倒置(皿底朝上),放在(37±1)℃的温度下培养 24h 后,数出生长的细菌菌落数,若是稀释水样则乘以稀释倍数,即得 1mL 原水样中所含细菌菌落总数。[①]

在 37℃营养琼脂培养基中能生长的细菌,代表在人体温度下能繁殖的异养型细菌,所以,在饮用水中所测得的细菌总数除说明水被有机物污染的程度外,还指示该饮用水能否饮用;但水源水中的细菌总数不能说明污染来源。因此,结合大肠菌群数来判断水的污染源和安全卫生程度就更为合理。

2. 水的细菌卫生学标准

我国对不同用途水质分别制定了不同的细菌卫生学标准(见表 7-2),

---

① 　王有志. 环境微生物技术. 广州:华南理工大学出版社,2008.

以保障用水安全。

表 7-2　不同用途水质的细菌卫生学标准

标准名称及标准编号	微生物指标	标准限值
生活饮用水标准 (GB 5749—2006)	细菌总数(CFU/mL)	≤100
	总大肠菌群(MPN/100mL 或 CPU/100mL)	不得检出
优质饮用水卫生标准 (GB 17324—1998)	细菌总数(CFU/mL)	≤20
生活饮用水源水质标准 (CJ 3020—1993)	总大肠菌群	一级≤1000,二级≤10000
饮用天然矿泉水卫生标准 (GB 8537—1995)	细菌总数(CFU/mL)	
	总大肠菌群(个/L)	
地表水环境质量标准 (GBZB 1—1999)	粪大肠菌群(个/L)	Ⅰ≤200, Ⅱ≤1000,Ⅲ≤2000, Ⅳ≤5000,Ⅴ≤10000
地下水质量标准 (GB/T 14848—1993)	细菌总数(个/L)	Ⅰ～Ⅲ≤100,Ⅳ≤1000, Ⅴ>1000
	总大肠菌群(个/L)	Ⅰ～Ⅲ≤3,Ⅳ≤100, Ⅴ>100
海水水质标准 (GB 3097—1997)	总大肠菌群(个/L)	≤10000 供人食用的贝类等 养殖水质≤700
	粪大肠菌群(个/L)	≤20000 供人食用的贝类等 养殖水质≤140
景观娱乐用水水质标准 (GB 12941—1991)	总大肠菌群(个/L)	A 类≤10000
	粪大肠菌群(个/L)	A 类≤2000
渔业水质标准 (GB 12941—1991)	总大肠菌群(个/L)	不超过5000(蓓蕾养殖 水质不超过500)

续表

标准名称及标准编号	微生物指标	标准限值
农业灌溉水质标准 （GB 5084—1992）	粪大肠菌群（个/L）	≤10000
城市杂用水水质标准 （GB/T 18920—2002）	总大肠菌群（个/L）	≤3
游泳池水（征求意见稿 2006）	总大肠菌群（个/L）	不得检出
	细菌总数（个/mL）	≤200

3. 大肠菌群的测定方法

大肠杆菌是一种在 37℃、24h 之内发酵乳糖产酸产气，好养及兼性厌氧的革兰氏阴性无芽孢杆菌。

大肠菌群的检验方法主要包括多管发酵法和滤膜法。前者适用于各种水样（包括底泥），但操作较为繁琐，所需时间较长；后者主要适用于杂质较少的水样，操作简单快速。

（1）多管发酵法

多管发酵法是以最可能数（Most probable number，简称 MPN）来表示试验结果的。它是根据统计学理论，估计水体中的大肠杆菌密度和卫生质量的一种方法。实践发现，将每一稀释度的试管重复数目增加，能较好地提高检测效果。因此在水样检测时，可根据要求数据的准确程度，来确定发酵试管的重复数目。此外，对于细菌含量的估计值，大部分取决于某些既显示阳性又显示阴性的稀释度。

多管发酵法是根据大肠菌群能发酵乳糖产酸产气、革兰氏染色阴性、无芽孢和呈杆状等特性，通过初步发酵—平板分离—复发酵三个试验步骤进行检验（见图 7-1），以求得水样中的总大肠菌群数。

①初步发酵试验。产生，即有无发酵现象，从而初步确定有无大肠菌群存在。由于水中除大肠菌群外，还可能存在其他发酵糖类物质的细菌，所以培养后如发现气体和酸，并不能肯定水中一定含有大肠菌群，还需进行进一步检验。

②平板分离试验。该试验是根据大肠菌群在特殊固体培养基上形成典型菌落，革兰氏染色阴性、无芽孢和呈杆状的特性来进行的。首先，用无菌接种环取初发酵试验阳性管（产酸产气或产酸不产气）的菌种，在品红亚硫酸钠培养基或伊红美蓝培养基平板上进行划线接种。这一方面可以阻止厌氧芽孢杆菌的生长，另一方面培养基所含染料物质也有抑制其他细菌生长

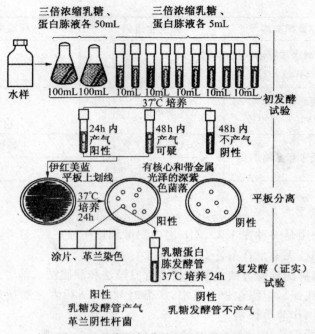

图 7-1　总大肠杆菌的多管发酵法检测

繁殖的作用。将平皿倒置于 37℃温箱培养 18～24h，如果出现典型的大肠杆菌菌落，则取该菌落少许进行革兰氏染色，对镜检为革兰氏染色阴性、无芽孢杆菌的菌落，做复发酵实验，进行最后的验证。

③复发酵试验。种同一平皿的典型菌落 1～3 个（每个菌落少许）。然后将复发酵管置于 37℃温箱培养（24±2）h，产酸产气者证实有大肠菌群存在。

（2）滤膜法

为了缩短检验时间，简化检验方法，可以采用滤膜法。用这种方法检验大肠菌群，有可能在 24h 左右完成。

将水样注入已灭菌、放有微孔滤膜的滤器中，经抽滤，细菌被截留在膜上，对符合发酵法所述特征的菌落进行涂片、革兰氏染色和镜检。

本法所用的滤膜，常为一种多孔性硝化纤维圆形薄膜。滤膜直径一般为 35mm，孔径为 0.45～0.65μm，厚 0.1mm。过滤水样时细菌被截留在滤膜上，将滤膜贴在选择性培养基上培养，计数生长在滤膜上的典型大肠菌群菌落数（见图 7-2）。主要步骤为：

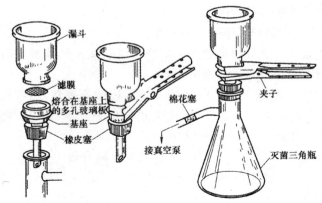

图 7-2　滤膜法过滤装置示意图

①将滤膜装在滤器上,用抽滤法过滤定量水样,将细菌截流在滤膜表面。

②将此滤膜没有细菌的一面贴在品红亚硫酸钠培养基或伊红亚甲蓝固体培养基上,以培育和获得单个菌落。根据典型菌落特征即可测得大肠菌群数。

③为进一步确证,可将滤膜上符合大肠菌群特征的菌落进行革兰氏染色,然后镜检。

④将革兰氏染色阴性无芽孢杆菌的菌落接种到乳糖蛋白胨培养液中,根据产气与否来最终确定有无大肠菌群存在。

滤膜上生长的总大肠菌群数的计算公式如下:

$$\text{总大肠菌群菌落数(个/L)} = \text{总大肠菌群菌落计数个数} \times 1000 / \text{过滤的水样体积(mL)}$$

滤膜法为国内各大城市水厂先后采用,此法比发酵法的检验时间短,但仍不能及时指导生产。当发现水质有问题时,不符合卫生标准的水源已进入管网内有一段时间了。此外,当水样中悬浮物较多时,会影响细菌的发育,使测定结果不准确。为了更快速地检出大肠菌群是否存在,当前,有必要研究快速而准确的检验大肠菌群的方法。国内外都在不断探讨和比较各种方法,如示踪原子法、电子显微镜直接观察法等。

目前以大肠菌群作为检验指标,只间接反映出生活饮用水被肠道病原菌污染的情况,而不能反映出水中是否有传染性病毒以及除肠道病原菌外的其他病原菌(如炭疽杆菌)。因此,为了保证人民的健康,必须加强检验水中病原微生物的研究工作。[1]

---

① 刘海春,臧玉红. 环境微生物. 北京:高等教育出版社,2008.

4. 计算和报告

计算总大肠菌群最可能数有两种方法。

(1)根据证实有大肠菌群存在的阳性管(瓶)数及试验所用的水样量查表,求得每升水样中的总大肠菌群 MPN。

(2)如果发酵管(瓶)数是 12 支或 15 支,则除查表外,还可根据阳性管(瓶)的数目及试验所用的水样量,用公式算出每升水样中总大肠菌群的MPN。下面是计算 MPN 的近似公式:

$$MPN = \frac{1000 \times 阴性结果发酵管数}{\sqrt{阴性结果的水样问题(mL) \times 水样总量(mL)}}$$

【例 7-1】

现用 300mL 水样进行初发酵试验,其 100mL 水样两份,10mL 水样 10份。试验结果为:在这一阶段试验中,100 mL 的两份水样都没有大肠菌群存在,在 10mL 的水样中有两份存在大肠菌群。计算大肠菌群的最大概率数。

解:

$$大肠菌群数(MNP) = \frac{1000 \times 2}{\sqrt{280 \times 300}} 个/L \approx 7 \ 个/L$$

上列计算结果有专用检索表可以查阅。

7.2.3 水体中病毒及其检验

1. 水中的病毒

(1)伤寒杆菌

伤寒杆菌的来源很广泛,污染水源机会多,有水传播,是爆发性疾病的重要病原菌之一。

伤寒杆菌主要有三种:伤寒沙门氏菌、副伤寒沙门氏菌和乙型副伤寒沙门氏菌。它们的大小为$(0.6 \sim 0.7)\mu m \times (2.0 \sim 4.0)\mu m$。不生芽孢和荚膜,借周生鞭毛运动,革兰氏阴性反应,加热到 60℃,30min 可以杀死,对5%的石炭酸,可抵抗 5min。

伤寒和副伤寒是一种急性的传染病,发病的主要症状是持续发烧、恶心、厌食、头痛和肌痛以及产生腹泻等;可使胃肠壁形成溃疡,并发肠出血、肠穿孔。潜伏期约 10~14d,自然病程约一个月。

感染来源为病人或带菌者的尿及粪便,一般是由于直接接触病人或接触了病人排泄物污染的物品、食物和水等。

1986 年,湖北省仙桃市曾发生一起特大的伤寒病暴发流行事件,发病人数 3064 例,死亡 26 例,发病率 2.79%。其原因是作为该市的饮用水水源的仙下河,接纳了该市 6 万人产生的未经处理的生活污水和医院污水。

(2)痢疾杆菌

痢疾杆菌主要指志贺菌属中的痢疾志贺菌和副痢疾志贺菌两种。它们引起的细菌痢疾性腹泻,居我国腹泻病例的第一二位。

①痢疾志贺菌。痢疾志贺菌杆菌的大小为$(0.4\sim0.6)\mu m\times(1.0\sim3.0)\mu m$,所引起的痢疾在夏季最为流行。发病症状是急性发作,伴以腹痛、腹泻,有时发烧,大便中有血及粘液,一般病情较重。

②副痢疾志贺菌。副痢疾志贺菌的大小为$0.5\mu m\times(1.0\sim1.5)\mu m$,所引起的疾病的症状为水泻样腹泻,可出现呕吐和脱水症状,总的症状较痢疾志贺菌轻。

痢疾杆菌是无芽孢的革兰氏阴性菌,一般无鞭毛,在 60℃ 下能存活10min,在 1% 的石炭酸中可存活半小时。痢疾的主要传播途径是接触或食用被污染的食物和水。痢疾流行性很强,常在洪水过后流行。痢疾杆菌只感染人,不感染动物,在环境中生存力不强。痢疾杆菌的感染剂量极小,10个痢疾杆菌即可产生上述病症,所以即使水中该菌浓度不高,仍有可能引起人群的感染。

1990 年,鞍山市某居民区发生弗氏痢疾杆菌引起腹泻,发病 529 人,患病率为小区居民人数的 41.38%。事故发生的原因是供水间断,污水反流到自来水管道中。

(3)霍乱弧菌

霍乱弧菌在肠道传染病中具有重要的地位。霍乱是烈性传染病,属于国际检疫疾病。霍乱的暴发与水污染有着密切的联系,其密切程度胜过其他的肠道传染病。[①]

霍乱弧菌的细胞形态一般呈微弯曲杆状,有时会变得细长而纤弱,或短而粗。大小一般为$(0.3\sim0.6)\mu m\times(1.0\sim5.0)\mu m$。其细胞具有一根较粗的鞭毛,能运动,为革兰氏阴性菌。在 60℃ 下能耐受 10min,在 1% 的石炭酸中能抵抗 5min,能耐受较高的碱度。

在霍乱的轻型病例中,只造成腹泻。在较严重或较典型的病例中,除腹泻外,还有呕吐、米汤样大便、腹痛和昏迷等症状。此病病程短,严重者常在症状出现后 12h 内死亡。

霍乱弧菌曾在世界上有过 7 次大流行,它借水传播,与病人或带菌者接触可能传染,也可由食物或蝇类传播。霍乱传播迅速,流行季节也很明显,

---

① 王有志. 环境微生物技术. 广州:华南理工大学出版社,2008.

集中发生于夏、秋两季，主要发生在沿海地带。据报道，在霍乱流行时，污水中有病原菌检出，含量为 $10 \sim 10^4$ 个/100mL，但人的感染剂量为 $10^8 \sim 10^9$ 个。

1991 年，秘鲁发生霍乱，患者 12 万人，死亡 750 人，其原因是食用了受到霍乱弧菌污染的海产品。我国新疆于 1993 年也曾流行过霍乱。

（4）甲型肝炎病毒

甲型肝炎病毒，可在甲型肝炎患者的粪便中较长时间存在，污水中存活也很久，潜伏期达 $2 \sim 6$ 周。患者得病后主要症状是黄疸，多为急性型，我国是甲型肝炎高发地区，感染和发病以儿童为主。

1976 年雨季，辽宁省农村某地因雨量过大，导致粪便外溢，深水井被污染，患者超过 1000 人。

1988 年 $1 \sim 3$ 月上海甲肝暴发流行，患者 31 万多人，死亡 47 人，其原因是人们食用了受到甲型肝炎病毒污染的毛蚶所致。

除上述传染病菌和病毒外，水体中还有致病的支原体、衣原体、立克次氏体和一些借水传播疾病的寄生虫，如蛔虫、血吸虫等。

2. 水中病毒的检验

很多动物性病毒会使人致病，具有很强的专性寄生性。可采用组织培养法检验这类病毒，但是所选择的组织细胞必须适宜于这类病毒的分离、生长和检验。目前在水质检验中使用的方法是"蚀斑检验法"，简称蚀斑法。

蚀斑法大致的步骤为：将猴子肾表皮剁碎，用 pH 为 $7.4 \sim 8.0$ 的胰蛋白酶溶液处理。胰蛋白酶能使肾表皮组织的细胞间质发生解聚作用，因而使细胞彼此分离。用营养培养基洗这些分散悬浮的细胞，将细胞沉积在 $40mm \times 110mm$ 平边瓶（鲁氏瓶）的平面上，并形成一层连续的膜。将水样接种到这层膜上，再用营养琼脂覆盖。

水样中的病毒会破坏组织细胞，增殖的病毒紧接着破坏邻接的细胞。这种效果在 $24 \sim 48h$ 内可以用肉眼看清。病毒群体增殖处形成的斑点称为蚀斑。试验表明，蚀斑数和水样中病毒浓度间具有线性关系。根据接种的水样量，可求出病毒的浓度。每升水中病毒蚀斑形成单位（plaque forming unit，简称 PFU）小于 1，饮用才安全。[①]

3. 水体中病毒的灭活

病毒对强氧化剂敏感，但对各种消毒剂的抵抗力均较强。自来水厂采用液氯消毒，即使投氯量达 20mg/L，也难以将病毒杀死。研究发现，采用

---

① 刘海春，臧玉红. 环境微生物. 北京:高等教育出版社,2008.

二氧化氯(ClO_2)作为消毒剂,当投加的 ClO_2 量为 3.0mg/L,接触 30min,可有效地灭活脊髓灰质炎病毒、柯萨奇病毒、艾柯病毒、腮腺炎病毒、单纯疱疹病毒等;而液氯投加量达 10mg/L 仍无灭活作用。由此可见,ClO_2 的消毒能力远远超过常规的液氯消毒,这一消毒方法对于医院污水的消毒尤为适宜。

7.2.4　水体中微生物的除去方法

1. 紫外线消毒

紫外线对细菌的繁殖体和孢子、原生动物以及病毒具有致死作用。波长 200～300nm 的射线(紫外线的此区域称为杀菌区),对细菌具有最强的杀灭作用。

紫外线消毒的机理为:

①破坏蛋白质结构而变性。

②破坏核酸分子的结构导致细菌死亡。紫外线由紫外灯发出,有效波长在 200～300nm 之间。紫外线穿透的水层深度决定于灯输出的功率(以 mW/cm^2 计)。

紫外线照射是物理方法,经过消毒的水化学性质不变,不会产生臭味和有害健康的产物。但因悬浮物和有机物干扰杀菌效果以及费用较高,该方法只适用于少量清水的消毒,如优质水及纯水的消毒等。

2. 臭氧消毒

O_3 是一种具有特殊刺激性气味的不稳定气体,常温下为浅蓝色,液态呈深蓝色。O_3 在空气中会慢慢自行分解为 O_2,同时放出大量的热量。另外,O_3 具有较强腐蚀性。

臭氧的消毒机理包括直接氧化和产生自由基的间接氧化,与氯和二氧化氯一样,通过氧化破坏微生物的结构,达到消毒的目的。O_3 是常用氧化剂中氧化能力最强的一种,在水中的氧化还原电位为 2.07V,而氯为 1.36V,二氧化氯为 1.50V。因此臭氧杀菌能力强,作用快,其杀菌速度比氯快 600～3000 倍,甚至几秒钟内就能杀死细菌。

臭氧消毒饮用水的用量为 1～3mg/L,与水接触时间需 10～15min,如经接触后仍能维持 0.2～0.4mg/L,的浓度,则可达到较好的杀灭病毒的效果。臭氧的消毒剂量与水的污染程度有关,用量通常在 0.5～4.0mg/L 之间。水的浊度越大,水的去色和消毒效果越差,臭氧的消耗量也就越高。

目前,世界上有上千家水厂使用臭氧进行处理、消毒。在欧洲主要城市已把臭氧作为去除水中污染的一种主要手段,用于饮用水的深度净化。20

世纪 70 年代中期开始,我国也开始了利用臭氧氧化工艺处理受污染饮用水水源的试验研究工作。现在国内已有数十家水厂应用于实际生产。

臭氧消毒的优点:

①反应快、投量少。臭氧能迅速杀灭扩散在水中的细菌、芽孢、病毒,且在很低的浓度时就有杀菌灭活作用。

②适应能力强。在 pH 为 5.6~9.8,水温 0~37℃的范围内,对臭氧的消毒性能影响很小,在水中不产生持久性残余,无二次污染。

③能破坏水中有机物,改善水的物理性质和器官感觉,进行脱色和去嗅去味作用,使水呈蔚蓝色,而又不改变水的自然性质。

臭氧消毒的缺点:

①臭氧分子不稳定,易自行分解,在水中保留时间很短(小于 30min),故其无持续消毒功能,应设置氯消毒与其配合使用。

②臭氧有毒性,池水中不允许超过 0.01mg/L。

③空气中不允许超过 0.001mg/L。

④臭氧消毒法设备费用高,耗电大。此乃限制或影响臭氧消毒广泛推广使用的主要原因。

实际工程中,O_3 多不单独使用,常与颗粒活性炭联用对饮用水进行深度处理,即臭氧-活性炭水处理工艺。该工艺效果良好。对其生产成本进行分析,水厂规模在 5~40 万 t/天时,因采用臭氧-活性炭工艺而增加的制水成本在 0.10~0.15 元/t 之间。根据我国各自来水厂的供水状况,从提高水质和人们的生活水平考虑,这种工艺是完全可以接受的。

3. 加氯消毒

长期以来,国内外一直将液氯、漂白粉[漂白粉中约含有 25%~35%(质量分数)的有效氯]、氯胺用于生活用水和污水的消毒,其消毒效果与消毒剂剂量、消毒时间、水的 pH、水温、水质等因素有关。

消毒水质所投加氯的量一般都以有效氯计算。在各种氯化物中,氯的化合价有高到+7 的,如过氯酸钠;还有低到-1 的,如 NaCl。理论上凡是氯的化合价高于-1 的氯化物都有氧化能力。有效氯即表示氯化物的氧化能力。水中加氯后,生成次氯酸($HOCl$)和次氯酸根(OCl^-)。将氯气通入石灰乳液或烧碱溶液即可分别制成 $Ca(OCl)_2$ 和 $NaOCl$ 漂白粉溶液。

$$Cl_2 + H_2O \rightarrow HOCl + H^+ + Cl^-$$

$$HOCl \rightarrow H^+ + OCl^-$$

$HOCl$ 和 OCl^- 都有氧化能力,$HOCl$ 是中性分子,可以扩散到带负电的细菌表面,并渗入细菌体内,借氯原子的氧化作用破坏菌体内的酶,而使细菌死亡；而 OCl⁻ 带负电，难于靠近带负电的细菌，所以虽有氧化能力，但很难起消毒作用。HOCl 还能与细菌、病毒的核酸结合达到杀灭效果。

氯加入水中后，一部分被用于灭活水中微生物、氧化有机物和还原性物质而消耗掉，剩余的部分成为余氯。我国《生活饮用水卫生标准》(GB 5749—2006)规定，氯接触 30min 后，游离性余氯不应低于 0.3mg/L。集中式给水处理厂的出厂水除符合上述要求外，管网末梢水的游离性余氯不应低于 0.05mg/L。保留一定数量余氯的目的是为了保证自来水出厂后还具有持续的杀菌能力。上述规定只能保证杀死肠道传染病菌，即伤寒、霍乱和细菌性痢疾等几种疾病。一般来说，当水的 pH 为 7 左右，钝化病毒所需的游离性余氯约为杀死一般细菌的 2～20 倍，其用量随病毒的种类而异，并与水温成反比。杀死阿米巴需游离性余氯 3～10mg/L 左右，接触时间 30min。而杀死炭疽杆菌可能需投加更多的氯。

近年来研究证明，氯可以与水体中的烷烃、芳香烃等反应，产生三氯甲烷等"三致"物。针对这一问题，人们开发出了二氧化氯消毒技术。采用二氧化氯对水进行消毒时不易产生"三致"物，但价格较贵。

4. 超声波消毒

超声波是人们的听觉器官不能感受到的、频率超过 20000Hz 的弹性振动声波。在超声波作用下，能够引起包括微型后生动物在内的微生物死亡。其效果取决于超声波强度和处理对象的生理特性。超声波的作用机理是细胞在机械破坏下死亡，这是因为超声波能引起细胞内蛋白质等有机物的分解，从而破坏了细胞的生命功能。

水蛭、纤毛虫、剑水蚤和其他有机体对超声波特别敏感。事实证明，超声波很容易杀死那些能够给饮用水和工业用水带来极大危害的较大型有机体。例如，用肉眼可见到的昆虫(毛翅类、摇蚊、蜉蝣)的幼虫、寡毛虫、某些线虫以及软体动物的饰贝、水蛭等。这些有机体中的许多种类栖息在给水站的净化构筑物中，在有利条件下繁殖并占据很大的空间。

试验结果表明，在薄水层中用超声波灭菌，1～2min 内可使 95% 的大肠杆菌死亡。同时，超声波对痢疾杆菌、斑疹伤寒、病毒和其他微生物均具有良好的杀灭作用。现在超声波杀菌也应用到牛奶灭菌中。

除上述方法外，在一些特殊场所还应用膜过滤消毒和碘消毒等方法。

5. 微电解消毒

微电解 H_2O 产生活性氧(如 O_2^-、OH^-)和 H^+。O_2^- 和 OH^- 具有强氧化能力，可杀死细菌及藻类。活性氧还可以与水中氯离子作用生成次氯酸($HClO$)，增强杀菌能力。为电解消毒法常用于优质饮用水的消毒、楼顶水箱水的消毒以及清除管道中的微生物污垢等。

7.3 土壤中微生物的监测

7.3.1 土壤的生态条件

大多数微生物不能进行光合作用,需要依靠有机物才能生长,而土壤中有大量动、植物残体,植物根系的分泌物,人和动物的排泄物,它们为微生物提供了丰富的碳源、氮源和能源;土壤中的矿质元素的含量浓度也很适于微生物的发育;土壤的酸碱度接近中性,一般在 5.5～8.5,缓冲性较强;土壤的渗透压通常在 0.3～0.6MPa,对于大多数微生物而言是等渗透压或低渗透压,有利于微生物摄取营养。例如,革兰氏阴性杆菌体内的渗透压为 0.3～0.6MPa;土壤空隙中充满着空气和水分,能满足微生物对氧和水分的要求。此外,土壤的保温性能好,与空气相比,昼夜温差和季节温差的变化不大。在表土几毫米以下,微生物便可免于被阳光直射致死。这些都为微生物的生长繁殖提供了有利的条件,所以在自然界中土壤是微生物生活最适宜的环境。[①]

7.3.2 土壤中微生物的种类和分布

土壤中微生物的种类很多,它们因生理习性不同而在土壤环境中发挥着不同的作用。土壤微生物通过其代谢活动可改变土壤的理化性质,进行物质转化,因此土壤微生物是构成土壤肥力的重要因素。由于不同土壤环境条件的差异,其中微生物群落的组成和微生物数量各不相同。土壤中微生物的种类和数量与土壤性质有关,尤其是土壤中有机物的含量。有机物越多,土壤肥力越高,其中的微生物越多。每克肥沃的土壤中通常含有几亿至几十亿个微生物,每克贫瘠土壤中也含有几百万至几千万个微生物。土壤中的微生物以细菌最多,其作用强度和影响范围也最大。放线菌和真菌类次之,藻类和原生动物等的数量较小。[②]

1. 细菌

土壤细菌占土壤微生物总数的 70%～90%,以腐生性种类为主,自养性微生物较少。细菌在土壤中的分布表层最多,随着土层加深逐渐减少,但

---

① 苏锡南. 环境微生物学. 北京:中国环境出版社,2006.
② 刘海春,臧玉红. 环境微生物. 北京:高等教育出版社,2008.

是厌氧性细菌的含量则在深层土壤中较高。

土壤中有一些细菌为自生固氮菌,它们能把大气中的氮气转化成含氮化合物。土壤中的某些厌氧梭状芽孢杆菌也能固定氮气。根瘤菌和某些植物通过共生进行固氮。在土壤中还有许多化能自养菌能对无机物进行转化,这对于维持土壤肥力是必要的。表 7-3 是 1g 土壤中不同生化功能的细菌数量。

表 7-3　1g 土壤中不同生化功能的细菌数量

细菌种类	Hilter 的测定结果	Lohins 的测定结果
分解蛋白质的异氧细菌(氧化细菌)	375	437.5
尿素分解细菌	5	5
硝化细菌	0.7	0.5
脱氮细菌	5	5
固氮细菌	0.0025	0.00388

2. 放线菌

土壤中放线菌的数量仅次于细菌,一般每克土壤中放线菌的孢子量有几千万至几亿个,约占土壤中微生物总数的 5%～30%,在有机质含量高的偏碱性土壤中占的比例较高。放线菌多发育于耕作层土壤中,数量随着土壤深度增加而减少。放线菌抗干燥能力较强,并能在沙漠土壤中生存,比较适合在碱性或中性条件下生长,并对酸性条件敏感。

3. 真菌

真菌广泛分布于土壤耕作层中,每克土壤中约含几万至几十万个,是土壤微生物中第三个大类。土壤真菌大都是好氧的,在土壤表层中发育,在30cm 深度以下很难找到真菌。真菌一般具有耐酸性,在 pH 为 5.0 左右的土壤中,当细菌和放线菌的生长受到限制时,真菌仍能生长而且数量比例提高。

4. 藻类

土壤中生长繁殖着许多真核藻类,也存在大量的蓝细菌。藻类细胞内含有的叶绿素能利用光能,将 CO_2 合成为有机物质。它们多分布在土壤表面或近地面的表土层中,光照和水分是影响它们生存量的主要因素。土壤中藻类的数量不及土壤微生物总数量的 1%,但往往因形体较大,其生物量可以达到细菌的 10%。

5. 原生动物

原生动物在土壤有机物质的分解过程中起着重要作用。大部分原生动物往往只存在于土壤的表层 15cm 处,因为它们需要相对高浓度的氧气,大多捕食细菌、真菌、藻类或其他有机体。

土壤中微生物的种类、数量和分布是土壤环境条件的综合反映。气候变化、土壤性质、植被和农业利用不同,给予微生物生长的条件各异,使土壤微生物区系的组成成分、生物量和活动强度等各方面都有差异。总之,不同的土壤类型、不同季节,以及土壤中水分、温度等的变化,对土壤中微生物的数量、种类及分布均有很大的影响。

7.3.3　土壤污染现状

伴随着社会经济的高速发展,全球的土壤污染现象日趋严重,主要表现为以下几个方面:

①土壤污染物来源广,污染范围大,程度高。据报道,在整个地球表面的全部生物圈中,几乎都检测到 DDT 残留,就是在从未喷洒过 DDT 的南极地区也 $0.2 \times 10^{-6} \sim 0.8 \times 10^{-6}$ g/g 残留量,甚至在常年不化的冰水中也检出 0.04×10^{-9} g/g 的含量。

②土壤污染物种类多,数量大。其中包括重金属、农药、病原微生物、石油、放射性元素、洗涤剂、多环芳烃及多氯联苯等。

③土壤污染危害严重。英国爱丁堡医科大学妇产科在 1989—1993 年对妇女多次流产的病因学调查显示,20％以上的妇女由于血液中 DDT 水平较高,引起激素分泌紊乱或免疫失调,导致多次流产或自发性多次流产。澳洲耕地土壤中镉含量为 0.11～0.37mg/kg,大约 10％的蔬菜超过澳洲食品标准(≤0.05mg/kg 鲜重);瑞士农田污灌造成的土壤中镉、铜、锌的积累,使甜菜、莴苣、马铃薯和花生受到重金属污染。①

在我国,1980 年工业三废污染耕地面积 266.7 万 hm^2,1988 年增加到 666.7 万 hm^2,1992 年增加到 1000 万 hm^2。目前,我国受镉、砷、铬、铅等重金属污染的耕地面积已接近 2000 万 hm^2,约占总耕地面积的 1/5,其中镉污染耕地 1.33 万 hm^2,涉及 11 个省 25 个地区;汞污染的耕地面积为 3.2 万 hm^2,涉及 15 个省 21 个地区。仅北京地区的土壤污染就已经造成 8 万 hm^2 耕地中的重金属(铅、铬、汞等)含量明显增加。1998 年的资料显示,北京市四大蔬菜市场上土豆、大白菜、洋白菜等 10 种蔬菜重金属含量明显超

---

① 常学秀,张汉波,袁嘉丽. 环境污染微生物学. 北京:高等教育出版社,2006.

标。北京市居民每天从蔬菜中摄取的砷为世界卫生组织所规定的日摄取量的 120%。此外,1992 至 1996 年间,我国 26 个省市发生 247349 例农药中毒案件,致死 24612 人(华小梅等,2000;匡少平等,2002)。同时,许多益虫(如食虫瓢虫、草蛉、食蚜蝇等),青蛙,鱼类及稻田的黄鳝、泥鳅几乎绝迹;而鸟类一方面因昆虫被杀害,失去食物的来源,导致种群衰落(甚至灭绝),另一方面因捕食昆虫、土壤无脊椎动物的染毒活体和尸体,或引用污染水,导致中毒死亡。

7.3.4　土壤的污染和自净

1. 腐生菌作为土壤有机污染指标

有机污染物进入土壤后可引起腐生菌繁殖加快、数量增加,所以可用土壤微生物,尤其是腐生细菌数量表征土壤有机污染状况。有机物在微生物作用下分解、氧化,使土壤得以净化,这一净化过程是在多种微生物相互作用下进行的,在这一过程中,微生物群落会发生有规律的演替。一般情况下,先是非芽孢腐生菌占优势,继而芽孢菌开始大量繁殖。所以非芽孢细菌与芽孢菌间的比例经历由增大达到最大值,然后下降恢复到污染前的水平。因此,可以用非芽孢菌与芽孢菌的比例变化来评价土壤的污染—净化过程。

土壤微生物的检测方法是:

①用稀释平板法测定土壤腐生细菌总数。

②选择一个有代表性的平板,计数平板上的菌落总数(N_r),然后对平板上所有菌落进行芽孢染色分析,记下其中产芽孢菌的菌落数(N_i)。

③根据下式计算土壤中非芽孢菌与芽孢菌的比(R)。

$$R = \frac{N_r - N_i}{N_r} \times 100\%$$

2. 嗜热菌作为土壤牲畜粪便污染的指标

人类粪便中大肠菌群菌数量多,而少有嗜热菌。而牲畜粪便中二者都很多,一般牲畜粪便中大肠菌群数为 0.1×10^4 cfu/g,嗜热菌为 4.5×10^6 cfu/g。因此,可以用嗜热菌数作为土壤牲畜粪便污染的指标,一般嗜热菌数超过 $10^3 \times 10^5$ cfu/g 就视为牲畜粪便污染,若超过 10^5 cfu/g 就确定是重污染。

嗜热菌计数方法为:

①将土样用十倍稀释法稀释到一定倍数。

②取三个稀释倍数的稀释液各 1mL 倾注于琼脂平板,在 44℃培养 24h 计数土壤中耐热菌数(N_0)。

③选择一个有代表性的平板,将其中的菌落分别接种在盛有 10mL 液体培养基的试管中,30℃培养 48h,观察菌落生长情况,无菌落生长者为嗜热菌,计下管数(N_1),总管数为(N_2)。嗜热菌数(N)可由下式计算。

$$N = N_0 \times (N_1/N_2)$$

3. 大肠菌群指标

大肠菌群不是土壤中固有的微生物,和水中大肠菌群测定一样也可以作为土壤环境微生物指标,用以评价土壤病原微生物污染的可能性。粪便中的大肠菌群进入土壤后随自净过程逐渐消亡,它们在土壤中的存活时间从数日到数月。所以,可以用土壤中的大肠菌群值评价土壤环境被污染的程度。若大肠菌群超过 1.0cfu/g 就视为受到了污染。

此外,肠球菌不存在于无粪便污染的土壤中,也可作为新鲜粪便污染的指标。因为它们在土壤中存活时间比大肠菌群更短。产气夹膜梭菌也来自粪便,它们可在土壤中长期存活,因此可作为在较长时间前土壤受粪便污染的指标。

4. 其他功能菌群

土壤环境中的其他功能菌群土壤环境中还有不少菌群,它们的变化可以说明土壤生态环境某些理化条件的变化。

①土壤环境中的真菌和放线菌真菌和放线菌对天然难降解有机物如纤维素、木质素、果胶质等,具有比细菌更强的利用能力,而且真菌比其他微生物更适合在酸性条件下生长。因此,可通过它们的数量变化,尤其是它们在总微生物量中所占比例的变化说明土壤中有机营养物的组成和 pH 值变化。他们的测定方法常用平板计数法。[1]

②硝化细菌和反硝化细菌。硝化、反硝化菌群的数量变化可以说明土壤中氮素化合物的组成、土壤氧化还原条件和氮循环速率。他们的测定常用 MPN 法(最大概率法,也称多管培养法)。

③硫化细菌。硫化菌群的数量可以说明土壤中氧化还原条件,测定方法也常用 MPN 法。

④其他有机污染物的指示菌群。尤其是当土壤环境被某种人工合成有机严重污染,而能降解它的菌群还不能形成优势菌群时,该降解有机物的降解菌的数量常常可以指示改种污染物的污染程度。但当一些有毒污染物浓度过高时,都会使土壤环境各种微生物数量急剧下降。

---

① 王兰. 现代环境微生物学. 北京:化学工业出版社,2006.

7.3.5　土壤污染防治

1. 物理修复

物理修复是一种基于机械物理或物理化学原理的工程技术,包括客土法、换土法、排土法、翻土法、隔离法、清洗法、热处理法、电化学法、吸附固定法和玻璃化技术等。采用物理法智力土壤污染成本昂贵,且需要特殊的仪器和经过培训的专业人员,更主要的是无法从根本上解决问题。如客土法、换土法及翻土法等方法人力物理投资大,容易引起二次污染问题,同时还会导致土壤费力下降;而运用机械清洗法则容易造成地下水污染、土壤养分流失及土壤变性等问题。

2. 化学修复

化学修复是一种基于污染物土壤地球化学行为的改良技术,包括投加土壤改良剂、淋洗法、络合浸提法等。以重金属为例,化学法主要是通过添加外来物质,以改变土壤的化学性质,如通过调节土壤酸碱度、氧化还原电位和阳离子交换量及其他化学性质,或者直接与重金属相结合,从而改变重金属的形态及其生物有效性等,最终抑制或降低作物对重金属的吸收。常见的添加物主要是化学改良剂、沉淀剂和黏合剂等。但是,化学方法成本高、效率低,而且会导致地下水的"二次污染",打乱土层结构,破坏土壤结构和微生物区系,引起土壤中某些营养成分的损失,破坏生态平衡。

3. 生物修复

广义上的生物修复,是指利用生物(植物、动物、微生物)的生命代谢活动降低环境中有毒有害物质的浓度或使其完全无害化,从而使被污染的环境能够部分或完全恢复到原初状态的过程。简单地说,就是利用生物对环境中的污染物进行降解或吸收,降低土壤中污染物的浓度。在狭义上,我们通常所说的生物修复是指微生物修复。

一般生物修复可根据修复主体(即参与修复的生物类群)、修复受体(即通常所说的环境要素)和修复场所等进行分类。根据修复主体不同可分为微生物修复、植物修复、动物修复及生态修复 4 类;根据修复受体不同可分为土壤生物修复、河流生物修复、湖泊水库生物修复、海洋生物修复、地下水生物修复和大气生物修复等;根据修复受体的状态不同可分为原位生物修复、异位生物修复及联合生物修复。与传统或现代的物理、化学修复方法相比,生物修复法具有效果好、投资少、费用低,对技术及设备要求不高,易于管理与操作及不产生二次污染等优点,因而这类方法日益受到人们的普遍重视,成为污染土壤修复研究的热点。

生物修复技术起源于有机物的治理,最初的生物修复是从微生物的利用开始的,因此积累了丰富的有关微生物修复的技术经验和理论知识。微生物修复不仅具有生物修复的共同优点,并且在某些其他技术难以使用的场所,如建筑物或公路下部等仍然可采用微生物修复。

污染土壤的微生物修复主要是通过土壤中的微生物来吸收或者改变污染物的化学性质,主要有微生物的吸附与富集、微生物的氧化还原等方法。一般微生物修复包括原位微生物修复、异位微生物修复及联合微生物修复三类。①

(1)原位微生物修复

原位微生物修复(又称就地微生物修复)是指在基本不破坏自然环境的条件下,对受污染的土壤不作任何搬迁或运输,而在原场所进行修复。主要包括生物通风修复、生物强化修复及土地耕作修复三类技术。这些技术是基于改善微生物生存的环境条件或增强生物转化中微生物的活性和强度而设计的。生物通风修复主要是通过向土壤中输送气体(普通空气或含有一定量 NH_3 的空气)而实现;生物强化修复主要通过向土壤中投加水、营养物质或接种外源高效工程菌等而实现,因而,该修复法又可细分为土著均培养法和投菌法;土地耕作修复主要通过农用机械或人力等方式耕翻,提高微生物的转化能力,这种方法一般只适用于 30cm 以上的表层土。原位微生物修复具有成本较低但修复效果欠佳的特点,因此,适用于大面积、低污染负荷的土壤修复。

(2)异位微生物修复

异位微生物修复是指将受污染的土壤搬迁或运输到其他场所(如实验室),进行集中修复。目前,异位微生物修复主要利用预制床修复、堆制式修复和生物反应器修复三类技术。其中预制床修复可细分为条形堆制、静态堆制及反应堆制,而生物反应器修复可细分为泥浆生物反应器修复、生物过滤反应器修复、固定化膜与固定化细胞反应器修复及厌氧反应器修复等。异位微生物修复具有修复效果好但成本较高的特点,适用于小面积、高污染负荷的土壤修复。

(3)联合微生物修复

联合微生物修复是基于原位微生物修复与异位微生物修复的优点而提出的,即将原位微生物修复和异位微生物修复二者相结合。联合微生物修复能够扬长避短,有望成为今后土壤修复的重要措施之一。

---

① 常学秀,张汉波,袁嘉丽. 环境污染微生物学. 北京:高等教育出版社,2006.

7.4　空气中微生物的监测

7.4.1　空气中微生物的来源

空气中的微生物来源多种多样,主要有来自带有微生物或微生物孢子的土壤尘埃、水面吹起的扬沫(小水滴)、人和动物体表面干燥脱落物、呼吸道的排泄物等等,这些细菌都可飘散到空气中。由于空气的相对湿度、紫外辐射的强弱、尘埃颗粒的大小和数量的不同,微生物的适应性及对恶劣环境的抵抗能力,微生物在空气中的存活时间长短不一,有的很快就死亡,有的存活几天、几个星期、几个月或更久。[①]

7.4.2　空气中微生物的种类、数量和分布

空气微生物没有固定的类群,随地区、时间而有较大的变化,但那些在空气中能存活较长时间的种类广泛存在,如芽孢杆菌、产孢子的霉菌、放线菌等。室外空气中最常见的细菌是由土壤中的需氧芽孢杆菌,如熟知的枯草芽孢杆菌,此外产碱杆菌、八叠球菌和小球菌也比较常见;而室内空气存在多种致病微生物,此外还有葡萄球菌、绿脓杆菌、沙门氏菌和大肠杆菌等;在医院及附近地区的空气中,病原微生物特别是耐药菌的种类多、数量大,对免疫力低的人群十分有害。

空气中微生物的数量随地区、季节、气候、空气湿度、土壤、植被状况、人口与动物密度及活动状况、空气流动程度和高度等因素的变化而发生显著变化。在室外,若环境卫生状况好,绿化程度高,尘埃颗粒少,则空气中微生物数量少;反之,微生物就多。人口密集及活动剧烈的公共场所,如医院、候车室、教室、办公室和集体宿舍等,微生物数量较大,而经常保持通风清洁的室内微生物则要少得多。城市空气中的微生物数量比农村多,畜舍、公共场所和街道等地区的空气中微生物多,而海洋、森林、雪山和高纬度地带等人迹罕至的地区的空气中微生物数量少。表 7-4 列出了不同地区空气中的细菌数。[②]

---

① 　袁林江．环境工程微生物．北京:化学工业出版社,2011.

② 　苏锡南．环境微生物学．北京:中国环境科学出版社,2006.

表 7-4　不同场所空气中的细菌数

场所	微生物数量	场所	微生物数量
畜舍	$(1\sim2)\times10^6$	实验室	200
城市街道	5000	城市公园	200
教室	2500	住房	180
办公室	1400	海洋上空	$1\sim2$
医院	$700\sim1100$	北纬 80°	0

潮湿的空气中所含的微生物比干燥的空气中的少,这是因为潮湿空气中的小水滴可以带着微生物一起沉降。雨雪过后,空气中的尘埃和微生物承降水一起降落回地面,空气十分干净,微生物极少,尤其是大雨和大雪之后,空气中几乎没有微生物的存在。在垂直高度上,靠近地面和水面的低空微生物含量大,而远离地面和水面的高空微生物含量少,一般每升高 10m,微生物的含量约下降 $1\sim2$ 个数量级。

7.4.3　空气中微生物的卫生指标

调查结果显示,若人群在室内聚集 80min,室内空气中的细菌总数可达 4300 cfu/m³(撞击法)和 44cfu/皿(沉降法)。若存在复合污染,人群在室内聚集 20min,室内空气中细菌总数即可高达 4×10^3 cfu/m³ 和 33cfu/皿,二氧化碳浓度达 0.08%。此时,24.1% 的人会产生异臭感和不舒适感。当细菌总数达 6×10^3 cfu/m 或 75cfu/m,二氧化碳浓度达 1.5% 时,55% 的人群会产生异臭感和不舒适感。

前苏联提出的室内空气的细菌总数指标为:清洁空气的细菌总数,冬季小于 4.5×10^3 cfu/m³,夏季小于 1.5×10^3 cfu/m³;污染空气的细菌总数,冬季大于 7×10^3 cfu/m³,夏季小于 2.5×10^3 cfu/m³。日本的细菌总数指标为:清洁空气的细菌总数小于 30cfu/皿;普通空气的细菌总数小于 75cfu/皿。[①]

国家质量监督检验检疫局、卫生部、国家环境保护总局 2002 年 11 月颁布的《室内空气质量标准》(GB/T 18883—2002)中生物性参数选用菌落总数,标准值为 2500CFU/m³(撞击法)。国家环保局颁布的《室内环境质量标准》(征求意见稿)见表 7-5。

---

① 郑平. 环境微生物. 杭州:浙江大学出版社,2002.

表 7-5　室内环境质量评价标准

污染物			级别		
类别	项目	单位	一级	二级	三级
生物学指标	细菌总数	CFU/m³	1000	2000	4000

一级：舒适、良好的室内环境
二级：保护大众（包括老人和小孩）健康的室内环境；
三级：保护员工健康、基本能居住或办公的室内环境。

要获得清新洁净的空气，净化空气极为重要。最好的措施是绿化环境和搞好室内、室外环境卫生。有些工业部门和医疗部门需要采用生物洁净技术净化空气。生物洁净技术一般是指用具有高效过滤器的空气调节除菌设备，提供无菌空气保持温度恒定。高效过滤器只能除菌，不能灭菌，所以，还要对室内器物消毒以及无菌操作，才能保证室内无菌环境。[①]

7.4.4　空气中微生物的检测方法

1. 撞击法

利用抽气泵的吸引，使一定量空气强迫通过一狭缝或喷嘴，在出口处形成高速喷射气流，空气中携带微生物的悬浮颗粒依靠惯性撞击并粘附于转动的营养琼脂培养基平皿上，37℃培养 24h，计算菌落数，结果以"cfu/m³"单位表示。

图 7-3 为缝隙采样器，其操作步骤为：用吸风机或真空泵将含菌空气以一定的流速穿过狭缝而被抽吸到营养琼脂培养基平板上，平板以一定的转速旋转。通常平板旋转一周取出后置于 37℃ 的培养箱中培养 48h，根据取样时间和空气流量计算单位空气中的含菌量。

在撞击法采集的空气中，含有许多携带微生物的悬浮尘粒；这些悬浮尘粒可随人体呼吸进入呼吸道，危害人类健康。因此，该法检测结果具有重要的卫生学意义。另外，这种采样法不受气流影响，采样量准确，已成为世界各国首选的空气细菌采样方法。

2. 平皿菌落法

将已灭菌的营养琼脂培养基融化后倒入无菌培养皿中制成平板，把它放在待测点（通常设 5 个测点），打开皿盖暴露于空气中 5～10min，以待空

---

① 苏锡南．环境微生物学．北京：中国环境科学出版社，2006.

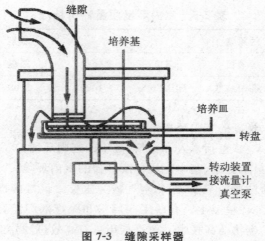

图 7-3 缝隙采样器

气中的微生物降落在平板表面,盖好皿盖置于培养箱中培养 48h 后取出计菌落数。通过奥氏公式计算出浮游细菌总数。

$$C = \frac{1000 \times 50 N}{A \times t}$$

式中,C 为空气中细菌数,个/m³;A 为补集面积,cm²;t 为暴露时间,min;N 为菌落数,个。

使用平皿落菌法测定细菌总数简单易操作,但准确性差。其主要是此公式未考虑尘埃颗粒的大小、气流情况、人员活动等因素。

3. 液体法

将一定体积的含菌空气通入无菌蒸馏水,依靠气流的冲击和洗涤作用使微生物均匀分布在介质中,然后取一定量的菌液涂布于营养琼脂培养基平板上,或取一定量的菌液于无菌培养皿中,倒入溶化的营养琼脂培养基,混匀后冷凝制成平板,置于 37℃培养箱中培养 48h,并计菌落数。

4. 简易定量法

用无菌注射器抽取一定量的空气,压入培养基内进行培养,即可定量,定性测定空气中的细菌,简要步骤如下:在无菌操作下,取已溶化培养状基倒入无菌平皿中,稍作倾斜后,将注射器插入培养基深处,缓慢将空气压入培养基内,轻轻摇匀以消除气泡。培养基凝固后,置于 30℃恒温箱中培养 3d,统计菌落数量,推算 1L 空气所含菌量。

【例 7-2】空气中微生物的检测

一、目的

1. 学习并掌握空气中微生物的检测方法

2. 了解空气中微生物的种类和数量

3. 掌握不同微生物种群的菌特征

二、基本原理

空气中的细菌等微生物自然沉降于培养基的表面,经培养后计数出其上生长的菌落数,按公式计算出 $1m^3$ 空气中的细菌总数。此法能粗略计算空气污染程度及了解被测区微生物的种类和其菌落特征。

三、仪器和材料

(1)无菌培养基:牛肉膏蛋白胨营养琼脂培养基(检测细菌);查氏培养基(检测霉菌);高氏1号培养基(检测放线菌)。

(2)无菌平板、酒精灯等。①

四、操作方法

沉降法。

五、操作步骤

1. 倒平板

将牛肉膏蛋白胨琼脂培养基、查氏培养基及高氏1号琼脂培养基熔化后分别倒入无菌平板,凝固后包好备用。

2. 放置待测地点

将包好的平板置于待测地点(每个采样点每种培养基至少放置3个平行样品),打开皿盖,在空气中暴露5min,盖好皿盖,包好后送到实验室。

3. 倒置培养

细菌37℃培养24～48h,霉菌28℃培养3～4天,放线菌28℃培养5～6天。

4. 观察结果

培养结束后观察各类微生物的菌落特征,并计数菌落。

5. 计算 $1m^3$ 空气中微生物数量

根据奥梅梁斯基定义:面积为 $100cm^2$ 和平板琼脂培养基暴露在空气中5min,37℃培养24h后所生长的菌落数与10L空气中所含的细菌数相当。其计算公式如下。

$$X = \frac{N \times 100 \times 100}{\pi r^2}$$

式中,X 为每 $1m^3$ 空气中的细菌个数;N 为平板暴露5min,经过37℃培养24h后所生长的菌落数;r 为平板底半径,cm。

---

① 周凤霞,白京生.环境微生物.北京:化学工业出版社,2008.

六、结果与计算

1. 记录空气中微生物的种类和数量(实训表 7-6)

实训表 7-6 空气中微生物的种类和数量一览

环境	时间	平均菌落数		
		细菌	霉菌	放线菌
室内	5min			
室外	5min			

2. 描述细菌、霉菌和放线菌的菌落特征。

3. 计算 $1m^3$ 环境空气中所含的细菌数。

7.5 微生物监测技术的新发展

7.5.1 生物传感器的原理

用固定化生物或生物体作为敏感元件的传感器称为生物传感器。自20 世纪 60 年代酶电极问世以来,生物传感器获得了巨大的发展,已成为酶法分析的一个日益重要的组成部分。生物传感器是一种由生物学、医学、电化学、光学、热学及电子技术等多学科相互渗透而成长起来的分析监测装置,具有选择性高、分析速度快、操作简单、价格低廉等特点,而且又能进行连续测定、在线分析甚至活体分析,因此引起了世界各国的极大关注。

生物传感器由识别部分(敏感元件)和信号转换部分(换能器)构成。识别部分用以识别被测目标,是可以引起某种物理变化或化学变化的主要功能元件。它是生物传感器选择性测定的基础。生物体内能够选择性地分辨特定物质的敏感材料有酶、微生物个体、细胞器、动植物组织、抗原和抗体。这些物质通过识别过程可与被测目标结合成复合物,如酶与基质的结合、抗原和抗体的结合。换能器是将分子识别部分所引起的物理或化学变化转换成电信号的功能部件,有电化学电极、半导体、光电转换器、热敏电阻、压电晶体等。选择哪种类型的换能器要根据敏感元件所引起的物理或化学变化来定。敏感元件中光、热、化学物质的消耗等会产生相应的变化量,根据这些变化量,可以选择适当的换能器。

生物传感器的工作原理为:待测物质经扩散作用进入固定化生物敏感膜层,经分子识别,发生生物化学反应,产生的信息继而被相应的化学或物理换能器转化为可定量和可处理的电信号,再经仪表放大和输出,便可知道待测物的浓度。生物传感器的基本结构和工作原理见图7-4。

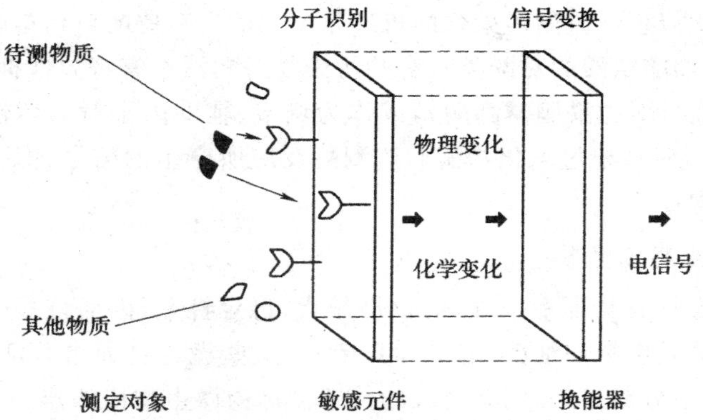

图7-4　生物传感器的基本结构和工作原理

　　生物敏感膜是生物传感器的关键元件。它是由对待测物质(底物)具有高选择性分子识别能力的膜构成的,因此直接决定了传感器的功能和质量。例如葡萄糖氧化酶能从各种糖类中识别出葡萄糖,并把它迅速氧化。那么这种葡萄糖氧化酶则可作为生物敏感膜的材料。生物敏感膜依所选的材料不同,可以是酶膜、全细胞膜、免疫功能膜、细胞器膜等,各种膜相应的生物活性材料见表7-7。

表7-7　生物传感器的分子识别元件及生物活性材料

分子识别元件	生物活性材料	分子识别元件	生物活性材料
酶膜	各种酶类	细胞器膜	线粒体、叶绿素
全细胞膜	细菌、真菌、动物细胞	免疫功能膜	抗体、抗原、酶标抗原等
组织膜	动植物组织切片		

　　在生物传感器内,生物活性材料是固定在换能器上的,为了将分子和器官固定化,已经发展了各种技术。常见的方法有6种:夹心法、包埋法、吸附法、共价结合法、交联法和微胶囊法。但无论使用何种方法,应能延长材料的活性。一般情况下,用常规法嵌人的酶,其活性可维持3～4周或50～200次测定;而化学方法结合的酶,其活性常能提高到1000次测定。

7.5.2　生物传感器的类型

　　根据生物识别单元的不同,生物传感器有酶传感器、微生物传感器、免疫传感器和DNA传感器等。

1. 酶传感器

不同酶传感器监测污染物的机理是不同的。有些酶对污染物具有催化转化能力（如酪氨酸酶对酚类），有些污染物对酶活性有特异性抑制作用（如有机磷酸酯类对乙酰胆碱酯酶），或作为调节、辅助因子对酶活性进行修饰〔如 Mn(Ⅱ)对辣根过氧化物酶〕，监测酶反应所产生的信号，即可间接测定污染物的含量。

2. 微生物传感器

酶对底物有高度专一性，但价格昂贵，稳定性差，因而许多生物传感器中使用全活微生物如细菌、酵母和真菌等，这些微生物通常从活性污泥、河水、腐殖质中分离出来，用其制成的传感器称为微生物传感器。利用活体微生物的代谢功能监测污染物，能适用宽范围的 pH 和温度，寿命长、价格低，但选择性差。

3. 免疫传感器

免疫传感器利用了抗体和抗原之间的免疫化学反应。抗体是上百个氨基酸分子高度有序排列而成的高分子，当免疫系统细胞暴露在抗原物质或分子（如有机污染物）中时，抗体中有对抗原结构进行特殊识别、结合的部位。将抗体固定在固相载体上，可从复杂的基质中富集抗原污染物，达到测定污染物浓度的目的。

4. DNA 传感器

DNA 传感器的理论基础是 DNA 碱基配对原理。高度专一性的 DNA 杂交反应与高灵敏度的电化学监测器相结合形成 DNA 杂交生物传感器。在 DNA 传感器监测过程中，形成的杂交体通常置于电化学活性指示剂（如氧化-还原活性阳离子金属配合物）溶液中，指示剂可强烈但可逆地结合到杂交体上。由于指示剂与形成的杂交体结合，产生的信号可以用电化学法监测。

7.5.3　生物传感器在环境检测中的应用

1. 水和污水监测

（1）BOD 传感器

BOD 是分析水体污染程度的重要指标，衡量污水中可被微生物降解的有机物量。传统 BOD 监测方法需耗时 5 天，且操作繁琐，而 BOD 微生物传感器测定一个样品只需 10～30min，且与 5 日培养法的结果有良好的相关性。此种传感器作用的基本原理是：当生物传感器置于恒温缓冲溶液中，在不断搅拌下,溶液被氧饱和,生物膜中的生物材料处于内源呼吸状态,溶液中的氧通过微生物的扩散作用与内源呼吸耗氧达到一个平衡,传感器输出一个恒定电流;当加入样品时,微生物由内源呼吸转入外源呼吸,呼吸活性增强,导致扩散到传感器的氧减少,相应输出的电流也减少,几分钟后,又达到一个新的平衡状态。在一定条件下,传感器输出电流值与 BOD 浓度呈线性关系,故可定量监测生活污水和工业废水的 BOD 值。传感器法和 5 日培养法测定不同类型的工业废水 BOD 值,结果见表 7-8。

表 7-8　传感器和 5 日培养法测定不同类型工业废水的 BOD 值比较

工业废水	BOD/(mg×L^{-1})		偏差/%
	传感器	5 日培养法	
食品厂	155	152	2
食品厂(淀粉糖化)	42500	4000	6
棕榈油制造厂	12400	9840	26

(2)硝酸盐微生物传感器

L. H. Larsen 等发展了测定硝酸盐的小型微生物传感器。他们将一种假单胞细菌,固定在小毛细管中,置于 N_2O 小型电化学传感器的前端,固定化菌将 NO_3^- 转化为 N_2O,随即 N_2O 在小型传感器的电负性的银表面还原。该传感器对 $0\sim400\mu mol/L$ 的 NO_3^- 浓度响应呈线性,介质中呈涡流或静止状态,对结果影响不大。干扰物质是 NO_2^- 和 NO,高浓度的硫化物会使传感器永久失活。

(3)酚类微生物传感器

炼油、煤气洗涤、炼焦、造纸、合成氨、木材防腐和化工等水中常含有酚类化合物,各国普遍采用 4-氨基安替比林分光光度法分析这一类高毒物质,但硫化物、油类、芳香胺类等干扰其测定。

(4)阴离子表面活性剂传感器

阴离子表面活性剂,如直链烷基苯磺酸钠(LAS)会造成严重的水污染,在水面产生不易消失的泡沫,并消耗溶解氧。用 LAS 降解细菌制成的生物传感器,可监测阴离子表面活性剂的浓度。这种反应型的传感器由一固定化 LAS 降解细菌柱和流通池型氧电极构成,菌种从污水处理厂的活性污泥中提取而得。测量依据的原理是当阴离子表面活性剂存在时,LAS 降解菌的呼吸活性会增加。

(5)水体富营养化监测传感器

T. Lee 等研究表明,水体富营养化主要由氰基细菌的大量增殖引起,这些细菌能杀死水生植物,从而产生恶臭。

生物传感器可实现对水体富营养化的在线监测。由于氰基细菌体内有藻青素存在,其显示出的荧光光谱不同于其他的微生物,用这种对荧光敏感的生物传感器就能监测氰基细菌的浓度,预报藻类急剧繁殖状况。

2. 空气和废气监测

(1)硫酸传感器

SO_2 是酸雨和酸雾形成的主要原因之一。用常规方法监测这些化合物的浓度很复杂,因此简单适用的生物传感器便应运而生。

(2)亚硝酸盐传感器

C. Hansch 等认为,空气污染物中主要的氮氧化物为 NO 和 NO_2,在各种矿物燃料燃烧时,会形成 NO 体积分数约 0.1%~0.5% 的废气,及更少量的 NO_2,NO 释放到空气中之后,氧化为 NO_2,NO_2 是氮氧化物中反应性最强的,也是光化学烟雾的主要成因之一。因此应用亚硝酸盐传感器监测空气中的 NO_2。

(3)氨传感器

氨的监测在环境分析中也很重要。常规的电位传感器由复合玻璃电极和气体渗透膜构成,为氨气体电极。在强碱性条件(pH>11)下测定氨,受挥发性物质如胺类的干扰。

而氨传感器的灵敏度与玻璃电极几乎在同一数量级,最低检出浓度为 0.1mg/L,对照 33mg/L 的氨样品溶液进行 10 天以上、200 次分析后,传感器的电流输出几乎恒定,且选择性很好,对乙醇、胺类及钾、钙等离子不响应。该传感器不仅可用于监测空气中的氨,也可用于监测污水中的氨。

(4)甲烷传感器

甲烷是一种清洁燃料,但若空气中甲烷含量在 5%~14%(体积分数)之间时则具有爆炸性。从自然环境中提取并在纯培养环境中生长的甲烷氧化细菌利用甲烷作为唯一能源进行呼吸,同时消耗氧。根据这一原理研制的甲烷传感器,可测定空气中的甲烷含量。

(5)CO_2 传感器

常规的电位传感器,常会有各种离子和挥发性酸的干扰。S. Hiroaki 等使用自养微生物和氧电极的 CO_2 传感器,可避免上述干扰。CO_2 传感器对体积分数在 3%~12% 之间的 CO_2 有线性响应,灵敏度高,使用寿命长于 1 个月。

第 8 章　环境微生物新技术及其应用研究

目前环境的问题,尤其是因人类活动所排放的废物引起的环境污染,已严重威胁到了人类的生存和发展。人们再利用科学技术保护环境的方面,现代微生物技术因其高效、低耗、安全性好等优越性显示出了广阔的应用和发展前景。本章主要介绍了微生物新技术的一些特点、主要方法和主要应用。

8.1　固定化技术

8.1.1　固定化技术的特点

(1)固定化酶的特点

固定化酶还被叫做水不溶酶,通过固定这种手段,使酶变成一种特殊的不溶于水但仍然保留其高效催化活性的衍生物。固定化酶具有如下特点:①固定化酶适于自动化、连续化和管道化工艺,还可以回收、再生和重复使用;②固定化酶比水溶性酶稳定,因为固定化载体能有效地保护酶的构型,可以在较长时间内保持酶的活性;③固定化酶可以设计成不同的形式。

(2)固定化微生物(细胞)的特点

微生物细胞自身就是一个天然的固定化酶反应器,用制备固定化酶的方法直接将细胞固定在载体上,即成固定化微生物。①

固定化细胞比游离细胞稳定性高;催化效率也比离体酶高;比固定化酶操作简单,成本低廉,能完成多步酶促反应,通常还能保留某些酶促反应所必须的 ATP、Mg、NAD 等,因此,反应过程中无需补加这些辅助因子。

利用固定化微生物技术可将筛选分离出的适宜于降解特定污染物的高效菌株,或通过基因工程技术克隆的特异性菌株加以固定,构成一种高效、快速、耐受性强、能连续进行的生物处理系统。与传统的悬浮生物处理工艺相比,该技术具有生物密度大、可纯化和保持高效优势菌种、处理效率高、运行稳定、产泥量少、固液分离易、可去除氮和高浓度有机物或某些难降解物质等优点。

---

① 　钟飞．环境工程微生物技术．北京:中国劳动社会保障出版社,2010.

8.1.2　微生物固定化的方法

原则上讲,任何一种能够限制细胞自由流动的技术都可以用于制备固定化细胞,因此微生物固定化方法多种多样。常用的细胞固定化方法有吸附法、包埋法、共价结合法和无载体固定法等。

（1）吸附法

吸附法是基于微生物和载体之间静电、黏附力等作用,将微生物固定在不溶性载体上形成生物膜的一种方法。常用的材料是具有高度吸附能力的活性炭、氧化铝、硅藻土、多孔陶瓷、多孔玻璃、硅胶、羟基磷灰石等。该法操作简单,反应条件温和,载体可以反复利用,但结合不牢固,细胞易脱落。

（2）包埋法

包埋法是将微生物细胞包裹于凝胶的小格子内或半透膜聚合物的超滤膜内,同时能让基质渗入并将产物扩散出来。常用琼脂凝胶、角叉菜胶、明胶、聚丙烯酰胺凝胶、光交联树脂、聚酰胺膜、火棉胶膜等作为载体。该法对微生物活性影响小,颗粒强度高,不仅能装载较大容量的细胞,而且对微生物的稳定性、细胞的洗出以及应用于流化床等工程问题适应性最好,是目前研究最多的固定化方法。

（3）共价结合法

在酶的固定化过程中,通过共价键使酶与载体结合的固定化方法称为共价结合法。共价结合法包含载偶联法和交联法。

①载偶联法。载偶联法是利用微生物细胞表面官能团与非水溶性载体表面基团之间形成化学共价键连接,从而固定微生物。该法常以纤维素、琼脂糖凝胶、葡聚糖凝胶、甲壳质、氨基酸共聚物、甲基丙烯醇共聚物等为载体,其固定化过程可以用下列模式表示:

$$\text{载体}\xrightarrow{\text{活化反应}}\text{活化载体}\xrightarrow[\text{酶}]{\text{偶联反应}}\text{载体—酶（固定化酶）}$$

该法结合牢固,半衰期较长。但由于化学共价法结合时反应剧烈,常常引起酶蛋白高级结构发生变化,因此一般活性回收较低。

②交联法。交联法主要是使微生物细胞与带有两个以上的多功能团试剂进行交联反应,使微生物菌体相互形成网状结构,实现微生物固定化目的。该法结合强度高、稳定性好,经得起 pH 值和温度的剧烈变化。同时,由于反应条件相对比较激烈,微生物的反应活性损失较大,且此法操作复杂、控制较难、采用的交联剂也相对较贵,因此其应用受到一定的限制。常用的交联剂是戊二醛、乙醇二异氰酸酯等。

（4）无载体固定化法

无载体固定化方法是利用某微生物具有自絮凝形成颗粒的特性或使用热处理，使微生物产生自固定的方法。该法简单，不需载体，也不需分离，相比以往的一些固定方法具有显著的优势，将在环境工程中的污水处理领域得到广泛的应用。

以上方法均有优缺点，在实际过程中经常联合应用。例如为了使吸附在载体上的微生物结合得更牢固，或者使包埋后的微生物不易漏出，往往需要对微生物进行交联化处理，形成"细胞网"结构；或先用结合固定化方法处理，再用高分子聚合物进行包埋，这样就克服了结合固定化法中结合强度低和交联固定化法中微生物活性低的不足。

8.1.3　微生物固定化技术在环境中的应用

固定化技术是 20 世纪 70 年代兴起的一种新型生物技术，属于酶工程技术的研究范畴，它包括固定化酶技术和固定化细胞技术。[①]

酶的固定化就是从生物体提取出活性极高的水溶性酶，再通过包埋法（或交联法、载体结合法）等方法，将酶固定在不溶性载体上，制成不溶于水且仍保留高效催化活性的固态酶。固定化水解酶类对大分子降解能力强，对小分子无分解能力。

固定化细胞技术是从固定化酶基础上发展起来的，是指利用微生物或动植物细胞作为酶源，采用制备固定化酶的方法直接将细胞固定，并保持相应活性的一种形式。由于该技术无须酶的提取和纯化操作，成本相对较低，稳定性也较高，酶活力丧失少，因此固定化细胞技术已超过固定化酶的应用。

国内外应用固定化技术处理废水中有机污染物和无机重金属毒物、废水氨氮治理，废水脱色等成功的例子很多。1983 年，英国采用固定化细胞反应设备处理含氰废水。德国将能降解对硫磷等 9 种农药的酶以共价结合法固定于多孔玻璃及硅珠上，制成酶柱，用于处理含硫磷的废水，去除率达95％以上。美国曾试验用两步法厌氧固定化微生物反应器处理废液，既能产生能源，又可获得菌体蛋白，效果很好。利用聚丙烯酰胺包埋一种柠檬酸细菌，可以高效地去除废水中的铅、镉和铜，而且能全部洗脱回收利用。我国采用固定化细胞技术降解直链烷基苯磺酸钠（合成洗涤剂中的一种表面活性剂，简称 LAs）方面的研究也已取得较大进展，LAs 的去除率和酶活性保存率均在90％以上。固定化技术同样适用于大气的净化，如采用固定床

---

① 　刘海春，臧玉红．环境微生物．北京：高等教育出版社，2008.

反应器,以海藻酸钠包埋活性污泥进行含氨废气处理,气相氨的去除率大于92%。

固定化技术因具有反应速率快、耐毒害能力强等优点。具有广阔的应用前景,但大多是在实验室规模上进行研究,要实现实用化或工业的应用,还有许多问题需要解决,如固定化酶或细胞的稳定性问题、固定化酶或细胞批量生产装置的开发、廉价耐用的固定化载体及复合固定化技术的研究与开发、高效固定化反应器的开发等。通过不断的研究和发展,可以预见固定化技术将成为环境治理工程的一项高效而实用的技术,并将发挥巨大的作用。

8.2 分子生物学技术

8.2.1 多聚酶链反应

聚合酶链反应技术(polymerase chain reaction,PCR)是特异性 DNA 片段体外扩增的一种非常快速简便的方法,有极高的灵敏的和特异性。

1. 实验原理

多聚酶链反应是一种模拟天然 DNA 复制过程,在体外扩增特异性 DNA(或 RNA)片段的新技术,PCR 的基本要素包括:

①模板核酸(DNA 或 RNA,但 RNA 需先逆转录成 cDNA 才能用于扩增)。

②特异性寡核苷酸引物(一般使用一对引物),应是 DNA 序列的一段高保守区。

③合成 DNA 的原料——4 种脱氧核苷酸(dNTPs)。

④DNA 聚合酶,通常使用的是从耐热菌中分离的耐热 Taq DNA 聚合酶。[①]

上述 4 个基本要素在合适的反应条件下(如镁离子、缓冲体系、单价阳离子、合适的温度循环参数等),能够以较快的速度扩增样品模板核酸的特异 DNA 序列,一般样品经 2～4h 后(相当于 25～35 次循环),DNA 片段可扩增百万倍以上,因此,PCR 技术可从微量的样品中获得足够的 DNA 以供分析之用。

---

① 王家玲. 环境微生物学. 北京:高等教育出版社,2004.

2. 实验方法

PCR 大致反应过程包括：

①模板 DNA 变性：在 90℃～95℃高温条件下，把 DNA 变性（denaturation），由 dsDNA 变性为 ssDNA，两条 ssDNA 均可作为模板。

②模板 DNA 分子与引物结合：引物按碱基配对原则与模板互补区域结合，这一过程称为复性或退火（annealing），反应温度为 45℃～72℃。

③引物的延伸：在 72℃条件下，DNA 聚合酶将反应体系中的 4 种 dNTPs 连续加到引物的 3′末端，按碱基对互补的方式延伸（extension），分别合成两条新 DNA 链。新扩增的 DNA 片段的长度由与模板结合的两个引物端之间的距离所决定，每个新合成的 DNA 链都含有一个引物的结合位点，可用于下一步的扩增循环。

上述变性—复性—延伸的过程就称为一个 PCR 循环（cycle）。理论上这个循环不断重复，DNA 扩增量应呈指数上升，即 n 个循环后产物量应为 2^n 个拷贝，但实际反应中受多种因素的影响（如引物量的减少，dNTP、酶浓度改变，终产物反馈抑制等），不可能达到理论值。

PCR 技术在应用过程中发展了多种形式，如嵌套式 PCR、逆转录 PCR、竞争性 PCR 等。

3. PCR 技术的应用

利用此种方法可以做污水中大肠杆菌的检测，因为这种方法的特点之一是灵敏度高，所以，原则上 100mL 的样品中只要有一个细菌也可以被检测出，而且所用时间短。除此之外，PCR 技术还可检测出环境标准中那些不能进行人工培养的微生物。环境中存在大量微生物中仅有少数（不到 1%）可以通过传统的培养方法在培养皿上进行培养和进一步分离，而绝大多数的培养条件是非常严格的。对于那些微量或常规方法无法检测出来的 DNA 分子通过 PCR 扩增后，可以采用适当的方法予以检测，它可以弥补 DNA 分子直接杂交技术的不足之处。[①]

8.2.2 核酸杂交技术

核酸杂交是指单链 DNA 片段在适合的条件下能和与之互补的另一单链片段相结合。如果将最初的 DNA 片段进行标记，即做成探针，则可检测外界环境中是否有对应互补片段的存在。

利用核酸探针杂交技术可检测水环境中的致病菌，例如沙门氏菌、大肠

---

① 刘海春，臧玉红．环境微生物．北京：高等教育出版社，2008.

杆菌、耶尔森氏菌以及志贺氏菌等,除此之外还可以检测乙肝、艾滋病病毒等。目前利用 DNA 探针检测微生物成本较高,因此无法对饮用水进行常规的细菌学检测。此外,检测的微生物数量少时,分析有困难,同时要对微生物进行分离培养后方能进行检测。

8.2.3　Ames 试验法

Ames 试验即鼠伤寒沙门氏菌试验,是由美国的 Ames 教授于 1975 年正式建立的一种污染物致突变性测试方法。它主要应用于检测具有遗传毒性的化合物对 DNA 碱基损伤方面,其特点是种灵敏、快速、简便。

1. Ames 试验法的原理

该方法的原理主要为人工诱变鼠伤寒沙门氏菌菌株使其操纵子基因发生点突变,形成组氨酸营养缺陷型突变菌株(his⁻)。因为突变菌株自身无法合成氨基酸,所以不可以在无组氨酸的培养基上成长。在具有致突变性化学物质的作用下(有的需要肝微粒体酶的活化),可使突变型沙门氏菌回复为野生型(his⁺),野生型的可以在无组氨酸的培养基上生长。因此,可以根据被试验物可以使突变型沙门氏菌菌株在无组氨酸的培养基上的生长能力来衡量该物质的致突变能力。[1]

为了保证体外测试的实验环境更符合人体内自身环境机理,以及检测间接诱变剂,Ames 等采用了在体外加入哺乳动物微粒体酶系统(简称 S-9 混合液,目前一般来源于大鼠肝匀浆)使待测物活化的方法,因而该试验又称为鼠伤寒沙门氏菌/哺乳动物微粒体试验法。

2. Ames 试验法的方法

Ames 试验方法有纸片点试法、平皿掺入法、液体培养法、发光测定法等[2]。

(1)纸片点试法

①在无菌培养皿中先注入最低营养培养基 25mL,平置凝固,作为底层基础培养基。

②将经过 37℃振荡培养(不超过 12h)的菌液 0.1mL(活菌数 10^9 个/mL)与 S9 混合液(也可不添加)一起加入 2mL 表层培养基中,混合均匀后倾倒在底层基础培养基上铺平、凝固。

③用经过无菌处理的小圆滤纸片蘸取一定浓度的待测物溶液置于表层

①　常学秀,张汉波,袁嘉丽.环境污染微生物学.北京:高等教育出版社,2006.
②　王家玲.环境微生物学.北京:高等教育出版社,2004.

培养基上,放入 37℃培养环境中放置 48h 后观测结果。

凡在滤纸片外围长出一密集回变菌落圈者,即为试验阳性;如果不见密集回变圈,而只在培养基上长出少量散在的自发回变菌落,即为阴性;如果在滤纸片周围见到抑菌圈,说明受试物具有细菌毒性。如图 8-1 所示。

图 8-1　2-氨基芴点试法阳性结果图

(2)平皿掺入法

平皿插入法的基本步骤与点试法比较接近,两者的区别是平皿插入法不加纸片。在表层培养基中,除加入菌液及 S9 混合液外,同时加入 0.1mL 一定浓度的待测液,在混合均匀后迅速倾倒于底层基础培养基上铺平、凝固,同样放于在 37℃培养环境中放置 48h,计算平皿上生长出来的回变菌落数。

若回变菌落数的出现有剂量-效应关系,最高的诱发回变菌落数为自发回变菌落数的 2 倍或 2 倍以上者即属于阳性结果。当受试物浓度达到抑菌浓度(毒性大的污染物)或 5mg/皿(溶解度大,毒性低的化合物)时仍不引起大量回复突变菌落者,为阴性结果。[①]

近年来,为提高检测灵敏度建立了多种改良的平皿掺入法,主要有以下两种:

①延后加入法。即在菌液接种于表层培养基 6～8h 后再加入受检物,混合均匀后作平皿掺入法。对一些极不稳定的化合物(如 2-氨基蒽等),此法可提高检测的灵敏度。

②预培养法。将受检物、菌液和必要时加入的 S9 混合均匀后,先在 37℃水浴中保温 20～30min,然后作平皿掺入法。对一些不易被普通平皿掺入法检出的致突变物(如偶氮苯燃料、二甲基亚硝胺等),可以通过此方法得到阳性结果。

---

① 　常学秀,张汉波,袁嘉丽．环境污染微生物学．北京:高等教育出版社,2006.

（3）液体培养法

又称波动法或彷徨试验。此法在液体培养基中进行,所用细菌数极少,细菌发生回复突变而大量生长,即可使液体变浑浊和使 pH 指示剂变色。本法可计算突变率。

3. Ames 试验法的案例

案例【8-1】

利用 Ames 法检测环境中致癌物

了解 Ames 法检测环境中致癌物的原理及其意义,掌握 Ames 法检测的操作步骤及实验结果的计算分析。[1]

一、实验原理

Ames 等人发现,90％以上的诱变剂是致癌物质,根据这种相关性,他们创建利用鼠伤寒沙门氏菌的组氨酸营养缺陷型（his⁻）菌株的回复突变来检测被检物质是否具有致变性及致癌性。

这组检测菌株含下列突变:

①组氨酸基因突变（his⁻）,根据选择性培养基上出现 his⁺ 的回复突变率就可测出被检物的致突变率或致癌率。

②脂多糖屏障丢失（rfa）,该菌株的细胞壁上失去脂多糖屏障,待测物容易进入细胞。

③紫外线切割修复系统缺失（ΔuvrB）及生物素基因缺失,使致癌物引起的遗传损伤的修复降到最低程度。

④具抗药质粒 R 因子,使该菌抗氨苄青霉素,从而提高了灵敏性。TA98 可以检出能引起 DNA 移码型突变的诱变物质。

常用的几株鼠伤寒沙门氏菌为:TAl 535、TAl 537、TAl 538、TA98、TA100、TA97 及 TA102。由于有些被检物是在生物体内经代谢活化后才显示致突变性,为使试验条件更近似于哺乳动物代谢情况,Ames 等人采用了在测试时加入哺乳动物微粒体酶系统（简称 S-9 混合液）,使被检物活化的方法,进一步增加了检测的灵敏度。

鼠伤寒沙门氏菌对化学致癌物来说不是决定性的实验,但是 Ames 试验阳性和致癌之间有十分明显的相关性。Ames 法的优点是方法灵敏、检出率高,90％的化学致癌物都可获得阳性结果,而且方法简便、易行,不需特殊器材,易推广,目前在致突变试验中占重要表现位置,为首选的试验方法。缺点是微生物的 DNA 修复系统比哺乳动物简单,基因不如哺乳动物多,不

---

① 和文祥,洪坚平. 环境微生物学. 北京:中国农业大学出版社,2007.

能完全代表哺乳动物的实际情况。

二、实验器材与材料

(1)菌种

鼠伤寒沙门氏菌 TA98(Salmonella typhimurium TA98)。

(2)培养基

①底层培养基:葡萄糖 20.0g;柠檬酸 2.0g;$K_2HPO_4 \cdot 3H_2O$ 3.5g;$MgSO_4 \cdot 7H_2O$ 0.2g;琼脂 12g;蒸馏水 1000mL;pH＝7.0;121℃灭菌 15min。

②上层培养基:NaCl 5.0g;琼脂 6.0g;蒸馏水 900mL;组氨酸—生物素混合液 100mL。分装小试管,每支 3mL。121℃灭菌 15min。组氨酸-生物素混合液为:称 31mg L-盐酸组氨酸和 49mg 生物素溶于水 40mL 蒸馏水中。

(3)待测化合物

亚硝基胍(NTG):50mg/L、250mg/L、500mg/L,用甲酰胺 0.05mL 助溶后以 pH＝6.0 的 0.1mol/L 磷酸缓冲液配制。

家用染发剂;黄曲霉毒素 B_1 等。

(4)器皿

灭菌培养皿、灭菌移液管、试管、水浴锅、圆滤纸片(直径 10mm 的厚滤纸)、镊子。

制备肝匀浆的器皿:注射器、台秤、剪刀、烧杯、匀浆管、高速离心机、血清瓶。①

三、实验步骤

①倾倒上层培养基于无 4 菌平板,共 4 个。

②接种鼠伤寒沙门氏菌 TA98 于液体培养基,37℃培养约 17h,备用。

③融化上层培养基 4 支,置 45℃水浴锅中保温备用。

④待上层培养基温度稳定在 45℃后,向每一支试管中分别加入 0.1mL 鼠伤寒沙门氏菌 TA98 菌液,混匀后迅速倒入底层培养基平板上。上述步骤需要各皿分别操作,每一皿的时间控制在 20s 内。然后平置培养皿待琼脂凝固。

⑤用镊子夹一圆滤纸片放入皿中心位置,在其中的三皿中分别在滤纸片上加 50mg/L、250mg/L、500mg/L 的 NTG 各 0.02mL,即每皿分别含有 NTG1μg、5μg 和 10μg,第四皿加无菌蒸馏水作为空白对照。

⑥将平皿倒置,37℃黑暗处培养 2d,之后观察结果。

⑦依据上述步骤与方法将染发剂或黄曲霉毒素滴加在圆滤纸片上,以

---

①　和文祥,洪坚平. 环境微生物学. 北京:中国农业大学出版社,2007.

检测这些物质的致癌性。上述步骤见图8-2。

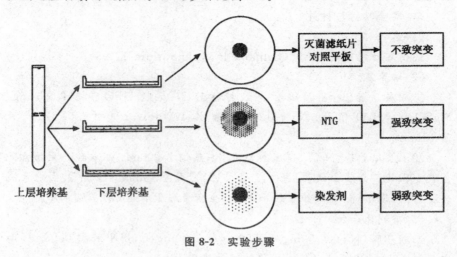

上层培养基   下层培养基

图 8-2   实验步骤

8.3   微生物絮凝剂

8.3.1   微生物絮凝剂的概念

1. 概述

微生物絮凝剂是由微生物代谢产生的一类物质,其主要成分有糖蛋白、多糖、纤维素和核酸等,分子中含有多种官能团,能凝聚并沉淀水中的交替悬浮物。是具有桥联、凝聚、沉淀水溶液中的固体悬浮颗粒、菌体细胞及胶体粒子作用的有机絮凝剂。

微生物絮凝剂是一种新型、高效、廉价的水处理剂,与传统的无机和有机高分子絮凝剂相比,微生物絮凝剂具有许多独特的性质和优点。

2. 微观结构

已知的微生物絮凝剂有两种结构。

(1)纤维状

从 Nocardia amarae 提取的絮凝剂蛋白质中含有 75％的甘氨酸、丙氨酸和丝氨酸,由于这样的组成,该絮凝剂显微结构是丝绸一样的纤维状,是絮凝体在形成过程颗粒间的联结物。

(2)球状

从曲霉 Aspergillus sojae 中获得的絮凝剂有三种成分:一种是聚己糖胺,一种是蛋白质,一种是 2-葡糖酮酸。2-葡糖酮酸的作用是维持絮凝剂成球形，一旦丧失 2-葡糖酮酸成分后，絮凝剂的微观结构就发生变化，而且絮凝剂模式也由非离子转型成为阳离子型。

3. 研究概况

微生物絮凝剂是具有广阔应用前景的一种天然高分子絮凝剂，自 20 世纪 70 年代以来，已引起科学界的高度重视。美国、日本、英国、法国、德国、前苏联、芬兰、葡萄牙、以色列、韩国、中国对微生物絮凝剂进行了大量的研究，取得了许多研究成果。

20 世纪 70 年代，日本学者在研究肽酸脂生物降解的过程中发现了具有絮凝作用的微生物培养液。1976 年，J. Nakamura 等对能产生絮凝效果的微生物进行了研究，从霉菌、酵母菌、细菌及放线菌等 214 种菌株中筛选出 19 种具有絮凝能力的微生物，其中霉菌 8 种，酵母菌 1 种，细菌 5 种，放线菌 5 种，以酱油曲霉 AJ7002 产生的絮凝剂为最好（彭辉，2002）。1985 年，H. Takagi 等研究了拟青霉属（Paecilomyces sp. I-1）微生物产生的絮凝剂 PF101，发现 PF101 较枯草杆菌、大肠杆菌、啤酒酵母、血红细胞、活性污泥、活性炭及氧化铝等有更好的絮凝效果（游映玖，2002）。1986 年 R. Kurane 等采用从自然界分离出的红球菌属微生物 Rhodococcus etythropolis 的 s-1 菌株制成絮凝剂 NOC-1，并且把它用于畜产污水处理、膨胀污泥处理、砖场生产污水处理及印染厂污水脱色处理等都取得了较好的效果（李兴存，2002）。在此后的研究中，比较有代表性的是 1997 年 Suh H—H 等发现的 DP-152 絮凝剂，该研究首次发现杆状细菌也能产生絮凝剂。[①]

我国对微生物絮凝剂的研究起步较晚，已取得不少成绩：我国台湾的邓德丰等，从污水处理厂的污水中分离得到 c-62 细菌菌株产生的微生物絮凝剂（陶涛，1999）。中国科学院成都微生物研究所的张本兰从活性污泥中分离得到的 P. alcaligengs 8724 菌株产生的絮凝剂。武汉市建设学院康建雄等用黑酵母以淀粉水解或葡萄糖为原料发酵产生的普鲁蓝絮凝剂（李志良，1997；陶涛，2001）。宫小燕等（1999）在污水处理厂活性污泥中分离筛选获得 1 株具有稳定絮凝性状的菌株，经初步鉴定为假单胞菌属。黄民生等（2000）在污水处理厂的回流污泥中分离、筛选出 3 株絮凝剂产生菌，它们的培养液可使土壤悬浊液的浊度去除率达 99% 以上，使碱性染料污水 COD 去除率达 70% 左右，色度去除率达 92% 左右。邓述波等（1999）从土壤中分离筛选得到硅酸盐芽孢杆菌新变种，利用该菌研制成絮凝剂 MBFA9，并把该絮凝剂用于给水处理中，以河流作为絮凝对象，出水浊度降至 0.8NTU。

---

① 周凤霞，白京生. 环境微生物. 北京：化学工业出版社，2008.

石璐等（2003）从活性污泥中分离出曲霉属高效絮凝菌（*Aspergillus* M-25），对高岭土悬浊液的絮凝率可达 97.5％。杨桂生等（2004）从污水处理厂中分离出具有高效絮凝活性细菌 WB-2，经对含藻废水试验，可使水体浊度降低 98.2％，色度去除率达 82％。

8.3.2　微生物絮凝剂的性质

与无机或有机高分子絮凝剂相比，微生物絮凝剂具有许多独特的性质：①来源广泛。②高效。同等用量下，与现在常用的铁盐、铝盐、聚丙烯酰胺相比，微生物絮凝剂对活性污泥的絮凝速度最高，而且絮凝沉淀物容易过滤。③无毒。微生物絮凝剂为微生物菌体或菌体外分泌的生物高分子物质，属于天然有机高分子絮凝剂，相对安全无毒。④可消除二次污染。微生物絮凝剂是微生物的分泌物，絮凝后的残渣可被生物降解，对环境无害，不会造成二次污染。⑤应用范围广泛，脱色效果独特。微生物絮凝剂能处理的对象有生活污水、粉煤灰、木质素、墨水、泥水、河底沉积物、高岭土及印染废水等；对悬浊液絮凝速度快、用量少，对胶体、溶液均有较好的絮凝效果，对富含有机物的屠宰废水和血水也有较好的去色效果。⑥价格较低。无论是生产成本还是处理技术总费用，微生物絮凝剂的价格都低于化学絮凝剂的价格。⑦对毒物敏感。微生物絮凝剂的效果容易受到有毒物质或非絮凝微生物的干扰。因此，被处理的污水中必须无妨害菌体生长的因素。[1]

8.3.3　微生物絮凝剂的种类

微生物絮凝剂依据来源不同，可分为三类：①直接利用微生物细胞的絮凝剂，如某些细菌、霉菌、放线菌和酵母菌，它们大量存在于土壤、活性污泥和沉积物中；②利用微生物细胞提取的絮凝剂，如从酵母菌细胞壁提取的葡聚糖、甘露糖、蛋白质和 N-乙酰葡萄糖胺等都是良好的微生物絮凝剂；③利用微生物细胞代谢产物制备的絮凝剂，如细胞分泌到胞外的黏液质、多糖及多肽、脂类及其复合物。[2]

8.3.4　微生物絮凝剂的合成

1. 微生物絮凝剂菌种的主要来源

（1）土壤

土壤是人类最丰富的"菌种资源库"，因为土壤中具有微生物需要的一

① 周凤霞，白京生．环境微生物．北京：化学工业出版社，2008.
② 王兰．现代环境微生物学．北京：化学工业出版社，2006.

切营养及微生物生长繁殖和生命活动的各种条件。平均 $1000 m^2$ 表层土壤中微生物生物量可达 $500 \sim 700 kg$。至今从土壤中分离得到的微生物絮凝剂已达到 20 多种。

（2）污水处理厂

污水处理厂活性污泥是微生物絮凝剂菌种的另一个重要来源。程金平等从活性污泥中获得 8 株微生物絮凝剂产生菌，以高岭土悬浊液为处理对象，筛选出 1 株絮凝活性较高的絮凝剂产生菌，初步鉴定为酵母菌。刘紫娟等也从活性污泥中分离筛选出一株产絮凝剂的细菌 A25，鉴定为巨大芽孢杆菌，产生的絮凝剂 BP-25 具有絮凝活性高、絮凝范围广、对热稳定等特点。[①]

2. 微生物絮凝剂的合成

早在 1935 年 Butterfield 在研究活性污泥时就发现了微生物能产生絮凝作用。20 世纪 70 年代，日本学者在研究酞酸酯生物降解过程中也发现了微生物的絮凝作用，从此展开了大规模的深入研究。1975 年 J. Nakamura 等从霉菌、酵母菌、细菌、放线菌等 214 种菌株中筛选、分离出 19 种具有絮凝能力的微生物，其中，研究较为深入的是 Aspergillus sojae（酱油曲霉）产生的絮凝剂 AJ7002。1985 年，H. Takagi 等研究出了 PF101 微生物絮凝剂，相对分子量约 30 万，主要成分是半乳糖胺，它对枯草芽孢杆菌、大肠杆菌和酵母菌等均有良好的絮凝效果。1986 年，Ryuichiro Kurane 等采用从自然界分离出的红球菌属的 Rhodococcus erythropolis 的 S-1 菌株，用特定培养基和培养条件制成 NOC-1 絮凝剂，并且用于畜牧业废水处理、膨胀污泥处理、砖场污水处理以及有色废水的处理，都取得了很好的处理效果。[②]

微生物产生絮凝活性物质的基因调控是一个复杂的过程，涉及定位基因与抑制基因的相互作用。在已发现的众多絮凝剂产生菌中，对酵母菌产生絮凝的基因研究最多。在酵母菌中发现了 3 个决定性基因（FL01，FL02，FL04）及一个半显性基因（FL03），其中 FL01 基因容易被其他基因抑制而失去活性。近年来，还在 Saccharomyces cereuisiae 中还发现了 FL05 基因。

许多研究者发现，微生物产生絮凝物对于微生物的生命活动并不是必需的，絮凝剂的真正生理意义可能是在于构成细胞的多糖荚膜，微生物的絮凝性或许只是一种伴生生理特性。

---

① 常学秀，张汉波，袁嘉丽. 环境污染微生物学. 北京：高等教育出版社，2006.
② 王兰. 现代环境微生物学. 北京：化学工业出版社，2006.

8.3.5 影响微生物絮凝剂絮凝效果的因素

1. 温度

有学者认为,微生物絮凝剂絮凝活性大部分依赖于活性基团。温度影响絮凝效果,主要是影响其化学基团活性,从而影响其化学反应。

2. 絮凝剂的分子结构、形状、相对分子质量和所带基团

絮凝剂的分子结构、形状、相对分子质量和所带基团对絮凝剂的活性有影响。大分子上要有线形结构,如果分子是交联的或带有支链的结构,其絮凝效果就差。相对分子质量对活性也有影响,一般来说,相对分子质量越大,絮凝活性越高。一些特殊基团由于在絮凝剂中充当颗粒物质的吸附部位或维持一定的空间构像,对絮凝剂活性影响也很大。[①]

3. 絮凝剂的加入量

絮凝剂的加入量对活性也有一定影响,通常有一最佳加入量,过多和过少絮凝剂效果均下降,最佳值大约是被絮凝物体颗粒表面吸附大分子化合物达到饱和程度一半时吸附量,因为这时大分子在固体颗粒上架桥的概率最大。

4. pH 和离子

体系中的 pH 直接影响着絮凝剂大分子和胶体颗粒的表面电荷,从而影响着它们之间的靠近和吸附行为。体系中的离子,尤其是高价异种离子能够显著改变胶体的 Zeta 电位,降低其表面电荷,促进大分子与胶体颗粒的吸附与架桥。阳离子的影响,特别是 Ca^{2+} 的促进作用的报道很多。研究者在研究 Ca^{2+} 对环圈项圈藻产絮凝剂絮凝膨润土的影响时发现,Ca^{2+} 的加入减少了大分子和悬浮颗粒的负电荷,增加了悬浮颗粒对大分子的吸附量,促进了架桥的形成。Ca^{2+} 不仅可以促进絮凝的形成,而且高浓度的 Ca^{2+} 可以有效地保护絮凝剂不受降解酶的作用。但也有报道认为,体系中盐的加入会降低絮凝的活性,这可能是由于离子的加入阻碍了大分子与胶体之间氢键的形成。

---

① 常学秀,张汉波,袁嘉丽. 环境污染微生物学. 北京:高等教育出版社,2006.

8.4　微生物与绿色环保产品

8.4.1　微生物肥料

微生物肥料又称为接种剂、菌肥,是指一类含有活性微生物的特定制肥,应用于农业生产中,能够获得特定的肥料效应。微生物肥料可分为两类:一类是通过其中所含微生物的生命活动,增加了植物营养元素的供应量,导致作物营养状况的改善,进而产量增加;另一类虽然也是通过其中所含的微生物生命活动作用使作物增产,但它不仅仅限于提高植物营养元素的供应水平,还包括它们所产生的激素类物质对植物的刺激作用,促进植物对营养元素的吸收利用,或者能够拮抗某些病原微生物的致病作用,减轻病虫害而使作物产量增加。

我国对微生物肥料的研究应用和国际上一样,是从豆科植物上应用根瘤菌接种剂开始的,并相继研制出大豆和花生根瘤菌剂;由放线菌制成的"5406"抗生菌肥料和固氮蓝绿藻肥;改善植物磷素营养条件和提高水分利用率的 VA 菌根;联合固氮菌和生物钾肥作为拌种剂;推广应用由固氮菌、磷细菌、钾细菌和有机肥复合制成的生物肥料做基肥施用等,使生物肥料的研究与开发有了较大的进展。中国农业大学等单位研制的增产菌(芽孢杆菌属)等有益菌剂推广应用面积已超过亿亩;黑龙江省农科院与有关单位承担的国家"863"计划课题,对生物领域有关转基因根瘤菌的研究成果显著,经对大豆接种表明,接种大豆基因工程根瘤菌比不接种的每亩增产 20.4～23.2kg,抗逆性也有很大改善。菌肥"5406",由于在生产、运输、保管使用方面易受外界环境影响,后经中国农业科学院研制成"长春秋收"植物细胞分裂素,不但克服了菌肥"5406"的缺点,而且有效成分含量提高,适用作物种类广泛,无毒副作用。"长春秋收"植物细胞分裂素已在小麦、马铃薯、茄果类蔬菜和一些经济作物上都有较大面积的应用,在加速细胞分裂、促进叶绿素形成和蛋白质合成、增强抗逆和抑制病害等方面都取得较好效果。近年来,国内又发展了玉米根际联合固氮菌肥、小麦根际联合固氮菌肥,并在内蒙古、河北、新疆、湖北、天津等省市的推广应用中取得了较好的增产效果。

由于当前世界人口猛增,社会对粮食和肥料的需求日益迫切。然而,作为化肥生产原料和能源的石油资源有限,依赖有限资源终难以维持农业的持续发展。生物肥料不仅可节省有限资源,补充肥源的不足,而且有可能列为绿色食品用肥进入商品市场,成为新兴的绿色产业,在生态农业建设和农业生产中产生巨大的经济效益、社会效益和生态效益。[①]

8.4.2　微生物农药

生物农药一般是指直接利用某些有益微生物或从某些生物中获取的具有杀虫、防病等作用的生物活性物质,利用农副产品通过工厂化生产加工的制品。它具有对人畜安全,对生态环境污染少的特点。

进入 20 世纪 80 年代,许多国家把保护人类赖以生存的生态环境作为首要的目标。许多国家全面停止生产使用一些残留期长或剧毒的化学农药。EPA(美国环保署)于 1990 年公布了 31 种撤销登记、禁止销售使用的农药品种清单。进入 20 世纪 90 年代后,生物农药出现了迅速发展的势头,其产量每年上升 10%~20%,市场前景良好,在产品开发投入方面也大大低于化学农药。据统计,目前已商品化的生物农药约 30 多种,年销售额近 7 亿美元。据分析,到 2010 年生物农药在全世界农药市场上将达到 20%的份额。

我国生物农药的研究与开发,自 20 世纪 80 年代后期开始打破几十年停滞不前的局面,苏云金杆菌和井冈霉素杀菌剂,已成为我国年产量逾万吨的生物农药产品,生物农药已发挥出作用,近年来,我国绿色食品产业的兴起更为生物农药开创了广阔的前景。到 1995 年,我国生物农药的研究开发已有一些新的突破。其中苏云金杆菌杀虫剂原粉质量(有效杀虫成分)达到国际同类产品水准,产品开始正式出口。新研制成的用于防治作物细菌性病害的中性菌素,防治水稻白叶枯病防效达到 80%,超过化学农药的效果,应用成本下降 50%。国内首例利用生物技术进行改造,得到的实用荧光 93 遗传工程菌剂,已在我国部分麦区用于防治小麦全蚀病。[②]

8.4.3　可生物降解塑料

塑料材料和制品综合性能优异、价格较低、易成形,在国民经济和人民生活中发挥着重要的作用。在过去几十年中,塑料工业的发展,主要建立在以石油为原料的基础上。但石油是一类有限的、不可再生的资源,由于近年来价格暴涨,给塑料工业的发展带来较大的冲击。同时,由于塑料废弃物在环境中较难自然降解,特别是一次性塑料制品废弃物质轻、量大、分散、脏乱,很难收集,由此造成的环境污染日趋严重,从而遭到环保部门和公众的责难,给发展中的塑料工业无疑带来了严峻的挑战。从 20 世纪 90 年代开

①　王有志．环境微生物技术．广州:华南理工大学出版社,2008.
②　周凤霞,白京生．环境微生物．北京:化学工业出版社,2008.

始发展的生物降解塑料产业,目前正在成为塑料工业缓解石油资源紧缺的矛盾和治理环境污染的有效途径之一,市场前景十分广阔。

可以用来生产可生物降解塑料的聚合物主要有两种类型。一种来自活性有机体;另一种来自可再生资源,但是需要进行聚合反应。生产可生物降解塑料的聚合物存在于或者形成于碳水化合物和蛋白质等活性有机体中。这些来自可再生天然资源的分子在微生物的作用下可以产生生物聚合物,继而可用于生产可生物降解塑料。目前有两种发酵的方法正被用于产生生物聚合物和可生物降解的塑料。一种是细菌聚酯发酵,将细菌(罗尔斯通氏菌)用于发酵工艺,在其中细菌利用植物糖类,如玉米。细菌细胞产生的副产物就是一种聚酯类的生物高分子物质,可以从细菌细胞中分离出来;另一种方法是乳酸发酵,乳酸是由糖发酵而来,非常类似由细菌直接产生聚酯聚合物所使用的方法。但是在这一发酵过程中,发酵的副产物是乳酸,可以使用传统的聚合工艺作进一步的处理,将这种副产物转化成聚乳酸(PLA)。

中国聚乳酸研发还处于研究阶段。中科院成都有机化学研究所已经能合成相对分子质量达到百万的聚乳酸,这种高相对分子质量的聚乳酸有很好的力学性能。开展研究工作的有中科院长春应用化学研究所等科研院所及大专院校。最近,中科院长春应用化学研究所和浙江海生生物降解塑料股份有限公司正共同进行中试研究,产品性能基本达到国际同类产品水平。中国聚羟基烷酸酯的研究始于 20 世纪 80 年代中,武汉大学开展了生物合成聚羟基丁酸酯的研究,90 年代初,中科院微生物研究所等单位开始了微生物发酵法合成聚羟基烷酸酯的研究工作,生产单位具备年产聚羟基戊酸酯(PHBV)千吨的规模。商业化生产 PHBV 的关键是降低成本,已有人开始利用植物的叶子或根来生产 PI-IBV,如果这项技术成功,PHBV 的价格有可能降低。

对于中国这样一个塑料制品生产和消费大国,生物降解塑料的研发、生产与应用对塑料产业的可持续发展具有更加重要的意义。进入 21 世纪,中国生物降解塑料的研发已取得可喜进展,生物基聚合物由于具有可再生资源原料的优势,其产品已进入中试或批量生产,并正在实现商品化。中国已将建设资源节约型、环境友好型社会作为重要的发展目标,在这种趋势下,通过建立生物降解塑料各项标准,加快应用研究及加强国际合作,加强学术界和产业界的联系和交流等途径,促使生物降解塑料产业进入一个快速成长通道,促进中国生物降解塑料的健康发展。[①]

---

① 王有志. 环境微生物技术. 广州:华南理工大学出版社,2008.

8.4.4　丙烯酰胺

丙烯酰胺是一种重要的有机原料,广泛用于医药、农药、染料、涂料、助剂、溶剂、催化剂、絮凝剂、防腐剂、土壤改良剂、纤维素改良剂等。其中作水处理剂(絮凝剂)在欧美占丙烯酰胺总量的 50%～70%。自 20 世纪 80 年代以来,丙烯酰胺用硫酸水合法和催化水合法生产,生产成本高,废水量大,每生产 1t 丙烯酰胺要产生 3～5t 含脂废水,而且用化学法生产丙烯酰胺时,聚合度不高。1985 年日本首先采用了微生物法生产丙烯酰胺。我国 1993 年由上海农药研究所与浙江桐庐生化厂完成 3500t/年的微生物法生产丙烯酰胺。微生物法生产丙烯酰胺不但大幅度降低了废水量,仅为化学法废水量的 1/20,而且提高了聚丙烯酰胺的聚合度。[①]

8.5　微生物与废物资源化

8.5.1　单细胞蛋白

单细胞蛋白(single cell protein,简称 SCP)也称微生物蛋白、菌体蛋白,是指用细菌、真菌和某些低等藻类生物发酵生产高营养价值的单细胞或丝状微生物个体而获得的菌体蛋白。目前生产出的单细胞蛋白既可供人食用,也可用作饲料。

目前世界上面临的主要问题之一是人口膨胀,传统农业将不能提供足够的食物来满足人类的需求,尤其是蛋白质短缺。因此人们在不懈地寻求新的蛋白质资源,研发和应用推广微生生产单细胞蛋白成为一条重要的途径,日益受到普遍关注。

与传统动植物蛋白生产相比,单细胞蛋白生产有以下优点:①生产效率高,一些微生物的生产量每隔 0.5～1h 便增加一倍。②微生物中的蛋白质含量极为丰富,而且还含有丰富的维生素和矿物质。③微生物可在相对小的连续发酵反应器中大量培养,占地小,不受季节气候及耕地的影响和制约。④微生物的培养基来源广泛且价格低廉,可利用工、农业废料作原料,变废为宝。⑤微生物比动植物更容易进行遗传操作,它们更适宜于大规模筛选高生长率的个体,更容易实施转基因技术。

苏联以木材水解糖、纸浆废液、酒精废液等作为原料生产单细胞蛋白,年产量可达 $150×10^4$ t,成为当时世界上最大的单细胞蛋白生产大国,其全

---

①　周凤霞,白京生. 环境微生物. 北京:化学工业出版社,2008.

国酒精废液的 70% 已用于生产单细胞蛋白。[①]

8.5.2　微生物能源

废物经微生物转化可生成新的能源,如甲烷、乙醇和氢气等。

目前很有前途的可再生生物资源是木质纤维,木质纤维构成了植物的支持系统,是生物圈中数量最大的废弃物之一,它的主要成分是木质素、纤维素、半纤维素,相对分子质量都很大,难以被一般微生物分解。寻找到能高效分解木质纤维的菌种是木质纤维资源化的关键所在,研究人员运用基因工程技术已成功地将分解纤维素和半纤维素的基因组建到新的菌种中用于乙醇发酵;我国科研工作者利用细胞融合技术培育出了既能利用木糖又能利用纤维二糖生产乙醇的菌种,这对纤维素再生自然资源的开发和利用,减少环境污染,具有一定的理论意义和应用价值。

1. 沼气发酵

沼气发酵又称厌氧发酵或甲烷发酵,多种微生物在特定的条件下,将废弃物中的复杂的有机质进行分解,产生甲烷和二氧化碳的过程。开发沼气能源是我国利用微生物资源进行废物资源化的重要方式。本节主要对沼气发酵副产品的利用做一简单的介绍,原理及方法等与第七章中相关内容类似,在此就不予赘述。

利用沼气发酵,可以在一定程度上减少能源的消耗,同时使生物资源得以充分合理地利用。加之沼气系统本身的功能也日益拓宽,已成为一个集能源、生态、环保和其他社会效益的多功能综合系统,经济效益日益提高。[②]

近年来沼气各种产物已经在国民经济许多方面得到应用。①作饲料、饵料,发展畜牧和渔业生产;②可作肥料,生产无公害(无污染)的粮、菜、果和经济作物;③代替部分农药,浸种、拌种、防治病虫害;④可作培养基,生产食用菌;⑤可繁殖蚯蚓,为畜禽提供高蛋白饲料。沼气本身除直接发电或油气混烧发电,亦可用于焊接、熨烫、储粮灭虫以及保鲜等,形成种植业、养殖业、能源加工工业等多环节、多层次的综合利用良性循环和高效益的新兴产业。

2. 产氢微生物与能源开发

(1)生物制氢方法

①光合细菌中的许多红螺菌和某些绿硫菌在代谢过程中都能放氢。研

---

①　刘海春,臧玉红.环境微生物.北京:高等教育出版社,2006.

②　和文祥,洪坚平.环境微生物学.北京:中国农业大学出版社,2007.

究较多的是深红红螺菌,它可用有机废料做原料进行光合产氢。产氢率可达 $20mL/(h \cdot g)$(干菌体),因此利用光合细菌产氢已受到广泛瞩目。此外,深红红螺菌的细胞含有大约 65% 的蛋白质和大量的必需氨基酸和维生素,所以在光合产氢的同时还可得到 SCP,具有重要的经济价值。

早在 1942 年,Gaffron 和 Rubin 发现了藻类细胞能以水作供氢体光合产 H_2 进一步研究表明,由于同时有 O_2 产生,H_2 的产量很低,且持续时间短。1949 年 Gest 和 Kamen 首先观察到深红红螺菌以有机物为供氢体的光合产 H_2 现象。以后的研究表明,此菌经一段时间培养后可持续产 H_2 产量高达 $65mL/(h \cdot L)$(培养液)。蓝细菌 H_2 产量只有 $30mL/(h \cdot L)$(培养液)。

此外,沼泽红假单胞菌、胶质红假单胞菌、荚膜红假单胞菌、最细红硫菌、酒色红硫菌、桃红荚硫菌、沙氏外硫红螺菌、万尼氏红微菌和球形红假单胞菌等产 H_2 的报道也较多。另外,绿色细菌产 H_2 情况也曾有报道,但它易和其他微生物一起形成难以区分的综合体。[1]

②光合细菌利用光能分解无机物或有机物,将其质子和电子还原 CO_2 来进行光合作用或其他还原反应(如固氮)。当还原反应受到限制或能量过剩时,质子和电子即以 H_2 的形式放出。具有放 H_2 能力的生物还能从细胞外吸收 H_2,这是一种可逆反应。

据目前所知,吸 H_2 和放 H_2 的代谢分别由氢酶和固氮酶所催化。从深红红螺菌分离出的氢酶是单体,相对分子质量为 66000,含有 Fe 和 S。在具有固氮能力的放 H_2 生物中,固氮酶也兼顾氢代谢。固氮酶由钼铁蛋白组成,CO_2 可抑制其固氮作用,却不能抑制其放 H_2。不论氢酶还是固氮酶,其共同特点是遇氧失去活性。已证实 H_2 的产生由氢酶所催化,即以氧化型铁氧还蛋白为电子受体的 H_2 变为质子的氧化反应。这一反应是可逆的,也可转化为产 H_2 系统,原始底物不论是分子态氮,还是叠氮、氰、乙炔含量较高的化合物,都可将质子还原。这些还原反应均不可逆,每还原 2 个电子,需要 4 个 ATP,质子还原产物为分子态氢。

关于光合细菌光合产 H_2 的机制有两种观点:其一是光合产 H_2 是由于非周期电子传递链功能化的结果。链中有反应中心的菌绿素参与。二是具有色素系统的光合细菌,在光合作用中仅周期电子传递链起作用,伴随形成 ATP,同化 CO_2 和其他构建过程所需的还原剂(首先是辅酶 Ⅱ——NADH),在供氢体具有较 NADH 更良好的势能时,或直接在氧化起始基

---

[1]　和文祥,洪坚平 . 环境微生物学 . 北京:中国农业大学出版社,2007.

质时产生,或在可逆的电子传递并消耗能量时产生。[①]

③ 产氢微生物。许多微生物可以产氢。根据报道,大约有 20 个专属的细菌能产生氢,其中有依靠发酵过程生长的严格厌氧菌和一些兼性厌氧菌以及光合细菌等。

④产氢气的非光合细菌。产氢气的非光合细菌可利用葡萄糖、蔗糖、淀粉等含水化合物和丙酮酸、蚁酸、马来酸等有机酸及各种氨基酸和蛋白质等营养物生成氢气。

(2)影响产氢的因素

①固氮酶。Miyake 等用深红红螺菌研究了光合产 H_2 过程中氢酶和固氮酶活力的变化,证明光合产 H_2 只由固氮酶催化,与氢酶无关。

固氮酶活力受 NH_4^+ 和 N_2 抑制,但氮源不足又妨碍固氮酶的合成。固氮酶能催化电子对质子的结合,从而导致产 H_2,分子氮和乙炔可抑制光合作用产 H_2 的过程。有 NH_4^+ 存在时,阻遏固氮酶的合成作用,不仅使菌丧失同化 H_2 的能力,而且也丧失其产 NH_4^+ 能力。

日本学者高桥甫研究表明,产 H_2 与固氮酶活力成正相关;氢酶活力与产 H_2 能力间无此关系。NH_4^+ 对光合作用产 H_2 和固氮酶活力有抑制作用,未发现 NH_4^+ 对氢化酶活力的抑制作用。

已知固氮酶含有钼,氢酶中不含钼。在钼为限制条件下培养的细胞,固氮酶活力和产 H_2 能力大大低于加钼培养的细胞。用苹果酸-谷氨酸培养基培养固氮酶活力缺失的变异株(nif),结果亲株显出很高的产 H_2 能力和固氮酶活力,变异株既无固氮酶活力,也不产 H_2 当 nif 固氮基因转移给变异株时,固氮能力和产 H_2 能力都得到恢复,进一步证明了产 H_2 是由固氮酶催化的结果。

②基质与氮源添加。在光合细菌产 H_2 过程中,电子供体不是水,而是一些还原基质,如硫化氢、硫代硫酸盐、硫、分子氢或有机化合物。这些物质不仅能用作 CO_2 的光合同化和还原性的其他过程,而且还用于 H_2 的产生。产 H_2 速率取决于菌株活性和外源电子供体的特性,目前,光合产 H_2 最高速率为 $100 \sim 150 \mu L/(h \cdot mg)$(干菌体)。因此,利用某些工农业废料产 H_2 大有前途。

在缺乏氮、碳源时,非硫光合细菌可在光照下将醋酸盐、富马酸盐、苹果酸盐和琥珀酸盐完全分解成为 CO_2 和 H_2 酒色红硫菌、沙氏外硫红螺菌、桃红荚硫菌和沼泽红假单胞菌等可利用硫代硫酸盐作供氢体产 H_2。产 H_2 量随菌株、基质和其他环境因素的不同而异。在某些有机质(如丙酮酸)存

---

① 和文祥,洪坚平．环境微生物学．北京:中国农业大学出版社,2007.

在下，产 H_2 速率达 $20 \sim 45 \mu L/(h \cdot \mu g)$（蛋白）；在还原性甲基紫存在下，可高达 $300 \mu L/(h \cdot \mu g)$（蛋白）以上。

有人在含不同量的苹果酸盐溶液中作产 H_2 试验，结果产 H_2 速率和基质消耗率相同，证明基质浓度不是产 H_2 限制因素。光合产 H_2 取决于氮源。用某些氨基酸作氮源时，在光照下产 H_2，在 NH_4^+ 产存在下则不产 H_2。在连续光照条件不断添加氯源可延长产 H_2 的时间。

研究表明，产 H_2 速率的降低是由于培养基中氮源耗尽，菌体内源代谢缓慢，合成固氮酶多需要的氨基酸不能供给，酶活力下降所致。因此，需培养基中补加氮源才能保持产 H_2 的活性。[①]

③光照、通气和温度。多数光合细菌在黑暗厌氧条件下，由于分解外源或内源有机物可放出少量 H_2。但在光照下，产 H_2 量明显增加，说明产 H_2 与光合作用关系密切。光合细菌多为严格厌氧或兼性厌氧菌。某些种不仅在光照下生长，也可在通气黑暗甚至在厌氧黑暗下生长。但只有在厌氧条件下，在适当基质中才大量产 H_2。某些菌株可在黑暗中分解葡萄糖、甘油、丙酮酸或富马酸，并同时产 H_2。在醋酸盐、苹果酸盐和其他有机物存在时，只有在光照下才产 H_2。

Gest 用深红红螺菌进行试验，发现产 H_2 速率随光照强度提高而增加。用谷氨酸盐溶液培养的光合细菌，在厌氧条件下持续 $1 \sim 2h$ 黑暗后立即光照，产 H_2 速率有个明显的延滞期，黑暗期越长，产 H_2 速率越低。John 等作了类似试验。结果表明，$30min$ 的厌氧黑暗处理不影响产 H_2，而在光照或黑暗期通气 $30min$，产 H_2 则出现一个明显的延滞期。因此收集细胞并转至厌氧环境的间隔越短越好。

利用光合细菌光合产 H_2，同时处理废水并生产 SCP，可谓一举三得。例如，以乳清为底物的 401 培养物中，$1m^2$ 表面积可产 $H_2 25L$，于菌体 $4.5g$。当整个过程最佳化后，产量还可提高。为了阐明光合产 H_2 的可能性和合理性，仍需进行大量的研究工作，包括选择活性菌株，研究产 H_2 机制和条件及其系统的稳定性等。现在有的国家正在研究将红螺菌放出的 H_2 作为宇宙航行的能源，这种单细胞生物繁殖快，容易培养。另一个被认为有应用前途的产 H_2 生物是蓝细菌。其异形胞约占整个藻丝数量的 $1/20$。它具有很厚的分为数层的胞壁，氧气不易透入，防止了酶的失活作用，在有氧条件下仍能产 H_2。此外，上述菌体还能进行综合利用。

（3）微生物产氢气的研究进展

目前，美、英等国在研究利用产氢微生物制取氢气方面进展较快。他们

---

① 和文祥，洪坚平. 环境微生物学. 北京：中国农业大学出版社，2007.

利用产气荚膜梭菌发酵葡萄糖,在 10L 的容器中发酵 8h,产气约 45L,最大产氢气速度为 18~23L/h。

由于非光合氢产生菌的氢化酶酶系不稳定,连续生产氢气有困难,他们便把氢产生菌进行固定化(用聚丙烯酰胺凝胶包埋),从中选出了优良菌株,如丁基梭菌(1F03847,IAMl9003 和 19002)和大肠杆菌(IF012173)等。把固定化的氢产生菌悬浮于 0.25mol/dm³ 的葡萄糖溶液(pH=7.7)中,在 37℃的条件下可连续生成氢气。

Weissman 和 Benemam 利用圆筒形项圈藻连续生产氢气达 18d,而 Jeffries 等人也利用此藻研究生成氢气的时间可长达 30d。藻类除生成氢气外,还生成氧气,因此在使用氢气前应把氧气等分出来。若利用光合细菌生产氢气(如深红螺菌),除氢气外只有 CO_2,因此不必处理就可用作燃料。以纯乳酸盐或含乳酸的废料作为受氢体,利用深红螺菌分批地进行光合作用,连续生成氢气可长达 80d 之久。而含乳酸的废料来源丰富,故此工艺适于工业化生产。

今后,利用微生物生产氢气的关键是选育产氢气能力高的菌种,设计出一套科学的生产装置系统,以期达到高产、稳产和低成本的目的。[①]

3. 微生物电池

(1)氢—氧(空气)型微生物电池

由 Rohrback 等人 1962 年利用丁酸梭菌发酵葡萄糖生成氢气发明的,但当时的电流很低。随后 Allen 等在 1972 年进行了改进,采用大肠杆菌生成氢气。

此种微生物电池受微生物的生长繁殖影响较大,在对数期氢化酶活力最高,氢的生成量最多,电流值最大,以后电流值就逐渐减小。为了实用,必须使氢化酶的活力稳定,才能连续生成氢气。采用固定化氢产生菌就可弥补这个缺陷。

固定化氢产生菌电池的构造为:把含有氢产生菌菌体的丙烯酰胺溶液在铂黑电极(5cm×10cm)上进行聚合,作为阳极,阴极为炭极,这样就构成了微生物电池。固定化微生物电池是由阳极上的电极活性物质氢和蚁酸的氧化阴极空气中氧的还原而产生电流。据试验,此电池在 15d 内可连续发出 1.1~1.2mA 的电流。[②]

利用葡萄糖为碳源生产氢,制作微生物电池是不经济的。为此,国外的

---

① 和文祥,洪坚平. 环境微生物学. 北京:中国农业大学出版社,2007.

② 同上

科学家已研制出利用固定化菌体由废水产生氢气的电池,即生化燃料电池。处理的废水以酒精工厂废水(以废糖蜜为原料)最理想,把丁基梭菌用 2% 琼脂包埋(比聚丙烯酰胺凝胶包埋的多用 2 倍),可连续使用 20d。

生化燃料电池的结构主要分为三部分:充满固定化氢产生菌的反应器;阳极为铂黑电极($10cm \times 20cm$);阴极为炭极($7.5cm \times 8.0cm \times 3.0cm$)。

目前,世界上比较理想的生化燃料电池是日本的铃木周一等人设计的装置。它既能处理废水、降低废水中的 BOD,又能产生电流、提供能源。

(2)以甲酸为活性物质的微生物电池

美国科学家利用产气单胞菌处理 100mol 椰子汁,使其生成甲酸。然后把甲酸作为电解液,供 3 个电池串联用,可产生 10mA 的电流。产生的电能可使半导体收音机连续播收 50h 以上。

(3)以氨为活性微生物的微生物电池

近几年来,美国宇宙航行局为了解决宇宙飞行器中宇航员排泄物的处理问题,做了大量的科研工作。他们用一种芽孢杆菌处理尿,使尿酸分解而生成尿素,而后者在尿素酶的作用下分解产生氨。把氨作为电极活性物质即可在铂电极上产生电极反应,生成电流。据美国宇宙航行局计算,宇航员每人每天若排尿 22g,就可获得 47W 的电能。

总之,利用微生物制作电池的类型是多种多样的,但比较成熟的是生化燃料电池。尽管目前微生物电池的研制尚处于萌芽状态,但随着科学技术的发展,能源微生物新菌种的开发,微生物电池一定会带动马达飞转,为人类造福。

8.5.3 细菌冶金

各种金属矿山在开采过程中,总会有少部分矿石残留在矿床中。对废弃尾矿中有用金属的回收利用,对于国防民用均有重要意义。

细菌冶金,也称微生物浸矿,是近代湿法冶金工业上的新工艺,它主要是应用细菌溶浸贫矿、废矿、尾矿和炉渣等,以回收各种贵重有色金属和稀有金属,达到防止矿产资源流失,最大限度地利用矿藏和综合利用的目的。

细菌冶金技术因工艺条件易控制、要求简单、成本低廉等优点而日益受到重视。早在 20 世纪 60 年代,世界每年利用细菌法溶浸得到的铜量就占整个采铜量的 20%。加拿大、印度等国广泛应用细菌法溶浸铀矿,此法可从其他方法不能利用的低品位铀矿石中回收铀。用细菌法浸溶镍矿石 5~15d。可浸出镍 80%~96%,而采用无菌的浸提法,镍的浸得率仅为 9.5%~12%。[①]

---

① 刘海春,臧玉红. 环境微生物. 北京:高等教育出版社,2008.

第 9 章　资源微生物

微生物本身或其代谢产物,对人类社会和自然环境都是重要的资源。利用环境微生物种类多、容易变异、代谢产物类型多、适应性强等特点,将具有特定功能的有益微生物工业化繁殖生产,制备成含活菌体或菌体特殊产物的产品,如生物塑料/生物表面活性剂、生物絮凝剂、微生物农药、微生物肥料等,将是环境微生物学领域重大而广泛的研究课题,也是环境微生物学的重要发展方向。

9.1　生物制浆

生物制浆($Biopulping$)是指利用选育的木质素降解菌或木质素降解酶系处理含木质素纤维的原料,达到脱除木质素得到纸浆的制浆方法。木质素是造纸工业中有效利用纤维素的最大障碍。现在所用的化学制浆法和机械制浆法不仅纸浆得率低,而且耗能高,污染严重,是亟待用生物技术改革的产业。目前在生物制浆中常用白腐真菌($White\ rot\ fungi$)和褐腐真菌($Brown\ rol\ fungi$)。

9.1.1　生物制浆和漂白

1. 生物制浆

现在一般不使用纯生物制浆,而是采用生物-机械制浆工艺[1],即在木片的机械磨浆前先用木质素降解菌处理,从而降低机械制浆过程的能耗,提高纸浆强度以及减少废水对环境的污染。也可以直接用木质素降解酶在磨浆前预处理木片,在温度 T>60℃、pH=3.5~6.5 时,使木片中的木质素改性,从而大大降低磨浆的能耗,并改进纸浆的物理机械强度。20 世纪 80年代,美国的研究机构,选育出一株能快速生长并能选择性地从木材中除去木质素的拟蜡菌属的 $Cerporiopsis\ subvermispora$,把这种菌接种在用蒸汽灭过菌的木片上,培养 14d 后,用于机械法制浆。结果显示,这种做法不仅可以节省能耗 38%,提高设备生产能力,而且可以减少树脂等成分,明显改

---

① 王兰. 现代环境微生物学. 北京:化学工业出版社,2006.

善纸成品的性能。

同样,若在化学制浆前用木质素降解菌预处理木片,也可以减少蒸煮化学药品用量和能耗,还可以减少漂白化学药品的用量,因而也减少了漂白药品的污染负荷。

2. 生物漂白

纸浆中的色素物质主要来自木质素的芳香类化合物。生物漂白是用半纤维素酶[木聚糖酶(*xylanases*)和甘露聚糖酶(*mannanases*)]使纸浆中的部分半纤维素解聚。生物漂白所用的真菌基本上都是白腐菌和褐腐菌,其产生的酶研究应用最多的是木聚糖酶、甘露聚糖酶和木质素酶(*ligninases*)。

9.1.2 木质素降解菌及降解酶系

在生物制浆和生物漂白中最有应用价值的是白腐真菌。白腐真菌产生的木质素降解酶具有很强的降解木质素大分子的能力。白腐真菌是一种丝状真菌,属担子菌纲,在自然界约有 20000~30000 种。从在黄孢原毛平革菌(*phanerochaet chrysosporium*)中发现了木质素过氧化物酶(LIP)以来,相继发现了锰过氧化物(MnP)、漆酶(Laccase)等。目前研究较多的白腐真菌主要是黄孢原毛平革菌、杂色革盖菌(*Coriolus versicolor*)和贝壳状革耳(*Panus conchatus*)。

1. 木质素过氧化物酶

木质素过氧化物酶是 1983 年 Glenn 等首先在黄孢原毛平革菌中发现的胞外酶,是研究得比较清楚的木质素降解酶。后来在其他一些担子菌和一株子囊菌中也发现了木质素过氧化物酶。LiP 是以血红素为辅基的糖蛋白,催化一系列酚类和非酚类化合物、多元环芳香族烃等化合物产生苯氧基团和芳基基团。催化过程如图 9-1 所示。在 H_2O_2 的参与下,初始态 LiP 铁卟啉中的铁以 Fe^{3+} 形式存在,经 H_2O_2 氧化后形成 LiPI,LiPI 将芳香族化合物氧化为芳香自由基,自身递变为 LiPII,再经过同样的一个过程,LiPII 被还原到初始状态。

在此循环中,芳香化合物被氧化,如 3,4-甲氧基苯甲醇可经过此循环被氧化成芳香自由基。LiP 催化的主要反应是 C_α—C_β 的断裂,C_α—的氧化,烷基—芳基的断裂,芳香环开环等。

目前,从黄孢原毛平革菌中已经分离出 20 多种与 LiP 具有相同功能的酶,但是,它们在稳定性和催化特性上各不相同。

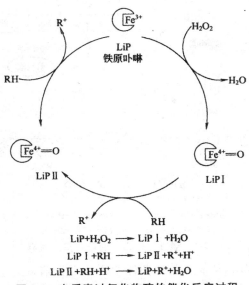

$$LiP+H_2O_2 \longrightarrow LiP\ I + H_2O$$
$$LiP\ I + RH \longrightarrow LiP\ II + R^+ + H^+$$
$$LiP\ II + RH + H^+ \longrightarrow LiP + R^+ + H_2O$$

图 9-1　木质素过氧化物酶的催化反应过程

2. 锰过氧化物酶

锰过氧化物酶(MnP)也是在黄孢原毛平革菌中首先发现的,随后在一些白腐担子菌中也发现了该酶。MnP 与 LiP 相同,都是胞外酶、糖蛋白,以血红素为辅基,反应过程中要有 H_2O_2 参与。二者之间的主要区别是 MnP 在氧化还原反应中以 Mn^{2+} 作为电子受体。MnP 与 LiP 的催化反应也很相似,也包括初始态的酶、MnP I 和 MnP II 三种氧化阶段。MnP I 和 MnP II 被 Mn^{2+} 还原,Mn^{2+} 被氧化成 Mn^{3+},Mn^{3+} 被有机酸螯合后提高其氧化还原电位。螯合的 Mn^{3+} 作为可扩散的介质氧化酚类、某些甲基化、硝基化和氯代的芳香族化合物(图 9-2)。加入合适的介质,如硫醇等可提高锰过氧化物酶的氧化能力。

3. 其他过氧化物酶

在许多真菌和高等植物中发现一种含有 Cu^{2+} 的漆酶,也是胞外酶、糖蛋白,属于蓝色铜氧化酶系。漆酶氧化酚类芳香化合物成苯氧自由基,然后再经过自由基之间的聚合、歧化、脱质子化、水的亲核进攻等非酶促反应最终导致烷基—芳基断裂。在灰盖鬼伞(*Coprinus cinereus*)、*Arthromyces ramosus* 和 *Junghunia separabilima* 也发现结构与 LiP 和 MnP 相似的过氧化物酶。

在上述的木质素降解酶中,LiP 和 MnP 是主要酶,但是这两种酶的产生对培养条件要求苛刻。因此,人们开始研究尝试将这些酶的编码基因扩

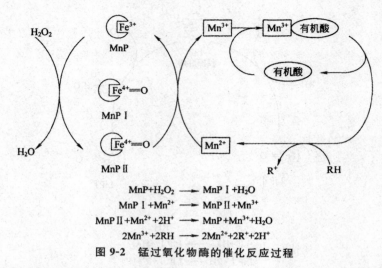

$$MnP+H_2O_2 \longrightarrow MnP\,I+H_2O$$
$$MnP\,I+Mn^{2+} \longrightarrow MnP\,II+Mn^{3+}$$
$$MnP\,II+Mn^{2+}+2H^+ \longrightarrow MnP+Mn^{3+}+H_2O$$
$$2Mn^{3+}+2RH \longrightarrow 2Mn^{2+}+2R^++2H^+$$

图 9-2　锰过氧化物酶的催化反应过程

增出来,进行转基因,从而在其他菌体中表达。目前,已经将 LiP 基因在大肠杆菌和杆状病毒中获得有效表达。MnP 基因在米曲霉中得到成功表达。

9.2　微生物采油

微生物采油(Microbial enhanced oil recovry,MEOR)是指将人工培养的微生物或微生物代谢产物注入油藏,经微生物或代谢产物的作用。改变油藏或原油的某些物化性质,从而提高原油的采收率[1]。与传统的热驱、化驱、气驱采油相比,微生物采油具有以下优点:①施工工序简单,操作方便,直接把微生物或代谢产物注入油藏,微生物以原油作为其主要营养源,有利于降低成本;②对低产油藏、枯竭油藏,微生物采油更具有明显的增产效果;③微生物采油适用范围广,重质、轻质、中等密度的原油以及含蜡质高的油藏都可以采用微生物处理提高采油率;④微生物采油不污染环境,可做到不损害地面,不会对周围的土壤、水环境造成污染。

美国的 Beckman 首先提出用微生物提高原油采收率。后来 Zobell 用于实际,获得了"把细菌直接注入地下提高原油采收率"的专利[2]。此后,许多国家都大力度开展微生物采油技术的研究和开发。据报道,全世界约有2500～3000 口油井采用微生物处理过,大约增加了 50% 的采油量。

微生物采油根据实施过程不同分为地上采油和地下采油两种方法。

---

① 王兰．现代环境微生物学．北京:化学工业出版社,2006.
② 同上

9.2.1　地上微生物采油

地上微生物采油①是指在地面上建立发酵设施,生产微生物的某些代谢产物,主要是生物表面活性剂和生物聚合物,将代谢产物注入地下油藏,由于代谢产物的作用改变了原油的一些性质,从而提高了原油的采收率。地上微生物采油技术的关键是选育有效菌种,设定最佳发酵工艺。其优点是发酵工艺易于控制,微生物生长和代谢活动不受地层条件的影响。

1. 生物表面活性剂

生物表面活性剂的主要成分是糖脂类和脂肽类,其重要来源是以烃为碳源的微生物。假单胞菌、节杆菌、不动杆菌和棒状杆菌等是主要类群。生物表面活性剂很容易与地层水、油混合,在油-水界面上具有较高的表面活性。能很好地湿润含油岩石表面,从岩石表面洗下油膜,具有很强分散、驱动原油的能力。

2. 生物聚合物

1972 年美国首先将生物聚合物用于采油(美国专利 3704990),此后国内外相继研究出几十种生物聚合物,常用生物聚合物及产生菌种列于表 9-1。

表 9-1　常用生物聚合物及产生菌种

微生物	生物聚合物
野油菜黄单胞菌(*Xanthomonas campestris*)	黄原胶(xanthan)
假单胞菌属(*Pseudomonas*)	多糖
瓦恩兰德固氮菌(*Azotobacter vinelandii*)	藻朊酸
根癌土壤杆菌(*Agrobacter tunefaciens*)	Zanflo
印度固氮菌产黏亚种(*A. indicum subsp, myxogenes*)	PS-7
甲基单孢菌(*Methylomonas*)	多糖
肠膜明串珠菌(*Leuconostoc mesenterioide*)	葡聚糖(dextran)
出芽短梗霉(*Aureobasidium pullulans*)	普鲁兰(pullulan)
乙酸钙不动杆菌(*Acinetorbacter calcoaceticus*)	乳化胶(emulsan)
土壤杆菌(*Agrobacterium*)	科都兰胶(Curdulan)
粪产碱菌(*Alcaligenes faecalis*)	科都兰胶(Curdulan)
产葡聚糖小核菌(*Sclerotiumglucanicum*)	小菌核葡聚糖

---

① 王兰. 现代环境微生物学. 北京:化学工业出版社,2006.

环境微生物作用与技术研究

其中，黄原胶(xanthan)是最常用的一种，产量超过 20000t/a。xanthan 的主链是葡聚糖，侧链具有葡糖醛酸。xanthan 具有很高的假塑性，在钻井中广泛使用。我国产的 xanthan 驱油可提高原油采收率 8%～12%。小核菌产的葡聚糖也可以作为 xanthan 的替代品。另外，用 xanthan 处理油层非均质问题效果非常显著。科都兰胶(Curdulan)为中性的 1,3-D 葡聚糖，相对分子质量为 74000，弹性好，遇热不熔解，在酸性下形成凝胶。

9.2.2 地下微生物采油

地下微生物采油[①]是指将选育的微生物菌种注入贮油层，同时注入适当的营养物质，使微生物在油藏处生长繁殖，占据孔隙而驱出孔隙中的原油，同时降解原油中的某些成分使原油黏度降低，增加流动性。另外，微生物产生多种代谢物可缩小油-岩石和油-水界面的表面张力，或加注水的流动性从而提高水驱原油的效率，或降低原油的黏度、清除堵塞等。总之，地下微生物采油是菌体和代谢产物联合作用于原油，从而提高原油采收率。图 9-3 可以说明微生物驱油的过程。

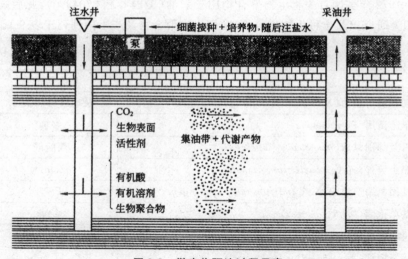

图 9-3　微生物驱油过程示意

9.2.3 微生物采油的影响因素

1. 微生物菌种的选育

油藏是由固、液、气三相构成的，其物理、化学性质对微生物的生长、繁

① 王兰．现代环境微生物学．北京：化学工业出版社，2006.

— 264 —

殖和代谢都有决定性的影响①。注入的微生物必须能适应油藏的环境,即高温、高压、高盐、缺氧、缺营养。

2. 营养物的注入

所选用的营养物质在地层条件下应具有热稳定性和化学稳定性,而且不会与地层流动体中的无机盐发生反应而形成沉淀,以免堵塞地层。注入的营养液必须根据菌群、地层条件和工程目的而定。一般需要注入含磷化合物、含氮化合物、含碳化合物及微量元素。在含黏土的地层中,营养液应不能引起地层黏土膨胀和微粒位移。世界各国用于驱油的菌种及注入的营养物见表 9-2。

表 9-2　世界各国用于驱油的菌种及注入的营养物

国家	微生物菌种	注入营养物
前捷克斯洛伐克	硫酸盐还原菌、利用烃的假单胞菌混合菌种	糖蜜
匈牙利	污水-污泥混合培养物、厌氧嗜热混合培养物(主要含梭菌、脱硫弧菌和假单胞菌等)	糖蜜、蔗糖、KNO_3、Na_3PO_4、$NaCl$
波兰	需氧和厌氧混合菌种:节杆菌、梭菌、分枝杆菌、假单胞菌	糖蜜 4%
前苏联	需氧和厌氧混合菌种	糖蜜 4%
罗马尼亚	主要由梭菌、芽孢杆菌和革兰阴性杆菌组成的适应性混合富集培养物	糖蜜 4%
前东德	嗜热芽孢杆菌和梭菌混合菌种	糖蜜 4%、多磷酸盐、苏打、$NaCl$
美国	梭菌、芽孢杆菌、地衣芽孢杆菌和革兰阴性杆菌混合一种	单体玉米盐糖浆
	梭菌的特殊适应性菌种	无机盐、磷酸盐
	烃降解细菌混合菌种	
	丙酮-丁醇梭菌	糖蜜 2%
中国	假单胞菌、芽囊杆蕾等混合菌种	酵母粉、0.03% NH_4NO_3、K_2HPO_4

---

① 王兰. 现代环境微生物学. 北京:化学工业出版社,2006.

9.3 微生物脱硫

我国是煤炭大国,20 世纪末煤炭消耗量为 14 亿吨/年,含硫量大于 2%的高硫煤约占 20%左右。煤中的可燃硫经燃烧生成 SO_2,是污染空气的主要来源,SO_2 是引起酸雨的主要气体,是影响空气质量的重要指标气体。因此,开发煤炭脱硫技术是减少和防止 SO_2 污染大气的有效方法。

微生物脱硫法的优点是:①可去除煤炭中的硫元素,直接破坏Cu—S键,不生成 SO_2;②能同时去除煤炭中的无机硫和有机硫;③反应条件温和、设备简单、成本低。

9.3.1 脱硫微生物

自发现铁氧化硫杆菌(*Thiobacillus rrooxidans*)能够氧化黄铁矿以来,人们又逐渐发现许多自养菌和异养菌能够氧化煤中的无机硫和有机硫(表9-3)。异养菌中的红球菌、短杆菌和黑曲霉可以降解二苯并噻吩(dibenzothiophene,DBT),专性自养菌中的硫氧化硫杆菌(*Thiobacillus thiooxidans*)和铁氧化硫杆菌是最有效的脱硫菌,它们可使黄铁矿的溶解速度提高100 万倍,可以脱除 90%以上的 FeS_2。

表 9-3　常见脱硫微生物

菌种	基质	分解产物
假单胞菌(*Pseudomonas* sp.)CB1	DBT、煤	羟基联苯、SO_4^{2-}
不动杆菌(*Acinetobacter* sp.)CB2	DBT	羟基联苯、SO_4^{2-}
革兰阳性菌	煤	SO_4^{2-}
玫瑰红红球菌(*Rhodococcus rhodochrous*)	DBT、石油、煤	羟基联苯、SO_4^{2-}
脱硫弧菌(*Desulfovibrio desulfuricans*)	DBT	联苯、H_2S、羟基联苯、SO_4^{2-}
棒状杆菌(*Corynebacterium* sp.)	DBT	安息香酸、亚硫酸盐
短杆菌(*Brevibacterium* sp.)Do	DBT	联苯、H_2S
	噻蒽	苯、H_2S
革兰阳性菌	甲苯基	苯醛

9.3.2　微生物脱硫机理

1. 无机硫的脱除机理

（1）直接氧化脱硫

微生物吸附在黄铁矿表面，直接把硫氧化为 H_2SO_4，由此生成的 Fe^{2+} 氧化成 Fe^{3+}，其化学反应过程如下：

$$FeS_2 + H_2O + O_2 \longrightarrow FeSO_4 + H_2SO_4$$

$$FeSO_4 + O_2 + H_2SO_4 \longrightarrow Fe_2(SO_4)_3 + H_2O$$

（2）间接助浮脱硫

微生物吸附在煤的表面后，由于微生物的亲水性，使黄铁矿表面由疏水性变为亲水性，因而当浮选时，黄铁矿不再浮起而被除去。

2. 有机硫的脱除

以 DBT 为例，不同的微生物作用于 DBT 不同的键，可以分为两种形式。

（1）碳碳键裂解形式

微生物使碳环开环降解，其过程如图 9-4 所示。最先发现的是代谢类型 1，主要是假单胞菌，将 DBT 转化为 HFBT，HFBT 再进一步降解，但是不生成硫酸盐。

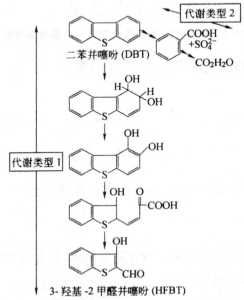

图 9-4　微生物降解 DBT 的途径——碳碳键裂解

后来发现短杆菌(*Breviba Cterium*)可以以 DBT 为唯一碳源通过代谢类型 2 转化为苯甲酸、亚硫酸及 CO_2 和 H_2O。现在发现只有短杆菌和节杆菌(*Arthrobacter*)能进行这类反应。

(2)碳硫键裂解形式

红球菌属(*Rhodococcus*)的菌株直接作用于噻吩环上的硫原子,最终生成硫酸,而不会引起碳损失,即代谢类型 3,其反应过程如图 9-5 所示。

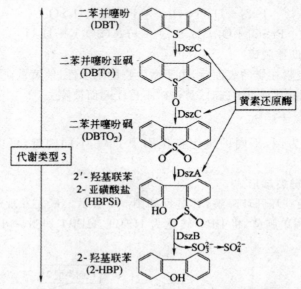

图 9-5　微生物降解 DBT 的途径——碳硫键裂解

9.3.3　影响微生物脱硫的环境因素

1. 温度

对于自养硫杆菌来说,最佳生长温度在 23℃~25℃之间,对于嗜热菌则是 50℃~80℃。

2. pH

一般脱硫菌适合酸性环境,铁氧化硫杆菌最适 pH=2.3,而硫化叶菌最适 pH=1~5。

3. Fe^{3+}

Fe^{3+} 可作为化学氧化剂氧化黄铁矿中的硫,有报道在反应器中加入少量铁(1~10μg)可提高脱硫效率。

4. 煤炭粒度

煤炭粒度比表面积大小是决定微生物脱硫效率的关键因素,煤粒度太大,表面积小,不利于脱硫。若煤粒度太小,表面积增大,但不利于氧气和液体的流动,也会影响脱硫效率。

9.4　微生物生产甲烷和乙醇

9.4.1　微生物生产甲烷

微生物可以将生物质转化为气、液燃料——CH_4、H_2 和 CH_3CH_2OH,可以替代不可再生的化石燃料。这类新能源大都可以由有机废物转化产生,而且燃烧时产生的污染少。

用微生物生产甲烷的原理与污水厌氧生物处理的原理相同,以产 CH_4 为目的的发酵工艺种类多样,在农村、城市有广泛的应用。

1. 甲烷发酵

甲烷(methane)是沼气的主要成分。CH_4 是一种高燃烧值的气态燃料,其热值达 $39300kJ/m^3$,$1m^3$ 含 65% 甲烷的沼气相当于 $0.6m^3$ 天然气,$1.375m^3$ 煤气,$0.76kg$ 原煤,$6.4kW \cdot h$ 电。由于微生物的作用,CH_4 可产生于城市下水道、水体沉积物、水稻田、湿地等环境,是各类有机物在厌氧条件下,经过发酵产生的,同时产生还有 CO_2、H_2O。McCarty(1974)曾经计算过,若有机污染物以 COD 计,理论 CH_4 产率系数为 $0.35 \, LCH_4/gCOD$,但由于 CH_4 发酵过程中部分有机物作为能源性基质用于细菌生长繁殖,同时发酵过程常受到有机废物物性、工艺条件的影响,二部分 CH_4 将溶于水中,所以实际生产 CH_4 或沼气的产率稍低一些(表 9-4)。

表 9-4　有机废物甲烷产率

有机废物	水力停留时间/d	产甲烷率/(m³/kg COD)
生活污水	1.0	0.078
污水污泥	16.0	0.468
屠宰废水	0.66	0.12
酒糟废水	1.2	0.32
柠檬酸发酵废水	2.0	0.33
城市垃圾	20.0	0.20
奶牛粪便	40.0	0.256
猪粪尿	26.0	0.34

2. 产甲烷菌

产甲烷菌是一类很特殊的菌群,属古细菌,与其他细菌相比,种类较少,只有一个科,即甲烷菌科。目前,全世界报道的产甲烷菌约有 40 余种。产甲烷菌均不形成芽孢,革兰染色不专有的具有鞭毛,球形菌呈圆形或椭圆形,直径一般为 0.3~5μm,有的成对或链状排列,杆菌毒的为短杆,两端钝圆。八叠球菌革兰染色阳性,这种细菌在沼气池中大量存在。产甲烷菌是严禁的厌氧菌。大多数甲烷菌生长需要 B 族维生素和微量元素(<0.1μmol/L),如镍、钴、钼等。

常见的产甲烷菌主要有:①甲烷杆菌属(*Methanobacterium*),如反刍甲烷杆菌(*Mruminantium*)、甲酸甲烷杆菌(*M. formicicum*)、索氏甲烷杆菌(*M. sochngenii*)、运动甲烷杆菌(*M. mobilie*)、热自养甲烷杆菌(*M. thermo-autrophicum*)等;②甲烷八叠球菌属(*Methanosarcina*),如巴氏甲烷八叠球菌(*M. barkeri*)等;③甲烷球菌属(*Methamococcus*),如万尼甲烷球(*M. vannielii*)等;④甲烷螺菌属(*Methanospirillum*),如洪氏甲烷螺菌(*M. hungatii*)等。

3. CH_4 发酵工艺

CH_4 发酵工艺可以简单地分为单相 CH_4 发酵和两相 CH_4 发酵毒。

(1)单相 CH_4 发酵工艺

根据 CH_4 发酵过程中投料的方式以及运行性状的不同,单相 CH_4 发酵工艺可分为分批、连续和半连续三种。

①分批 CH_4 发酵。物料(废物)一次投入反应器,经过一个周期完成 CH_4 发酵后出料,下一次发酵时再重新投料的操作方式。其流程为

物料预处理 → 投料 → 甲烷发酵 → 出料

分批 CH_4 发酵适用于间断性产生的废物处理。由于该工艺在整个发酵周期中,初期与后期的速率比较低,高速发酵过程时间较短,系统的总发酵效率不高。该工艺也常用于 CH_4 发酵过程微生物种群动态、基质与其降解产物的消长动力学等研究。

②连续甲烷发酵。指在投料后,待微生物经过一定时间的适应和繁殖,随即连续、定量、均匀地投加物料,并相应地连续出料的操作方式。其工艺流程为

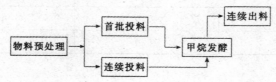

根据 Monod 细菌生长动力学模型,基质分解速率与其作用的微生物浓度成正比,生化反应的速率随底物浓度的增大而提高。因此与分批发酵相比,连续操作有利于维持微生物正常生长代谢的条件,提高发酵系统的效率与稳定性。

污水污泥厌氧消化、有机废水厌氧生物处理大都采用连续操作方式。

③半连续 CH_4 发酵。投料后发酵速率一经达到最高阶段,因基质不足而有下降时即开始定期地补料,使微生物的营养基质得到定期补充,借以维持较高的发酵速率,经过一定的周期进行一次大出料操作方式。其流程为

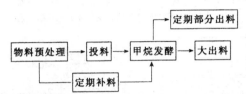

半连续 CH_4 发酵工艺可以看作为介于分批发酵同连续发酵之间的类型,在一定程度上具有连续发酵工艺的性能,故发酵效率高于分批 CH_4 发酵工艺。

半连续 CH_4 发酵一般应用于待处理的废物是间断产生、物料的性状难以采用连续投(出)料或者设备和技术条件尚难达到连续 CH_4 发酵的要求等的情况。我国沼气池大都属于半连续 CH_4 发酵工艺,实践证明,这种方式的产气率或总产气量高于一次投料工艺。

(2)两相 CH_4 发酵工艺

两相 CH_4 发酵工艺是将甲烷发酵过程中的水解发酵产酸与产 CH_4 两个阶段分别在两个反应器中并在不同条件下完成的工艺过程[1]。当处理有机物和难降解的有毒有机物的废水废物时,采用两相 CH_4 发酵工艺,控制适宜条件可加速物料的水解与产酸过程或改善废水废物的可生物降解性,提高甲烷产率。为使 CH_4 发酵两个阶段得以偶合,一般可通过控制氧化还原电位、温度和 pH 等参数发挥各反应器的优势。常见的两相 CH_4 发酵工艺流程有常规消化器两相发酵工艺、固体废物固定床与新型高效反应器结合的两相发酵工艺、处理工业废水的常规与新型高效反应器结合的两相发酵工艺,分别见图 9-6(a)、(b)、(c)。

---

① 王兰.现代环境微生物学.北京:化学工业出版社,2006.

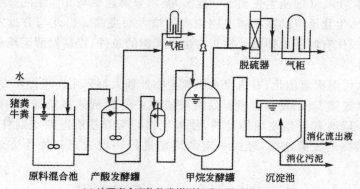

(a) 处理畜禽废物的常规厌氧反应器两相发酵工艺

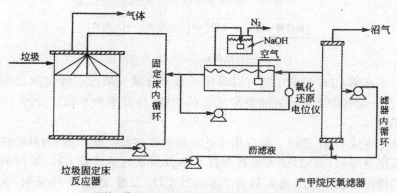

(b) 固体废物固定床与新型高效反应器结合的两相发酵工艺

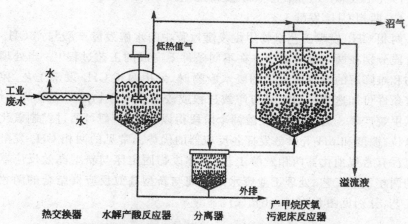

(c) 处理工业废水的常规与新型高效反应器结合的两相发酵工艺

图 9-6　两相甲烷发酵工艺

9.4.2　微生物生产 CH_3CH_2OH

CH_3CH_2OH 是一种清洁能源,其特点是产能效率高,燃烧过程不产生 CO,污染程度低。CH_3CH_2OH 可以通过微生物发酵大量生产,资源丰富,成本相对较低。CH_3CH_2OH 很可能逐步代替石油。

CH_3CH_2OH 发酵作为传统工业,过去多采用糖蜜、淀粉为原料,在酵母菌的作用下进行厌氧发酵生产。近年来采用有机废物为原料发酵生产 CH_3CH_2OH,正成为国内外的研究热点,并取得重大进展。

1. CH_3CH_2OH 发酵微生物

CH_3CH_2OH 发酵是葡萄糖在微生物的作用下转化成 CH_3CH_2OH 的过程。淀粉、纤维素、半纤维素等多聚物只有通过酶或其他方法预处理变成双糖、单糖后才能发酵生产 CH_3CH_2OH。所以 CH_3CH_2OH 发酵过程包括原料多糖降解产生单糖与双糖和糖发酵生成 CH_3CH_2OH 两大过程。

在自然界中能够进行 CH_3CH_2OH 发酵的微生物种类很多,但能够应用于大规模工业生产的菌种却不多。关键是一般的微生物不能完成多糖降解和糖发酵两个过程。工业上常用霉菌和细菌完成淀粉的糖化,用酵母菌糖发酵生产 CH_3CH_2OH。

（1）酵母菌

在乙醇生产中常用的酵母菌有酿酒酵母（*Saccharomyces cerevisiae*）、葡萄汁酵母（*S. uvarum*）和栗酒裂殖酵母（*Schizosaccharom pombe*）等,它们均属兼性厌氧菌。酿酒酵母能利用葡萄糖、麦芽糖、半乳糖、蔗糖以及 $1/3$ 棉籽糖。葡萄汁酵母能发酵葡萄糖、麦芽糖、半乳糖、蔗糖以及全棉籽糖产生 CH_3CH_2OH,能稍微利用 CH_3CH_2OH。栗酒裂殖酵母能发酵葡萄糖、麦芽糖、蔗糖、全棉籽糖产生 CH_3CH_2OH。以半纤维素水解液进行 CH_3CH_2OH 发酵,其发酵速度和发酵效率比酿酒酵母好。

新近研究表明,假丝酵母,毕赤酵母等能直接利用木糖发酵产生 CH_3CH_2OH,是利用半纤维素发酵生产 CH_3CH_2OH 的新菌种资源。

（2）霉菌

霉菌在 CH_3CH_2OH 发酵中有两个作用:一是有些霉菌本身能进行 CH_3CH_2OH 发酵;二是霉菌能产生高活性的淀粉酶和纤维素酶,可用于水解淀粉和纤维素产生单糖。常用霉菌有根霉、曲霉和木霉等。

根霉（*Rhizopus*）具有高活性淀粉酶,酿酒工业用它水解淀粉。比较重要的有匐枝根霉（*R. stolonifer*）、米根霉（*R. oryzae*）、华根霉（*R. chinensis*）和少根根霉（*R. arrhizus*）。

曲霉(*Aspergillus*)具有淀粉酶、蛋白酶、果胶酶等酶系,常作为糖化酶、蛋白酶、果胶酶和柠檬酸生产的菌种。在 CH_3CH_2OH 发酵生产中常用菌种有黑曲霉(*A. niger*)、宇佐曲霉(*A. usamii*)、泡盛酒曲霉(*A. awamori*)、米曲霉(*A. oryzae*)以及黑曲霉的变异菌株。

木霉(*Trichoderma*)同样具有多种酶系,尤其是纤维素酶活性很高。代表菌种有康氏木霉(*T. koningii*)和绿色木霉(*T. viride*),其中绿色木霉及其变种被广泛应用于纤维素酶的生产,最具盛名的是 *T. reesi* QM9411 和 *T. reesi* Rut-NG-14 两株菌。木霉对以纤维素为原料的乙醇生产而言,具有特别重要的意义。

(3)细菌

细菌也可以进行糖质原料与纤维素原料的 CH_3CH_2OH 发酵,主要有枯草芽孢杆菌(*Bacillus subtilis*)和运动发酵单胞菌(*Zymomonas mobilis*)。热解纤维梭菌(*Clostridium thermocellure*),是最近发现的能利用纤维素发酵产生 CH_3CH_2OH 的菌种。

枯草芽孢杆菌及其变种多限于生产液化型淀粉酶,用于淀粉质 CH_3CH_2OH 发酵的糖化。运动发酵单胞菌是迄今为止唯一发现通过 Entner-Doudoroff(ED)途径进行糖代谢产生 CH_3CH_2OH 的厌氧菌。它是 Linder 从墨西哥 Pulgue 酒中分离出来的,革兰阴性,能利用葡萄糖、果糖、蔗糖发酵生成 CH_3CH_2OH 和 CO_2,耐 CH_3CH_2OH 能力 117~130mg/L,但不能利用麦芽糖、乳糖。其生长速率、底物消耗速率、CH_3CH_2OH 产生速率都高于酵母菌,细胞产率则低于酵母菌,因此具有实际应用价值。正常发酵温度 36℃~37℃,比酵母菌发酵温度高 6℃~7℃。

2. CH_3CH_2OH 发酵工艺

由于 CH_3CH_2OH 发酵所用原料不同,其工艺过程也不同,但是主要的工序是相同的,包括:原料准备;原料预处理,其中糖质原料可直接利用,淀粉和纤维素原料需进行酸或酶水解转化成糖质;制醪;发酵和蒸馏。

(1)纤维素生产 CH_3CH_2OH

纤维素类原料是地球上储量十分丰富的可再生资源。每年全世界植物纤维生成量高达 $1.55×10^{11}$ t。如按 1kg 纤维素生产 0.28LCH_3CH_2OH 计,我国年产 CH_3CH_2OH 可达 900 多亿升,孕育着巨大的潜力。纤维素生产 CH_3CH_2OH 工艺过程分为三种:水解二发酵、混合糖化发酵和直接发酵。

①水解-发酵。该工艺是将纤维素的水解和糖化液的 CH_3CH_2OH 发酵放在两个发酵反应器中进行。纤维素的水解过程主要以木质素的纤维素

作碳源,玉米浆作氮源,添加适量的营养盐,在 30℃ 及 pH＝4.8 的条件下,通风培养,过滤后进入下道工序。研究表明,木霉纤维素酶可将 95％ 以上的纤维素转化成糖,再经酵母菌发酵,约 95％ 葡萄糖转化为 CH_3CH_2OH,发酵成熟醪的 CH_3CH_2OH 所含质量分数可达 10.3％。

②混合糖化发酵。混合糖化发酵是将纤维素原料①经预处理制成木浆,加入纤维素酶水解后,直接接入酵母菌进行发酵。该工艺具有操作简单、节省糖化设备投资等优点。在纤维素混合糖化发酵 CH_3CH_2OH 中,一个重要问题是酵母菌与酶之间的协调。因此,该工艺的应用受到限制。为解决这一问题必须筛选耐热耐酶的菌株。Szcdrak 等筛选出 7 株同时糖化和发酵纤维素的耐热酵母菌,能在 40℃ 下,对原料的利用率达 100％。另外,随着固定化技术的发展,尤其是共固定化技术(commobilzed technology)的发展,现在能够把纤维素酶产生菌与乙醇发酵菌共固定,使酶与细胞协调供氧、共生代谢从而调节营养、温度和 pH。

③直接发酵。将耐热厌氧菌——热解纤维梭菌与热解糖化杆菌(*Thermanaerobacterium thermosaccharolyticum*)进行纤维素混合 CH_3CH_2OH 发酵,前者将纤维素、半纤维素分解,并将产生的六碳糖转化为 CH_3CH_2OH、CH_3COOH 和乳酸;后者将五碳糖转化为 CH_3CH_2OH,从而提高 CH_3CH_2OH 的产率。

(2)半纤维素 CH_3CH_2OH 发酵

过去认为木糖不能发酵为 CH_3CH_2OH。但是,现在采用木糖异构酶将木糖异构生成木酮糖,再经发酵生成 CH_3CH_2OH。半纤维素水解所产的糖中,木糖占一半以上。

最新研究认为将木糖异构酶固定化,能有效地使醪液 CH_3CH_2OH 质量分数达到 6％。固定化异构酶用量 20g/L,可重复使用 4 次。酵母菌以栗酒裂殖酵母为好,接种量 100g/L(湿酵母)。

已有不少微生物可以直接发酵木糖产生 CH_3CH_2OH。目前研究较多的有管囊酵母(*Pachysolen tannophilus*)CBS6857/Y246050,休哈塔假丝酵母(*Candida shehatae*)CBS5813/CSIR57DI/Y12856,树干毕赤酵母(*Pichia stipitis*)CSIR-Y633/5Y-7124,克鲁维酵母(*Kluyveromyces scellobiovorus*)KY5 199 和尖孢镰孢(*Fusarium oxysporum*)。其中较理想的菌种是休哈塔假丝酵母(*Candida shehatae*)CBS5813/CSIR57DI/Y12856,和树干毕赤酵母(*Pichia stipitis*)CSIR-Y633/5Y-7124。三种酵母发酵木糖生产 CH_3CH_2OH 的数据见表 9-5。

---

① 王兰. 现代环境微生物学. 北京:化学工业出版社,2006.

表 9-5　三种酵母发酵木糖生产 CH_3CH_2OH 的数据

酵母	浓度/(g/L)			CH_3CH_2OH 产生速率		产率/ (g/g 木糖)	
	S_O	S_R	P_{max}	R_1/ $[g/(L \cdot h)]$	R_2/ $[g/(g \cdot h)]$	木糖醇	CH_3 CH_2OH
管囊酵母	50	0	16	0.16	0.076	0.14	0.32
(*P. tannophillus*) Y246050	150	5	24	0.13	0.058	0.24	0.25
毕赤酵母	50	0	20	0.28	0.170	0.00	0.41
(*P. stipitis*) Y-7124	150	7	39	0.38	0.230	0.01	0.42
假丝酵母	50	0	25	0.29	0.190	0.02	0.45
(*C. shehatae*) Y12856	150	25	32	0.32	0.160	0.03	0.44

注：S_O 为初始木糖浓度，S_R 为残糖浓度，P_{max} 为最高乙醇浓度，R_1 为体积速率，R_2 为比速率。

工艺流程如下：

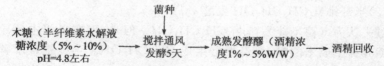

一步发酵法的缺点是发酵速度慢，CH_3CH_2OH 浓度低。采用基因工程技术改造菌种的性能从根本上克服了一步发酵法的缺点。美国普度大学[1]的 Veng 等成功地将大肠杆菌的异构酶基因转入栗酒裂殖酵母（*S. pombe*）中，获得了能直接发酵木糖的工程菌 JA221-PDB248-XI，乙醇质量分数可达 4%。

（3）废纤维垃圾酸水解生产 CH_3CH_2OH 工艺

在城市垃圾中有相当一部分是纤维质，而且近年来随着生活水平的提高，纤维质垃圾数量也在逐年增加。发达国家的纤维质垃圾占城市垃圾的 2/3，比例相当高，因此，城市纤维质垃圾是 CH_3CH_2OH 生产原料的一个潜在资源。有关研究表明，250t 城市垃圾含 170t 纤维垃圾，可生产 36.5t CH_3CH_2OH。

---

① 王兰．现代环境微生物学．北京：化学工业出版社，2006.

参考文献

[1]王家玲. 环境微生物学. 北京:高等教育出版社,2004.

[2]钟飞. 环境工程微生物技术. 北京:中国劳动社会保障出版社,2011.

[3]陈剑虹. 环境工程微生物学. 武汉:武汉理工大学出版社,2010.

[4]和文祥,洪坚平. 环境微生物学. 北京:中国农业大学出版社,2007.

[5]苏锡男. 环境微生物学. 北京:中国环境科学出版社,2006.

[6]袁林江. 环境工程微生物学. 北京:化学工业出版社,2011.

[7]郑平. 环境微生物学. 杭州:浙江大学出版社,2002.

[8]王有志. 环境微生物技术. 广州:华南理工大学出版社,2008.

[9]常学秀,张汉波,袁嘉丽. 环境污染微生物学. 北京:高等教育出版
   社,2006.

[10]王兰. 现代环境微生物学. 北京:化学工业出版社,2006.

[11]周凤霞,白京生. 环境微生物. 北京:化学工业出版社,2008.

[12]刘海春,臧玉红. 环境微生物. 北京:高等教育出版社,2008.

[13]周少奇. 环境微生物技术. 北京:科学出版社,2003.

[14]周群英,高廷耀. 环境工程微生物学. 北京:高等教育出版社,2001.

[15]张灼遍. 污染环境微生物学. 昆明:云南大学出版社,1997.

[16]沈萍. 微生物学. 北京:高等教育出版社,2001.

[17]刘志恒. 现代微生物学. 北京:科学出版社,2002.

[18]蒋辉. 环境工程技术. 北京:化学工业出版社,2003.

[19]王连生. 环境健康化学. 北京:高等教育出版社,2003.

[20]杨柳燕,肖琳. 环境生物技术. 北京:科学出版社,2003.

[21]高廷耀,顾国维. 水污染控制工程. 北京:高等教育出版社,2000.

[22]沈德忠. 污染环境的生物修复. 北京:化学工业出版社,2002.

[23]蔡宏道. 现代环境卫生学. 北京:人民卫生出版社,1995.

[24]闵航,赵宇华. 微生物学. 杭州:浙江大学出版社,1999.

[25]马文漪,杨柳燕. 环境微生物工程. 南京:南京大学出版社,1998.